농림축산식품부주관　　한국산업인력공단 시행　　　　　최신판

농산물품질관리사

자격증series ; 사마만의 證시리즈
證; [증거 증],
밝히다. 깨닫다.
최고의 실력을 證명하다.

원예작물학

감수 윤종하
사마 자격증수험서연구원편

전회까지의 기출문제 반영
2단편집 / 기출문제 분석과 반영
본문에 따른 기출문제 삽입 / 예상문제 380제 수록

온라인동영상강의교재
동영상강의 + 최신기출 + 시험정보 + 모의고사

사마출판
booksama.com

머리말

　수입농산물이 국내시장에 유통되면서 국내산 농산물로 둔갑되고 있는 현실에서 정부가 농산물의 출하 유통과정을 보다 엄격히 관리하여 품질 좋고 안전한 농산물이 소비자에게 공급될 수 있도록 하기 위하여 농산물 품질관리사 제도를 정착시켜 원산지 표시위반, 유전자 변형농산물의 표시위반에 대하여는 처벌규정을 대폭 강화하여 국가가 정책적으로 원활한 농산물유통을 제도화하고 있으며 2013년까지 우수농산물 생산의 목표 달성의 해로 정하여 안전한 농산물이 생산단계에서 소비단계까지 유통될 수 있도록 적극 지원되고 있다.

　농산물 품질관리사는 임무에서 명시하였듯이 농산물의 출하시기 조절, 품질관리기술에서부터 등급판정, 선별·포장 및 브랜드개발에 이르기까지 실로 그 업무는 막대하다 하겠다. 또한 정부가 농산물 품질관리사를 고용하는 산지 소비지 유통시설의 사업자에게 필요한 자금의 일부를 지원할 수 있는 법적 근거(품질관리법 제29조 7항)를 두고 있어 전문자격자로서의 역할과 전망은 매우 밝다고 하겠다. 또 공무원 채용시험에 응시할 경우 가산점을 받을 수 있으며 우수농산물 인증기관을 설립할 수 있고 인증기관의 심사원으로 채용될 수 있으며 수입농산물 원산지 표시위반과 국내산 농산물의 잔류농약 허용기준 등 소비자들의 불안심리가 점차 확산되고 있는 현실임을 감안하면 농산물 품질관리사 자격제도는 정책적으로 아주 바람직한 제도이며 생산자나 소비자 입장에서 품질보증서 역할을 할 것으로 기대된다.

　본서는 1회부터 19회에 걸쳐 출제경향과 농업정책의 흐름을 감안하여 공인 농산물품질관리사 자격에 관심과 열정을 갖고 계신 수험생들의 합격에 큰 힘을 보태는데 무난할 것으로 확신하며 수험생 여러분의 합격과 취업의 지름길이 되리라 믿는다.

　아무쪼록 본 교재로 인하여 농산물 품질관리사 시험이 전체적으로 파악되고 이해될 수 있기를 바라면서 수험생 여러분의 건투를 빕니다.

편저자

원예작물학……

원예작물학의 이해

1. 원예작물학이란 이용성과 경제성이 높아서 사람의 재배대상이 되는 식물 중에서 원예에 속하는 과수, 채소, 화훼 등을 통틀어 말하는데 식량작물, 서류·잡곡, 임목과는 구별된다.

2. 즉 우리에게 부식물과 간식물을 제공하는 과수원예, 채소원예, 화훼원예 등을 합쳐서 부르는 말이다.

   가. 과수원예의 원래의 뜻은 도난, 풍수해 등을 방지할 목적으로 울타리·담 등으로 둘러 싸여 있는 토지에서 먹는 과실을 생산하기 위하여 과실나무를 집약적으로 재배하는 것을 뜻하고

   나. 채소원예는 남새·푸성귀·나물 등이 비교적 채소와 가깝거나 유사한 말이다. 채소는 신선한 상태로 공급되는 것이 원칙이고 채소는 주로 부식이나 간식으로 많이 이용되며 채소는 수목 이외의 것으로 초본성이 특징이다. 또한 채소는 야생식물이 아니라 재배식물인 특징이 있다.

   다. 화훼원예는 절화·분화·종묘 등을 생산·판매하는 것을 목적으로 하는 생산화훼, 도시·공원·정원 등의 환경미화를 목적으로 하는 학교·관광지 조경·학습공원 등에서 표본식물재배를 통해서 재배하는 것이 대부분이며 인간의 육체적·심리적 장애를 치료하게 되는 원예 치료 활동이 매우 높아지고 있다.

차 례

 농산물 품질관리사 소개 / 6

 총 론 | 원예작물학
    제 1장 원예식물 서설 / 15
               기출문제 연구 / 31
    제 2장 원예식물의 생육 / 33
               기출문제 연구 / 55
    제 3장 원예식물의 환경 / 59
               기출문제 연구 / 93
    제 4장 재배기술 / 99
               기출문제 연구 / 143
    제 5장 원예식물의 품종 · 번식 · 육종 / 151
               기출문제 연구 / 169
    제 6장 특수원예 / 173
               기출문제 연구 / 185

 부록1 ㅣ 예상문제
예상문제 연구 / 187

 부록2 ㅣ 기출문제
제 12회   기출문제 / 287
제 13회   기출문제 / 295
제 14회   기출문제 / 302
제 15회   기출문제 / 311
제 16회   기출문제 / 321
제 17회   기출문제 / 331
제 18회   기출문제 / 343
제 19회   기출문제 / 357
제 20회   기출문제 / 366
제 21회   기출문제 / 373

농산물 품질관리사 소개

개요

농산물 원산지표시 위반행위가 매년 급증함에 따라 소비자와 생산자의 피해를 최소화하며 원산지표시의 신뢰성을 확보함으로써 농산물의 생산자 및 소비자를 보호하고 농산물의 유통질서를 확립하기 위하여 도입됨

농산물 품질관리사의 필요성

❶ 전국 각지의 농산물 품질 인증·원산지 표시·등급 표시로 유통 신뢰성 확보 시급
❷ 농산물의 품질 향상과 유통의 효율화로 생산자와 소비자 보호의 필요성
❸ 모든 농산물관련 기업에 적용될 농산물품질관리법 개정 시행으로 농산물품질관리사의 수요 급증
❹ 국가 및 공공기관에서 인정하는 표준규격의 도입으로 유통질서 확립이 시급
❺ WTO 출범과 함께 연차별 이행 계획에 따라 관세인하시장 접근물량 증가 등 수입개방대책 강화 시급

농산물 품질관리사의 주요 업무

❶ 농산물의 등급 판정
❷ 농산물 출하시기 조절·품질관리기술에 관한 조언
❸ 농산물의 생산 및 수확 후의 품질관리기술(안전관리를 포함) 지도
❹ 농산물의 선별·저장 및 포장시설 등의 운용·관리
❺ 농산물의 선별·포장 및 브랜드 개발 등 상품성 향상 지도
❻ 포장 농산물의 표시사항 준수에 관한 지도
❼ 농산물의 규격 출하 지도

농산물 품질관리사의 직무 범위의 확대

최근 수많은 수입 농산물이 국내 농산물로 원산지가 둔갑되어 농산물의 거래 질서를 혼란시키고 있어, 소비자의 피해가 늘어나며 식품의 안전성 문제가 대두됨에 따라 소비자와 생산자의 피해를 최소화하여 농산물과 식품의 유통질서를 확립하기 위해 정부의 많은 지원이 예상된다. 또한 농산물과 식품 유통이 도매시장 위주에서 유통업체, 직판장을 통한 직거래 등으로 다양화됨에 따라 직무범위가 대폭 확대되고 있다.

그러나 농산물품질관리사의 의무 채용에 필요한 인력은 20,000여 명(2006년 추산) 정도 추산되는 가운데 제13회까지의 합격인원이 3,785명이고 이 중 약 60% 정도가 현직 농협 직원이고 보면, 농산물품질관리사의 채용 의무화의 법적 근거인 기본 인력이 현저하게 부족한 실정이다.

농산물 품질관리사의 특전

○ 농협
- 승진고과 가점(2008년 8월 농협 인사규정 개정)
- 비정규직 → 정규직으로 전환
- 기능직 직원으로 1년 이상 근무한 자가 농산물품질관리사의 자격취득 시 영농지도직 6급으로 전환 가능(2008년 8월 농협 인사규정 개정)

○ 국가 공무원 : 농업관련 직종 응시 시 가산점 3점
- 9·7급 농업직 공무원
- 농촌지도사

○ 관련업체에서 자격증 소지자 채용 시 채용업체에 자금 지원 (1억 5천만원)(농산물품질관리법 제31조)

농산물 품질관리사의 취업 예정처

농수산물의 생산 이후 저장, 등급판정부터 유통·가공까지 농수산물이 움직이는 전 과정이 취업 대상처이다.

- 농 협
- 농수산물 품질 인증기관의 검사원
- 농수산물 산지 유통센터(APC)
- 농수산물 유통회사
- 영농조합법인
- 대형할인매장, 백화점의 농수산물 코너
- 식품업체(오뚜기 식품, 목우촌, 보성녹차, 무화과 생산 단지 등)
- 농촌진흥청 등 농산물과 관련된 공기업
- 우수 농산물(GAP) 인증기관 설립

농산물 품질관리사의 활용 실태

국가공인 농산물품질관리사 제도의 도입

○ 합격 인원

- 2002년 12월 27일 – 법률 제6816호 공포 농산물품질관리법 개정으로 국가공인 농산물품질관리사제도 도입
- 2003년 11월 20일 – 제1회 국가공인 농산물품질관리사제도 자격시험 시행계획 공고
- 2004년 1회 합격(88명)
- 2005년 2회 합격(110명)
- 2006년 3회 합격(304명)
- 2008년 4회 합격(334명)
- 2009년 5회 합격(449명)
- 2009년 6회 합격(297명)
- 2010년 7회 합격(437명)
- 2011년 8회 합격(455명)
- 2012년 9회 합격(412명)
- 2013년 10회 합격(268명)
- 2014년 11회 합격(179명)
- 2015년 12회 합격(269명)
- 2016년 13회 합격(183명)
- 2017년 14회 합격(39명)
- 2018년 15회 합격(155명)
- 2019년 16회 합격(171명)
- 2020년 17회 합격(234명)
- 2021년 18회 합격(166명)
- 2022년 19회 합격(153명)
- 국가공인 농산물품질관리사 자격증소지자는 현 4,664명

○ 합격 인원의 약 60%가 농협 직원

○ 산지유통조직에 200여 명 근무

○ 도매시장법인, 국가기관 및 지자체, 품질인증기관, 유통업체 등에 근무

농산물 품질관리사의 연관 자격증

○ 관련 직종
- 작물 : 농사, 작물시험장 연구원, 농업직 공무원
- 원예 : 과수원, 화원, 꽃재배, 채소재배, 원예시험장 연구원, 원예협동조합 직원
- 임업 : 양묘업, 산림경영, 산림계 공무원, 산림보호직, 임업직 공무원, 영림서 공무원, 임업시험장 연구원, 특수임산물연구소, 버섯재배, 조경사
- 축산 : 목장경영, 축산업협동조합 직원, 축정계 공무원, 종축장 연구원, 인공수정사, 수의사, 양봉업, 양봉협동조합직원

농산물 품질관리사 자격시험 안내

실시기관(시행) 및 소관부처(주관)

- 한국산업인력공단 http://www.q-net.or.kr
- 농림수산식품부 http://www.mifaff.go.kr

취득방법

- 1차시험 : 객관식(4지 선택형), 총 100문항(과목당 25문항)
- 2차시험 : 주관식필답형 시험으로 단일화

시험과목 및 출제범위

시험구분	시험과목	출제범위
1차 시험 (4과목)	• 농수산물품질관리관련법령(농수산물품질관리법, 농수산물유통 및 가격안정에 관한 법률, 원산지 표시에 관한 법률)	• 농수산물품질관리법·시행령·시행규칙 • 농수산물유통 및 가격안정에 관한 법률·시행령·시행규칙 • 농수산물의 원산지 표시에 관한 법령
	• 원예작물학	원예작물학
	• 수확후품질관리론	수확 후의 품질관리론
	• 농산물유통론	• 농산물 유통구조 • 농산물 시장구조 • 유통기능 • 농산물마케팅
2차 시험	주관식 필기시험(필답형)	• 농수산물품질관리법(법, 시행령, 시행규칙) • 농수산물의 원산지 표시에 관한 법령 • 농산물표준규격 • 농산물검사·검정의 표준계측 및 감정방법 • 수확 후 품질관리기술 • 등급, 품종, 고르기, 크기(길이, 지름) 및 무게, 결점과, 착색비율 등의 감정 및 측정 • 표준규격 출제대상(전 품목)

농산물 품질관리사 응시자격·시험과목·합격자결정기준

❶ 응시자격 : 제한없음

❷ 제1차 시험은 선택형 필기시험으로 각 과목 100점 만점으로 각 과목 40점 이상의 점수를 취득한 자 중 평균점수가 60점 이상인 자를 합격자로 한다.

시험구분	시 험 과 목	문항수	합격자 결정기준
1차 시험 (선택형 필기)	• 농수산물품질관리관련법령(농수산물품질관리법, 농수산물유통 및 가격안정에 관한 법률, 원산지표시에 관한 법률) • 원예작물학 • 수확후품질관리론 • 농산물유통론	100문항 (과목당 25문항 /120분)	과목별 100점 만점에 40점 이상 취득한 자 중 평균점수가 60점 이상인자

❸ 제2차 시험은 제1차 선택형 필기시험에 합격한 자를 대상으로 농산물 품질관리사 직무수행에 필요한 실무를 시험과목으로 하여 100점 만점에 60점 이상인 자를 합격자로 한다. 이 경우 제2차 시험에 합격하지 못한 자에 대하여는 다음 회에 실시하는 시험에 한하여 제1차 선택형 필기시험을 면제한다.

시험구분		시 험 과 목	문항수	합격자 결정기준
2차 시험 (주관식)	단답형	• 농수산물품질관리관련법령 (법·시행령·시행규칙) • 농산물 표준규격고시	10문항	100점 (단답형과 서술형/80분) 만점에 60점 이상인 자
	서술형	• 농산물검사 검정의 표준 계측 및 감정방법 • 수확 후 품질관리기술		
	서술형	• 등급·품종·고르기·크기(길이, 지름) 및 무게·결점과 착색비율 등의 감정 및 측정 ※ 출제대상품목 : 농산물 표준규격 전 품목	10문항	

MEMO

총 론
원예작물학

memo

제1장 | 원예식물 서설

01 원예식물의 의의와 특성

❶ 원예작물의 의의

(1) 원예작물(園藝作物)

1) 원예작물이란 이용성과 경제성이 높아서 사람의 재배대상이 되는 식물 중 원예에 속하는 과수, 채소, 화훼 등을 통틀어 말하는데 쌀, 맥류, 감자 등의 농작물과 임목과는 구별된다.
2) 즉, 우리에게 부식물과 간식물을 제공하는 채소원예, 기호 및 간식용을 제공하는 과수원예, 우리생활을 아름답게 꾸미는 화훼원예 등을 합쳐서 부르는 말이다.

(2) 원예학

원예에 관한 이론과 기술을 연구하는 농학의 한 분과이면서 이러한 이론과 기술을 실제 전반에 응용하는 응용과학이라고 할 수 있다.

8회 기출문제

원예작물의 영양적 가치로 볼 수 없는 것은?

① 비타민의 공급원이다.
② 다양한 무기질을 제공한다.
③ 항산화작용과 같은 기능성이 있다.
④ 질소화합물이 풍부하고 열량이 높다.

▶ ④

❷ 원예작물의 중요성

(1) 비타민의 공급원이다

대부분의 비타민은 인체 내에서 합성되지 않으므로 외부로부터 공급을 받아야 하는데 채소와 과실은 여러 비타민 중에서도 A와 C의 중요한 공급원이다.

> **참고**
>
> ● 원예작물의 특성
>   1) 종류별 품종의 다양
>   2) 재배방식의 다양
>   3) 방제의 어려움
>   4) 집약적 재배
>   5) 저장시설이 필수

> **참고**
>
> ● 작물재배의 3요소
>   1) 유전성
>   2) 환경조건
>   3) 재배기술

(2) 무기질의 공급원이다

필수 무기질은 인체 내의 여러 가지 대사 작용을 원활하게 해서 신체발육과 건강을 유지시켜 주는데 채소와 과실에는 30여종의 무기질을 포함하고 있어 중요한 공급원이 되고 있다.

(3) 섬유소의 공급원이다

채소는 섬유소를 많이 함유하고 있어 소화를 돕고 변비를 예방해준다.

(4) 알칼리성 식품이다

대부분의 원예작물은 체액의 산성화를 방지하는 Na, K, Mg, Ca, Fe 등을 많이 함유하고 있어서 채소와 과일을 알칼리성 식품이라 한다.

(5) 보건적 가치가 크다

(6) 기호적 기능이 있다

(7) 약리적 효능이 있다

③ 원예작물특성

(1) 재배적 특성

1) 원예작물은 종류가 많고 종류별 품종이 다양하다.
2) 수요는 연중 있기 때문에 수요에 맞춘 재배 방식이 노지 재배, 시설재배, 수경재배 등으로 다양하다.
3) 병해충의 피해가 많고 방제가 어렵다.
4) 재배가 집약적이다.

(2) 상품적 특성

1) 신선한 상태로 공급해야 한다.
2) 품질이 변질되고 부패되기 쉽기 때문에 저장시설이 필수이다.

4 작물재배

작물재배의 최종 목적은 많은 수확을 하는데 있다고 할 수 있으며 재배작물 수량을 극대화하기 위해서는 유전성이 우수한 품종을 선택한 후, 최적의 환경조건을 조성하여, 작물에 알맞은 재배기술을 적용하여야 한다.

02 원예작물의 분류

1 채소의 분류

(1) 식용부위에 따른 분류

1) 잎줄기 채소(엽경채류)

잎과 줄기를 식용으로 이용하는 채소로 잎채소, 꽃채소, 줄기채소, 비늘줄기채소 등으로 구분된다.

- 잎채소(엽채류) : 잎을 식용으로 이용하는 채소로 배추, 양배추, 시금치, 상추 등이 있다.
- 꽃채소(화채류) : 꽃덩이를 식용으로 이용하는 채소로 꽃양배추(콜리플라워), 브로콜리(모란채) 등이 있다.
- 줄기채소(경채류) : 새로 돋아나는 줄기를 식용으로 이용하는 채소로 아스파라거스, 죽순, 토당귀 등이 있다.
- 비늘줄기채소(인경채류) : 잎이 변태된 비늘잎 또는 비늘줄기를 식용으로 이용하는 채소로 양파, 마늘, 파, 부추 등이 있다.

참 고

- 잎줄기채소는 대개가 호냉성 채소인데
  1) 잎채소(배추, 시금치 등)
  2) 꽃채소(브로콜리, 꽃양배추 등)
  3) 줄기채소(아스파라거스, 죽순 등)
  4) 비늘줄기채소(파, 마늘) 등으로 엽채류라고도 한다.

4회 기출문제

다음 채소작물 중 화채류(꽃채소)에 속하는 것은?

① 배 추
② 아스파라거스
③ 파
④ 브로콜리

▶ ④

10회 기출문제

다음에서 인경채류를 모두 고른 것은?

| ㄱ.마늘 ㄴ.상추 ㄷ.쑥갓 ㄹ.양파 |

① ㄱ, ㄴ
② ㄱ, ㄹ
③ ㄴ, ㄷ
④ ㄷ, ㄹ

▶ ②

9회 기출문제
근채류에서 직근류가 아닌 것은?
① 무 ② 우엉
③ 당근 ④ 고구마
▶ ④

참 고
● 뿌리채소는
1) 직근(무, 당근)
2) 괴근(고구마, 마)
3) 괴경(감자, 토란)
4) 근경(생강, 연근) 등
지하부를 이용하는 채소를 총칭하여 근채류라고도 한다.

10회 기출문제
(　)안에 들어갈 내용을 순서대로 나열한 것은?

(　)은(는) 지하경의 선단이 비대 발육한 것이고, (　)은(는) 뿌리가 비대해진 것이다.

① 고구마, 감자
② 감자, 고구마
③ 고구마, 생각
④ 감자, 토란
▶ ②

2) 뿌리채소(근채류)

뿌리나 줄기의 일부분이 영양저장기관으로 변형된 지하부분을 식용으로 이용하는 채소로 직근류, 괴근류, 괴경류, 근경류 등으로 구분된다.
- 직근류 : 무, 당근, 우엉
- 괴근류 : 고구마, 마, 카사바
- 괴경류 : 감자, 토란, 돼지감자
- 근경류 : 생강, 연근, 고추냉이

종류	의미	예
직근류	뿌리가 곧은 채소	무, 당근, 우엉
괴근류	뿌리가 덩이로 된 채소	고구마, 마, 카사바
괴경류	줄기가 덩이로 된 채소	감자, 토란, 돼지감자
근경류	뿌리줄기가 덩이로 된 채소	생강, 연근, 고추냉이

3) 열매채소(과채류)

열매를 식용으로 이용하는 채소로 두과, 박과, 가지과, 기타

등으로 구분할 수 있다.
- 두과 : 완두, 강낭콩, 잠두
- 박과 : 오이, 호박, 참외, 수박
- 가지과 : 토마토, 가지, 고추
- 기타 : 옥수수, 딸기

종 류	예
두과	완두, 강낭콩, 잠두
박과	오이, 호박, 참외, 수박
가지과	토마토, 가지, 고추
기타	옥수수, 딸기

열매 채소 / 오이 / 고추 / 가지 / 호박

(2) 온도의 적응성에 따른 분류

1) 호온성(好溫性)채소
   ① 25℃ 정도의 비교적 높은 온도에서 잘 생육되는 채소를 말한다.
   ② 대부분의 열매채소인 토마토, 고추, 오이, 가지, 수박, 참외 등이 해당된다.
   ③ 열매채소 중에서도 딸기, 완두, 잠두 등은 제외된다.

2) 호냉성(好冷性)채소
   ① 18~20℃ 정도의 비교적 서늘한 온도에서 잘 생육되는 채소를 말한다.
   ② 대부분의 엽근채류인 배추, 무, 파, 마늘, 시금치, 상추 등이 해당된다.
   ③ 엽근채류 중에서도 고구마, 토란, 마 등은 제외된다.

참 고

- 열매채소는
  1) 두과(완두, 강낭콩)
  2) 박과(오이, 수박)
  3) 가지과(토마토, 고추)
  4) 딸기 등과 같이 과실의 이용을 목적으로 하는 채소의 총칭으로 과채류라고도 한다.

13회 기출문제

채소작물의 식물학적 분류에서 같은 과(科)끼리 묶이지 않은 것은?

① 브로콜리, 갓
② 양배추, 상추
③ 감자, 가지
④ 마늘, 아스파라거스

▶ ②

1회 기출문제

원예작물의 생육온도에 대한 설명이 바르게 된 것은?

① 생육적온은 대개 지상부에 비해 지하부가 높다.
② 배추, 사과, 카네이션 등은 호냉성 작물로 분류된다.
③ 생육적온은 열대 원산인 작물에 비해 온대 원산인 작물이 높다.
④ 딸기, 토마토, 장미 등은 호온성 작물로 분류된다.

▶ ②

(3) 자연분류법(식물학적)에 의한 분류

꽃, 종자, 과실, 잎 등의 특징을 기초로 식물의 유전적 조성의 유사한 정도를 분석하여 과, 종, 변종으로 분류하는 방법으로 과학적 분류라고도 한다.

1) 담자균류
   - 송이과 : 양송이, 표고
2) 단자엽(외떡잎식물)식물
   - 화본과 : 옥수수, 죽순
   - 백합과 : 양파, 마늘
   - 생강과 : 생강
   - 토란과 : 토란, 구약
   - 마과 : 마
3) 쌍자엽(쌍떡잎식물)식물
   - 명아주과 : 근대, 시금치
   - 십자화과 : 양배추, 배추, 무
   - 콩과 : 콩, 녹두, 팥
   - 아욱과 : 아욱, 오크라
   - 산형화과 : 샐러리, 당근
   - 메꽃과 : 고구마
   - 가지과 : 고추, 토마토
   - 박과 : 수박, 오이, 참외
   - 국화과 : 상추, 우엉
   - 도라지과 : 도라지
   - 장미과 : 사과, 나무딸기

(4) 광선의 적응성에 따른 분류

1) 양성(陽性) 채소
   햇볕이 잘 쪼이는 곳에서 잘 자라는 채소로 박과, 콩과, 가지과, 무, 배추, 결구상추, 당근 등이 해당된다.
2) 음성(陰性) 채소
   어느 정도 그늘에서도 잘 자라는 채소로 토란, 아스파라거스, 부추, 마늘, 비결구성 잎채소 등이 해당된다.

9회 기출문제

장미과에 속하는 원예작물만을 고른 것은?

ㄱ. 블루베리   ㄴ. 사과
ㄷ. 토마토   ㄹ. 나무딸기

① ㄱ, ㄷ   ② ㄱ, ㄹ
③ ㄴ, ㄷ   ④ ㄴ, ㄹ

▶ ④

11회 기출문제

다음 ( )안에 들어갈 내용을 순서대로 나열한 것은?

쌈추는 배추와 ( )의 ( )종이다.

① 양배추, 종간교잡
② 양배추, 속간교잡
③ 상추, 종간교잡
④ 상추, 속간교잡

▶ ①

12회 기출문제

원예작물의 식물학적 분류에서 토마토와 같은 과(科, family)에 속하는 것은?

① 양파 ② 가지 ③ 상추 ④ 오이

▶ ②

13회 기출문제

호광성 종자의 발아에 관한 설명으로 옳지 않은 것은?

① 발아는 450nm 이하의 광파장에서 잘된다.
② 발아는 파종 후 복토를 얇게 할수록 잘된다.
③ 광은 수분을 흡수한 종자에만 작용한다.
④ 발아는 색소단백질인 피토크롬(phytochrome)이 관여한다.

▶ ①

9회 기출문제

화탁(꽃받기)의 일부가 과육으로 발달한 위과(僞果)는?

② 과수의 분류

(1) 꽃의 발육부분에 따른 분류

1) 진과 (眞果)

씨방이 발육하여 식용부분으로 자란 열매를 말하는데 감귤류, 포도, 복숭아, 감 등이 있다.

2) 위과 (僞果)

진과와 달리 꽃받기가 발육하여 식용부분으로 자란 열매를 말하는데 사과, 배, 무화과 등이 있다.

(2) 과실의 구조에 따른 분류

1) 인과류

사과, 배 등

2) 준인과류

감, 감귤, 오렌지 등

3) 핵과류

복숭아, 자두, 살구, 양앵두, 매실 등

4) 견과류 (각과류)

밤, 호두, 개암, 아몬드 등

5) 장과류

포도, 무화과, 나무딸기, 석류, 블루베리 등

③ 화훼의 분류

(1) 원예학적 분류

화훼식물의 생육습성과 용도에 따른 구분이다.

1) 초화류

채송화, 나팔꽃, 봉선화, 해바라기, 맨드라미, 접시꽃, 석죽

2) 숙근초화류

국화, 옥잠화, 작약, 구절초, 벌개미취, 꽃창포, 군자란, 제라니움, 카네이션 등

---

① 배, 복숭아　② 사과, 배
③ 복숭아, 포도　④ 포도, 사과

▶ ②

11회 기출문제

원예작물의 식물학적 분류에서 같은 과(科)끼리 묶이지 않은 것은?

① 배추, 결구상추　② 무, 갓
③ 오이, 수박　④ 고추, 토마토

▶ ①

14회 기출문제

핵과류(核果類, stone fruit)에 해당하는 과실은?

① 배　　　② 사과
③ 호두　　④ 복숭아.

▶ ④

11회 기출문제

다음 과실 중에서 장과류에 속하는 것을 고른 것은?

| ㄱ. 복숭아 | ㄴ. 포도 |
| ㄷ. 배 | ㄹ. 블루베리 |

① ㄱ, ㄷ　② ㄱ, ㄹ
③ ㄴ, ㄷ　④ ㄴ, ㄹ.

▶ ④

12회 기출문제

다음 과실 중 각과류로 분류되는 것은?

① 호두　② 배　③ 대추　④ 복숭아

▶ ①

12회 기출문제

다음 (　) 안에 공통으로 들어갈 말은?

> ○ 위과 : (　)와/과 함께 꽃받기의 일부가 과육으로 발달한 열매로 사과, 배, 비파, 무화과 등이 있다.
> ○ 진과 : (　)이/가 발육하여 자란 열매로 감귤류, 포도, 복숭아, 자두 등이 있다.

① 수술　② 꽃잎　③ 씨방　④ 주두

▶ ③

> **참 고**
> - 식물학상 과실이란 자방이 발육하여 비대한 것을 말하는데 과실에 따라서는 자방 이외의 부분인 꽃받기 등이 발육하여 과실이 되기도 한다.
> - 따라서 과실이 자방이 발육하여 비대한 것이냐, 자방 이외의 부분이 비대한 것이냐에 따라서 진과와 위과로 분류된다.

15회 기출문제

구근 화훼류를 모두 고른 것은?

> ㄱ. 거베라 ㄴ. 튤립 ㄷ. 칼랑코에
> ㄹ. 다알리아 ㅁ. 프리지아
> ㅂ. 안스리움

① ㄱ, ㄴ, ㅁ ② ㄱ, ㄷ, ㅂ
③ ㄴ, ㄹ, ㅁ ④ ㄷ, ㄹ, ㅂ

➡ ③

14회 기출문제

다음 화훼작물 중 화목류를 모두 고른 것은?

> ㄱ. 산수유 ㄴ. 작약
> ㄷ. 철쭉   ㄹ. 무궁화

① ㄱ, ㄴ ② ㄷ, ㄹ
③ ㄱ, ㄷ, ㄹ ④ ㄴ, ㄷ, ㄹ

➡ ③

10회 기출문제

다음 중 다육식물이 아닌 것은?

① 돌나물 ② 달리아
③ 알로에 ④ 칼랑코에

➡ ②

3) 구근초류화
  백합, 글라디올러스, 칸나, 다알리아, 튤립, 히야신스, 수선화
4) 관엽나무
  고무나무, 야자류, 몬스테라, 호랑가시나무, 사철나무, 주목
5) 화목류
  이팝나무, 목련, 꽃사과, 개나리, 진달래, 무궁화, 명자나무, 장미, 동백나무 등
6) 특수나무
  난, 식충식물, 고산식물, 선인장류

(2) 용도에 따른 분류

화훼식물의 용도에 따른 분류이다.
1) 분식용
  제라니움, 국화, 열대산 관엽식물 등
2) 절화용
  장미, 국화, 백합, 카네이션 등
3) 화단용
  봉선화, 사루비아, 백일홍, 과꽃, 페튜니아 등

03 원예식물의 구조

1 식물의 기본체계

(1) 세포

세포는 생물의 구조와 기능상의 최소단위가 되는데
1) 세포가 모여 조직을 이루고
2) 조직이 모여 기관을 이루고
3) 기관은 식물체를 형성한다.

(2) 원형질과 후형질

1) 세포는 원형질과 후형질로 구성되는데 원형질은 살아있는 세포의 내용물로서 세포의 본체를 이루는데 핵, 세포질, 세포막으로 구성된다.
2) 후형질이란 세포의 생명활동의 결과로 만들어지는 물질을 총칭한다.
3) 세포 중 식물세포에서만 특이하게 존재하는 것은 색소체, 세포벽, 액포이다.

(3) 세포벽

1) 세포벽은 중층, 1차벽, 2차벽으로 구성되며 벽 안에는 원형질 연락사가 존재한다.
2) 중층은 세포생성시 최초로 생성되는 펙틴질로 된 얇은 층이며 셀룰로오스가 주성분인 1차벽은 중층 안쪽에 형성된다.
3) 펙틴(pectin)은
   ① 식물의 세포벽 사이에 존재하면서 세포를 단단하게 유지시켜 주는 다당류 물질이다.
   ② 과실이나 채소의 육질 정도를 지배하는 중요한 성분으로 과실의 경도나 먹는 촉감에 크게 영향을 준다.
   ③ 칼슘(Ca)은 세포벽에서 펙틴의 결합을 더욱 견고하게 만드는 작용을 하여 과육의 연화억제, 노화의 지연, 과실을 단단하게 유지하여 저장력을 향상시킨다.

> **참 고**
>
> • 식물체의 기본체제
>
> 세포집단이 모여서 조직, 여러 조직이 모여서 이루는 조직계, 그리고 줄기·잎·뿌리 등의 구조를 이루는 기관, 여러 기관이 식물개체를 이룬다.

6회 기출문제

세포벽에서 펙틴의 결합을 견고하게 하여 과육의 연화를 억제하고 노화를 지연시켜 저장력을 향상시키기 위해 처리하는 물질은?

① 염화칼슘($CaCl_2$)
② 질산칼륨(KNO_3)
③ 염화나트륨($NaCl$)
④ 황산마그네슘($MgSO_4$)

▶ ①

8회 기출문제

과수의 과실숙기촉진을 위한 방법으로 거리가 먼 것은?

① 환상박피실시
② 칼슘시비
③ 지베렐린처리
④ 가온재배

▶ ②

> 참고
>
> - 분열조직과 영구조직
>   1) 분열조직에는 생장점, 형성층, 절간분열조직
>   2) 영구조직에는 유조직, 기계조직, 통도조직

> 참고
>
> - 영양기관과 생식기관
>   1) 식물체의 영양을 맡아보는 기관을 영양기관이라 하는데 뿌리(root) 줄기(stem), 잎(leaf) 등이 이에 해당된다.
>   2) 식물체가 다음 세대의 새로운 개체를 만드는 일을 맡아 보는 기관을 생식기관이라 하는데 꽃, 종자, 과실 등이 이에 해당된다.

(4) 분열조직

1) 세포분열이 계속 일어나는 조직으로 이에는 생장점, 형성층, 절간분열조직이 있다.
2) 생장점에 있는 분열조직을 정단분열조직이라고 하고 형성층은 비대생장을 일으키는 분열조직으로 측생분열조직이라고도 한다.

(5) 영구조직

분열조직에서 생성된 세포들이 성숙하여 분열능력이 없어진 세포집단으로 유조직, 기계조직, 통도조직 등이다.

(6) 식물의 기관

원예식물은 뿌리, 줄기, 잎 및 꽃으로 이루어져 있는데 뿌리, 줄기, 잎은 영양기관이라 하고 꽃, 종자, 과실은 생식기관이라고 한다.

┃영양기관과 생식기관┃

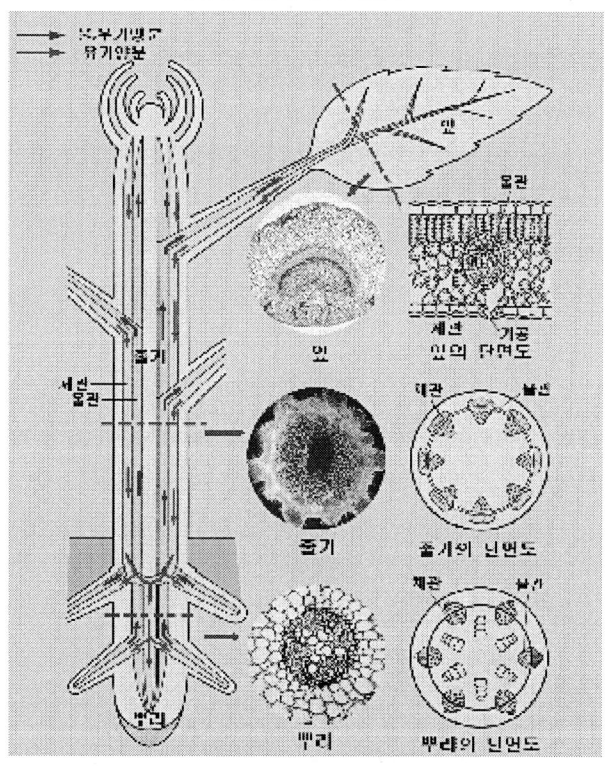

[식물체의 형태] (출처:경북대 생물교육학과)

❷ 뿌리

(1) 뿌리의 외부구조

1) 근관(根冠)
   뿌리 끝을 모자와 같이 싸고 있는 세포조직으로 유조직, 생장점을 보호한다.
2) 생장점(生長點)
   뿌리의 선단에 위치하여 분열 활동을 하는 세포집단의 선단부분으로 세포가 분열하여 뿌리가 형성, 생장하는데 이 생장점을 보호해주는 뿌리골무가 있다.
3) 신장대(伸長帶)
   생장점에서 만들어진 세포들이 길게 자라는 부분으로 신장대가 성장하여 뿌리를 신장시킨다.
4) 근모대(根毛帶)
   신장대에 이어져 토양으로부터 수분이나 영양분을 흡수하는 기능을 가진 관상조직으로 단세포의 근모대가 많이 나 뿌리털이 있는 곳이다.
5) 분화대(分化帶)
   근모대 위의 부분으로 근모는 활동을 잃어 탈락하고 내부에서는 조직의 분화가 이루어진다.

(2) 뿌리의 내부구조

뿌리의 내부구조는 표피, 피층, 중심주 등이 있다.

(3) 식물체의 생장과 뿌리의 형성

1) 배(胚)의 유근(幼根)이 신장해서 생기는 뿌리는 제1차근(종자근)이며 이 생장은 선단이 생장점에 존재하는 분열조직에서 일어난다.
2) 종자근에서 분기해서 생기는 제2차근(측근, 곁뿌리)은 종자근의 내부조직에서 생성된다.

> **참 고**
>
> ● 생장점(生長點)
> 줄기나 뿌리의 선단부에 자리잡고 세포분열을 통하여 식물체의 새로운 조직이나 기관을 생성하는 부분을 말한다.

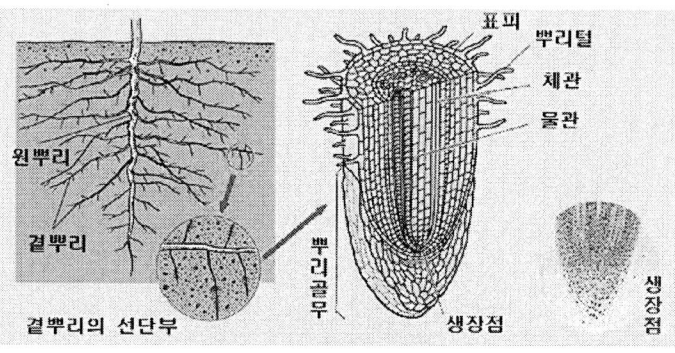

[뿌리속구조]

12회기출문제

원예에 관한 설명으로 옳지 않은 것은?

① 기능성 건강식품의 인기에 따라 각광을 받고 있다.
② 원예의 가치에는 식품적, 경제적 가치는 있으나 관상적 가치는 포함되지 않는다.
③ 채소, 과수, 화훼작물을 집약적으로 재배하고 생산하는 활동이다.
④ 어원적으로는 울타리를 둘러치고 재배하는 것을 의미한다.

➡ ②

참 고

- **뿌리기능**
 1) 지지기능
 2) 흡수기능
 3) 용해기능
 4) 호흡기능

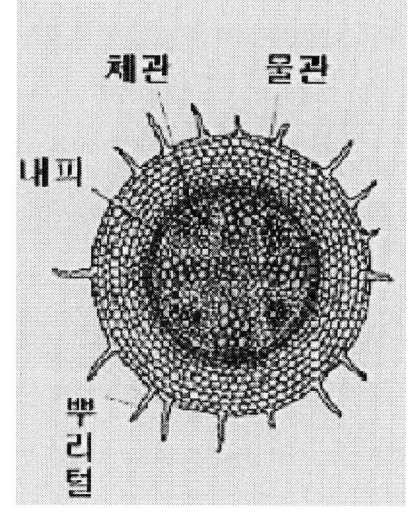

[뿌리속횡단면]

(출처 : 경북대학교 사범대학 생물교육과)

(4) 뿌리의 기능

1) 식물체의 지지 기능
2) 수분·영양의 흡수기능
3) 땅 속의 영양분을 용해하는 기능
4) 땅 속의 공기를 호흡하는 기능

❸ 줄기

(1) 줄기의 구성

줄기는 표피, 피층, 내피, 중심주로 구성된다.

1) 표 피

줄기의 바깥쪽을 싸서 줄기 내부를 보호하는 기능을 한다.

2) 피 층

껍질켜라고도 하는 피층은 유세포로 된 기본조직으로 엽록소를 가지며 광합성을 한다.

3) 내 피

후막세포로 된 기본조직으로 피층과 중심주의 경계로써 전분 등을 품는 경우도 있다.

4) 중심주

① 단자엽식물

속과 사출속의 구별이 없고 부제 중심주이다. 형성층이 없으므로 비대 생장은 일어나지 않는다.

② 쌍자엽식물

체관부, 형성층, 도관이 고리모양으로 배열되어 있고 형성층이 있으므로 비대생장을 한다.

③ 속과 사출속

속은 줄기의 중심부를 차지하며 유세포로 되어 있는 기본조직이다. 속이 관다발계를 방사상으로 뚫고 나온 것을 사출속이라고 한다.

(2) 줄기의 변형

줄기가 변해서

1) 포도의 덩굴손
2) 고구마딸기 등의 포복경
3) 감자의 괴경 등이 되었다.

참 고

- 덩굴손
  1) 덩굴손은 다른 것에 말아 붙어서 식물체를 지지하는 것처럼 변태한 기관을 말한다.
  2) 포도의 덩굴손은 줄기가, 콩과식물이나 박과식물의 덩굴손은 잎이 변형된 것이다.

1회 기출문제

원예작물의 영양기관에 대한 설명이 바르게 된 것은?

① 포도의 덩굴손은 잎이 변형된 것이다.
② 감자의 괴경은 잎이 변형된 것이다.
③ 양파의 인경은 잎이 변형된 것이다.
④ 딸기의 포복경은 잎이 변형된 것이다.

▶ ③

> **참고**
>
> - 큐티클층(cuticle layer)
>   1) 잎의 표피조직표면에 잘 발달된 큐우틴의 퇴적층을 말하는데
>   2) 식물의 잎으로부터의 수분증산 억제, 병원균의 침입을 막는 기능을 한다.

❹ 잎

(1) 잎의 구조

1) 표 피

   잎의 제일 바깥 쪽으로
   ① 보통 1층의 무색의 세포층으로 된 표피층으로 둘러 싸여 있다.
   ② 표면보다 이면에 많은 기공이 있으며 엽록체는 표피 중 공변세포에만 있다.
   ③ 표면에는 큐티클층이 발달해 있다.

2) 잎 살(葉肉)

   ① 동화 작용을 하는 유조직으로 되어 있다.
   ② 잎의 위쪽은 책상조직, 아래쪽은 해면조직으로 되어 있으며 엽록체를 많이 품고 있어 광합성을 한다.

3) 잎 맥

   ① 줄기에서 갈라진 관다발 끝이 잎살 사이를 누비듯 가늘게 가지 친 것으로 잎을 지지한다.
   ② 위쪽은 도관(물관), 아래쪽은 체관으로 되어 있다.
   ③ 물이나 무기양분, 동화물질의 이동통로가 된다.
   ④ 잎의 유조직에서 만들어진 물질은 원형질 연락으로 수송되어 체관세포에 들어간다. 특히 잎은 플로리겐과 옥신 등의 호르몬 등도 만든다.

(2) 잎의 변형

잎이 변형되어서
1) 선인장의 가시
2) 마늘의 인편
3) 양파의 인경 등이 되었다.

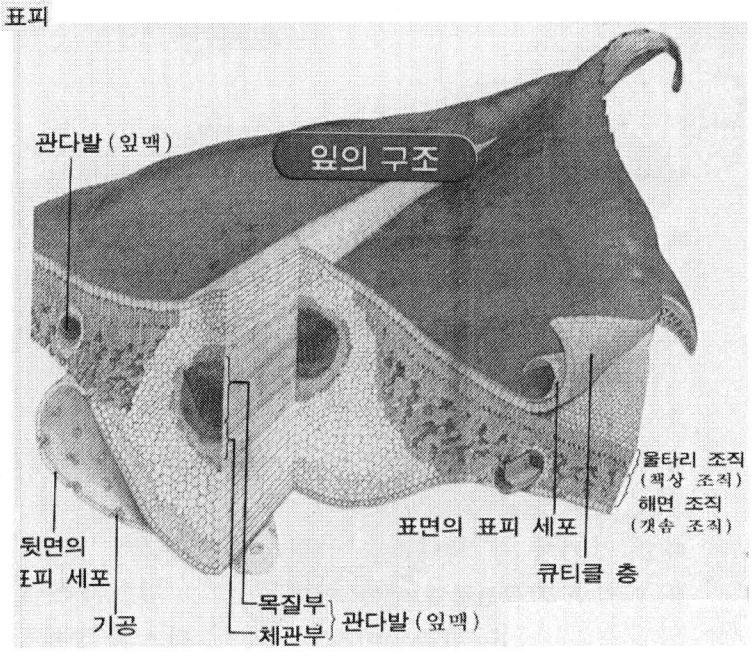

(3) 잎의 형성

1) 잎은 정아나 액아에 존재하는 줄기생장점의 분열조직에서 분화하는 잎의 원기에서 형성된다.
2) 종자가 발아하여 처음 출현하는 잎을 자엽이라고 하며 단자엽 식물은 1장, 쌍자엽 식물은 2장이다.
3) 잎의 원기는 생장의 초기에는 주로 정단생장을 하고 너무 신장하기 전에 잎의 세포의 전부가 왕성한 세포분열과 크기의 증대를 가져온다.

(4) 부정아(不定芽)의 형성

1) 원래 눈이 없는 조직에서 생기는 눈으로 막눈이라고도 한다.
2) 부정아는 줄기의 끝이나 마디부의 엽액 외의 부분인 줄기나 뿌리에서 생긴다.

참 고

● 정아(頂芽)와 액아(腋芽)
1) 식물은 생장을 할 때 눈을 형성하는데 눈이 가지의 선단에 생길 때 이를 정아라 하고
2) 액아는 겨드랑이눈이라고도 하는데 정아보다 아래 쪽에 생기는 눈을 말한다.

참 고

● 정단(頂端)
1) 어떤 부분의 최상부, 정점, 끝부분을 말한다.
2) 정단에는 생장을 위한 분열조직을 함유하고 있다.

❺ 꽃

(1) 꽃의 구조

1) 꽃은 꽃잎, 꽃받침, 수술과 암술로 되어 있으며
2) 수술은 수술머리와 수술대로, 암술은 암술머리, 암술대 및 자방(씨방)으로 구성되어 있다.

(2) 꽃의 형태

1) 양성화·단성화

   꽃을 크게 양성화와 단성화로 구분할 수 있는데
   ① 양성화란 암술과 수술을 한 꽃에 모두 가진 꽃을 말하는데 완전화, 자웅동화라고도 한다.
   ② 단성화란 암술과 수술 중 하나만 가지고 있는 꽃을 말하는데 불완전화, 자웅이화라고도 한다.

2) 자웅동주·자웅이주

   자웅동주란 암꽃과 수꽃이 동일개체에 있는 것을 말하며 자웅이주란 암꽃과 수꽃이 서로 다른 개체에 있는 경우를 말한다.
   ① 자웅동주식물 : 무, 배추, 양배추, 양파, 수박, 오이, 밤
   ② 자웅이주식물 : 시금치, 아스파라거스, 은행나무

 **제1장 기출문제 연구**

■■■ 기출문제

4회 기출
1. 다음 채소작물 중 화채류(꽃채소)에 속하는 것은?

① 배 추
② 아스파라거스
③ 파
④ 브로콜리

정답 및 해설 ④

꽃채소는 꽃덩이를 식용으로 이용하는 채소로 꽃양배추, 브로콜리(모란채) 등이 있으며 ④이 맞다

1회 기출
2. 원예작물의 생육온도에 대한 설명이 바르게 된 것은?

① 생육적온은 대개 지상부에 비해 지하부가 높다.
② 배추, 사과, 카네이션 등은 호냉성 작물로 분류된다.
③ 생육적온은 열대 원산인 작물에 비해 온대 원산인 작물이 높다.
④ 딸기, 토마토, 장미 등은 호온성 작물로 분류된다.

정답 및 해설 ②

① 생육적온은 대개 지하부에 비해 지상부가 높다.
③ 생육적온은 온대 원산인 작물에 비해 열대 원산인 작물이 높다.
④ 딸기 등은 호냉성 작물로 분류된다.

5회 기출
3. 씨방만이 비대하여 과실로 발달한 진과(眞果)는?

① 사과
② 배

③ 복숭아
④ 딸기

정답 및 해설 ③

진과에는 감귤류, 포도, 복숭아 등이 해당된다.

6회 기출

4. 세포벽에서 펙틴의 결합을 견고하게 하여 과육의 연화를 억제하고 노화를 지연시켜 저장력을 향상시키기 위해 처리하는 물질은?

① 염화칼슘($CaCl_2$)
② 질산칼륨(KNO_3)
③ 염화나트륨($NaCl$)
④ 황산마그네슘($MgSO_4$)

정답 및 해설 ①

세포벽에서 펙틴의 결합과 관련한 물질은 칼슘이다

1회 기출

5. 원예작물의 영양기관에 대한 설명이 바르게 된 것은?

① 포도의 덩굴손은 잎이 변형된 것이다.
② 감자의 괴경은 잎이 변형된 것이다.
③ 양파의 인경은 잎이 변형된 것이다.
④ 딸기의 포복경은 잎이 변형된 것이다.

정답 및 해설 ③

① 포도의 덩굴손, ② 감자의 괴경, ④ 딸기의 포복경은 잎이 아니라 줄기가 변형된 것이다

농산물 품질관리사 대비

제 2장 | 원예식물의 생육

01 생장과 발육 개념

원예식물의 생육(生育)이란 원예식물의 생장(生長)과 발육(發育)을 합하여 부르고 있는 말로 생장, 발육, 성장, 생육 등으로 혼용하고 있다.

생장과 발육은 서로 구분은 가능하나 상관관계를 가지고 있다고 볼 수 있다.

생장(生長)	• 시간의 경과에 따르는 증가 • 영양생장 • 양적 증가
발육(發育)	• 식물체가 시간이 경과함에 따라서 완성에 다가오는 과정 • 생식생장 • 질적변화
생육(生育)	• 식물생육이라는 말은 생장과 발육 양자를 포함한 개념이다.

```
           ┌─────── 영양생장 ───────┐
종자의 발아 → 줄기, 잎의 증가 → 꽃눈 형성 ┐
                                         ├ 생육(유수분화기)
       결실 ← 개화 ← 꽃눈 형성 ┘
           └──── 생식생장 ────┘
```

1회 기출문제

식물의 생식기관에 속하는 것은?

① 주 아
② 포복지
③ 화 아
④ 육 아

▶ ③

참 고

● **주아(主芽)**
한 마디의 가운데 충실하게 자란 눈으로 원눈이라 한다.

02 원예식물의 생장과 발육

❶ 생 장(生長)

1) 생장이란 세포의 분열과 신장에 의한 양적 생장 즉 체적과 중량의 증가이다.
2) 즉 원예작물이 시간을 경과하면서 식물체 자체의 크기가 증가하는 것을 말한다.
3) 생장은 영양생장과 생식생장으로 구성되며
   ① 영양생장은 해당식물의 종자가 발아하여 줄기·잎의 생성과 증가를 거쳐 꽃눈이 형성되기까지의 단계를 말하고
   ② 생식생장은 꽃눈이 형성된 후 개화과정을 거쳐 결실을 맞게 되는 과정의 순서를 일컫는다.

❷ 발 육(發育)

1) 발육은 세포의 형태와 성질이 변하는 것으로 질적 변화에 따른 새로운 조직이나 기관의 발달을 의미한다.
2) 다시 말하면 생장은 양적 변화와 발달을 의미하는 반면에 발육은 질적 변화와 발달을 의미한다.

❸ 생 육

1) 이러한 생장과 발육을 합하여 생육이라고 부르고 생육의 의미로 생장, 발육, 생육, 성장 등을 혼용하는 경우도 많다.
2) 생장과 발육은 구분은 가능하나 서로 독립적인 것이 아니고 밀접한 상관관계를 가지며 이루어지고 있다.

참 고

- **포복지(匍匐枝)**
  지하경의 기부의 액아가 수평으로 뻗어 땅표면에서 생장하는 것을 말한다.
- **화아(花芽)**
  꽃눈을 말한다.

참 고

- **형성층**
  줄기나 뿌리의 1차 생장을 마친 후의 분열조직으로 부름켜라고도 한다.

❹ 세포분열

1) 생장이란 원예식물의 세포분열을 의미하는데 이 세포분열은 특정부분에 위치한 분열조직에서 일어난다.
2) 분열조직에는 생장점, 형성층, 절간분열조직 등이 있다.

❺ 생장속도

1) 원예식물의 초기단계에서는 세포분열이 진행되기 때문에 생장이 느리지만 다음으로는 분열된 세포가 급속히 신장하기 때문에 성장이 빠르게 진행된다.
2) 즉 발아 후 어느 시기까지는 생장속도가 느리다가 어느 정도 지나면 갑자기 속도가 빨라지고
3) 그 후 성숙단계에서는 세포의 부피변화가 거의 없어 생장속도가 느리다. 이것을 작물의 성장속도는 S자 생장곡선을 보인다고 한다.

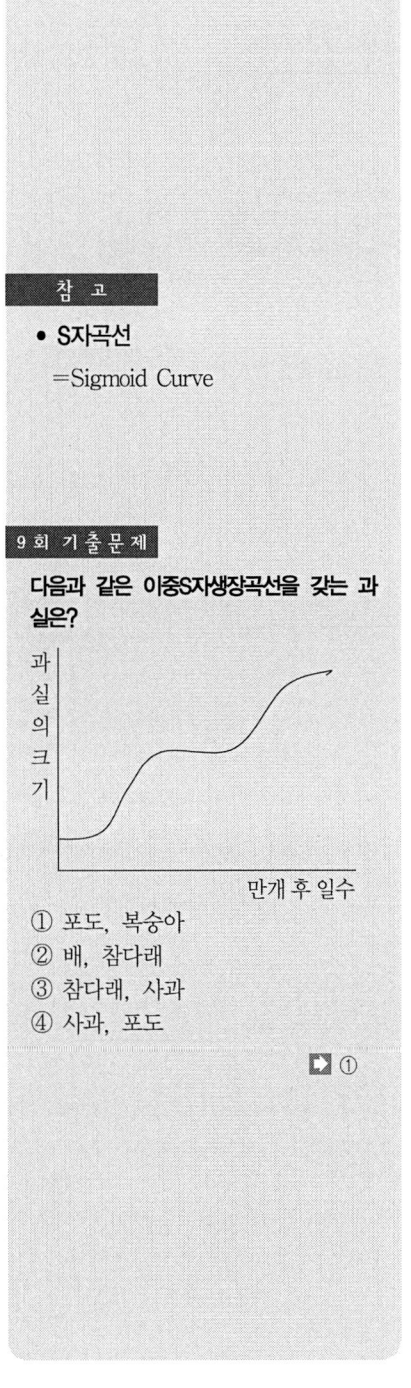

참 고

- S자곡선
  =Sigmoid Curve

9회 기출문제

다음과 같은 이중S자생장곡선을 갖는 과실은?

① 포도, 복숭아
② 배, 참다래
③ 참다래, 사과
④ 사과, 포도

▶ ①

03 종자

> **12회 기출문제**
> 무배유 종자에 속하는 것은?
> ① 수박
> ② 토마토
> ③ 마늘
> ④ 시금치
>
> ▶ ①

❶ 종자의 구조

대부분의 원예작물의 종자는 중복수정의 결과로 배주가 발달하여 형성되고 종자는 종피, 배유, 배를 기본적인 구성요소로 한다.

(1) 종 피(種皮)

종피는 종자를 감싸는 보호기관이다.

(2) 배 유(胚乳)

1) 배유는 씨젖이라고 불리기도 하는데 발아에 필요한 양분을 저장하는 기관이다. 이곳에 저장된 양분은 발아 후 독립적으로 양분을 섭취할 수 있을 때까지 양분으로 이용된다.
2) 식물에 따라서 배유를 가진 것과 없는 것이 있는데 전자를 유배유종자, 후자를 무배유종자라 한다.

유배유종자	벼, 보리, 옥수수, 감 등
무배유종자	콩, 호박, 무 등

(3) 배(胚)

배는 장차 식물체로 발전하는 기관으로 유아, 유근, 자엽 등이 발달되어 있는데 각각의 발달 정도는 종자에 따라 다르다.

❷ 수정과 종자의 생성

(1) 수분과 수정

1) 종자가 생성되려면 수정이 이루어져야 하며 꽃이 피고 수술의 화분이 암술머리에 붙는 것을 수분이라 말하고 수분 후 화분 내의 정핵이 배낭을 침투하여 들어가 난핵 및 극핵과 접합하는 것을 수정이라 한다.
2) 속씨식물은 보통 중복수정을 하는데 중복수정이란 꽃가루의

정핵(n)이 배낭 안의 난세포(n)와 결합하여 배(2n)을 형성하고 또 다른 정핵(n)이 극핵(2개=2n)과 결합하여 배유(3n)를 형성하는 것을 말한다.

(2) 종자의 생성

1) 성숙한 화분은 개화와 함께 방출되어 곤충, 바람 등 여러 가지 수단에 의하여 수분이 이루어지고 화분의 발아에 의해 수정이 이루어진다.
2) 이렇게 수정이 이루어진 후 배주가 발육하여 종자가 된다.

> **13회 기출문제**
>
> 과수작물에서 씨방하위과(子房下位科)로 위과(僞果)이며 단과(單果)인 것은?
>
> ① 배
> ② 복숭아
> ③ 감귤
> ④ 무화과
>
> ▶ ①

❸ 수정분류

(1) 자가수정작물

1) 자가수정작물이란 자기 꽃가루받이로 자가수정을 하는 것을 말하는데 대체로 자연교잡율은 4% 이하이다.
2) 완두, 강낭콩, 상추, 가지, 토마토, 잠두콩, 우엉 등이 해당된다.

(2) 타가수정작물

1) 타가수정작물이란 남의 꽃가루를 받아 수정하는 식물을 말한다.
2) 박과 채소류는 단성화인데다가 화분이 크고 점착성이어서 바람에 잘 날라가지 않고 무, 배추 등은 양성화지만 자가불합성이란 유전적인 특성이 있어 타가수정을 하는 것이 보통이다.
3) 배추류, 무, 박과 채소, 옥수수, 시금치, 아스파라거스 등이 해당된다.

(3) 자가+타가수정작물

1) 자가수정과 타가수정을 겸하는 작물을 말하는데 고추, 딸기, 양파, 당근 등이 해당된다.
2) 고추의 경우는 화분이 단시간 내에 비산하지만 방화곤충이 많아 어느 정도 타가수정을 하게 되고 샐러리 등은 수술이

| 원예작물학

암술에 비하여 먼저 성숙하기 때문에 타가수정 비율이 높아진다.

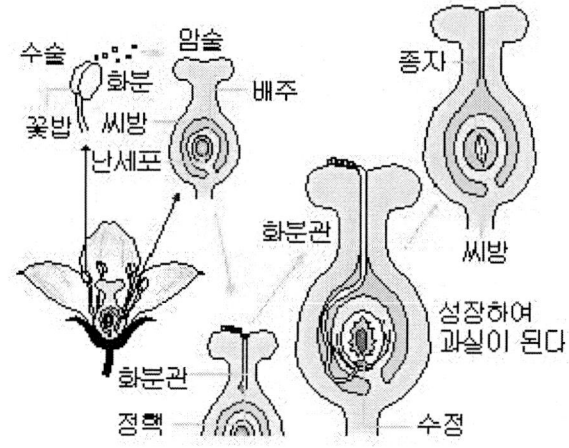

[식물의 수정]
(출처 : 네이버 백과사전 - 두산백과사전)

(4) 자가불화합성과 웅성불임

작물의 생식과정에서 환경적 원인이나 유전적 원인에 의하여 종자를 만들지 못하는 것을 불임성(不姙性)이라 하고 유전적 불임성에는 자가불화합성(自家不和合性)과 웅성불임성(雄性不姙性)이 있다.

1) 자가불화합성

자가불화합성이란 암술과 화분의 기능은 정상적이나 자가수분으로 정자를 형성하지 못하여 불임이 생기는 경우이다.

2) 웅성불임 (雄性不姙)

① 유전자 작용에 의하여 화분이 형성되지 않거나 화분이 제대로 발육하지 못하여 수정능력이 없이 종자를 만들지 못하는 것이다.

② 즉, 암술은 건전하지만 수술이 불완전해서 종자가 생기지 않는 현상이다.

6회 기출문제

암술은 건전하지만 수술이 불완전하여 종자가 생기지 않는 현상은?

① 자식열세
② 웅성불임
③ 자기불화합성
④ 타가불화합성

▶ ②

④ 종자의 저장

(1) 종자의 수명

1) 종자의 수명에는 수분함량, 저장습도, 저장온도, 통기상태 등이 작용하는데 이 중에서 종자의 수분함량, 저장습도가 가장 큰 영향을 미친다.
2) 따라서 종자의 수명을 연장하려면
   ① 건조상태(수분함량 13% 이하)
   ② 저온상태
   ③ 저습상태
   ④ 밀폐상태로 저장하여야 한다.

(2) 발아력 상실원인

1) 저장 중의 종자가 발아력을 상실하는 즉 수명을 잃는 원인은 원형질을 구성하고 있는 단백질의 응고, 저장양분의 소모, 효소의 활력저하 등이 있는데
2) 이 중에서 가장 주된 원인은 단백질의 응고라고 할 수 있다.

⑤ 종자의 우량조건

우량종자의 조건은 외적 조건과 내적 조건으로 나눠볼 수 있다.

(1) 외적조건

① 수분함량이 낮을수록 좋다.
② 우량종자 이외의 불순물이 포함되지 않아야 한다.
③ 종자가 크고 무거운 것이 좋다.
④ 고유의 색택을 가진 것이 좋다.
⑤ 오염, 변색, 기계적 손상이 없어야 한다.

(2) 내적조건

① 유전적으로 순수해야 한다.
② 발아력이 좋아야 한다. 발아력은 발아율과 발아세 등을 종합하여 평가하는데 발아율이 높고 발아세가 빠른 종자가 좋다.

8회 기출문제

채소종자의 발아에 관한 설명으로 옳지 않은 것은?

① 시금치나 상추의 발아는 온탕침지가 효과적이다.
② 평균발아일수가 짧을수록 우량한 종자이다.
③ 종피연화 등 다양한 전처리로 발아를 촉진할 수 있다.
④ 발아세는 단기간에 얼마나 균일하게 발아하는가를 나타내는 정도이다.

▶ ②

⑥ 종자의 발아(發芽)

1) 성숙한 종자는 휴면을 완료하고 환경조건이 적합하면 배(胚)가 생장활동을 시작하여 유아, 유근이 종피를 뚫고 밖으로 빠져 나온다. 이것을 발아라고 한다.
2) 발아는 종자가 수분을 흡수하면서 시작된다.
3) 종자가 수분을 흡수하면 먼저 지베렐린 등의 식물 호르몬과 각종 가수분해효소가 활성화된다. 그리고 저장 양분이 가수분해효소에 의하여 분해된다.
4) 배는 이들 양분을 이용하여 호흡을 하면서 생장활동을 시작하는 것이다.

⑦ 종자의 발아요건

종자의 발아에는 적절한 수분, 온도, 산소가 필수적이다.

(1) 수분

종자의 발아요건 중 수분이 가장 중요해서 모든 종자는 수분을 어느 정도 흡수해야만 발아된다.

(2) 온도

발아의 최적온도는 20~30℃이며 저온작물은 고온작물에 비하여 발아온도가 낮다.

저온성 종자	시금치, 상추, 부추 등
중온성 종자	파, 양파 등
고온성 종자	토마토, 가지, 고추 등

(3) 산소

모든 종자는 산소가 충분히 공급되어야 발아가 잘 되지만 벼 종자는 예외이다.

10회 기출문제

새싹채소에 관한 설명으로 옳지 않은 것은?
① 재배기간이 길다.
② 무, 브로콜리 종자의 싹이 이용되고 있다.
③ 기능성 성분함량이 높고 영양가도 뛰어나다.
④ 이식(移植)이나 정식(定植)과정 없이 키울 수 있다.

▶ ①

12회 기출문제

종자의 발아를 촉진하는 방법에 관한 설명으로 옳은 것은?
① 종자의 휴면 타파를 위해 아브시스산을 처리한다.
② 호르몬 및 효소의 활성화를 위해 수분을 충분히 공급해 준다.
③ 발아를 위한 물질대사의 유지를 위해 파종 후 지속적으로 저온을 유지한다.
④ 종피가 단단하여 산소 공급이 억제되면 발아가 지연되므로 파종 후 강산을 처리한다.

▶ ②

참 고

● 종자의 발아요건
 1) 수분 2) 온도 3) 산소

10회 기출문제

종자 발아에 관한 설명으로 옳지 않은 것은?
① 종피의 불투수성은 발아억제의 요인이 된다.
② 미성숙배는 발아불량의 주요한 내부 원인이다.
③ 일부 종자의 발아는 빛에 민감하게 반응한다.
④ 발아 도중 배유에서 녹말의 합성이 일어난다.

▶ ③

⑧ 광선과 발아

(1) 호광성 종자

담배, 상추, 우엉, 샐러리

(2) 혐광성 종자

토마토, 호박, 고추, 가지 등

⑨ 종자의 발아력 검정

(1) 발아시험에 의한 방법

발아율, 발아세, 평균발아일수 등을 계산하여 발아력을 확인하는 방법으로 보통 많이 이용한다.

(2) 세포의 반투성에 의한 방법

침출액의 성상에 의한 방법(과망간산칼륨용액), 배의 염색에 의한 방법(인디코카민액) 등이 있다.

(3) 효소의 활력에 의한 방법(카탈라아제)

(4) 조직의 환원력에 의한 검정방법

리니트로벤젠용액, 나트륨텔레이트용액, 테트라졸리움 용액에 의한 방법 등이 있다.

04 화아분화(花芽分化)와 추대

① 화아분화

(1) 화아분화의 개시

1) 식물체가 영양생장을 통하여 유년기를 끝내고 성숙한 다음 특정한 환경 조건이 주어지면 정아 또는 액아에서 질적인 변화가 일어난다.
2) 그동안 계속되던 영양기관의 분화에서 생식기관의 분화가 일어나 조직의 형태적 변화를 보이는데 이를 화아분화 개시라고 한다.

(2) 화아분화의 의의

화아분화(花芽分化)란 꽃눈분화라고도 하는데 발육 중에 있는 정아 또는 액아가 잎으로 될 원기는 가지고 있으나 일정한 요건이 되면 잎의 원기형성을 중지하고 꽃으로 되는 것을 말한다.

(3) 화아분화의 특징

1) 화아분화가 시작되면 잎줄기채소는 생장속도가 둔화되고 뿌리채소는 뿌리의 비대가 불량해진다.
2) 장차 화아는 꽃으로 발전할 세포조직으로써 이 화아분화를 분기점으로 대부분의 작물은 생식생장이 시작된다.

② 추 대

(1) 추대의 의의

식물은 화아(花芽, 꽃눈)가 분화(分化)된 후 개화에 이를 때는 비교적 짧은 기간에 급속히 꽃대가 신장된다. 이같이 화아를 갖는 줄기가 급속한 신장을 하는 것을 추대라 한다.

11회 기출문제

농수산물 유통 및 가격안정에 관한 법령상 농수산물도매시장의 다음 거래품목 중 양곡부류를 모두 고른 것은?

| ㄱ. 옥수수 | ㄴ. 참깨 |
| ㄷ. 감자 | ㄹ. 땅콩 | ㅁ. 잣 |

① ㄱ, ㄴ, ㄹ ② ㄱ, ㄷ, ㅁ
③ ㄴ, ㄹ, ㅁ ④ ㄷ, ㄹ, ㅁ

➡ ③

3회 기출문제

식물의 생식기관에 속하는 것은?

① 주아
② 포복지
③ 화아
④ 육아

➡ ③

(2) 추대의 문제

무, 배추, 양배추 등은 재배에서 예기치 않는 저온으로 조기추대 등 불시에 추대되어 수량을 감소시키므로 큰 문제가 된다.

(3) 화아분화와 추대의 촉진요건

1) 일 장

저온 감응성을 가지고 있는 무·배추 등은 장일상태에서 화아분화와 발육이 촉진되고 추대도 빨라진다.

2) 온 도

추대에 적당한 온도는 25~30℃이고 고온일수록 추대가 빨라진다.

3) 토양조건

토양에서는 점질토양이나 비옥토보다 사질토양이나 척박한 토양에서 더 빠르게 진행된다.

8회 기출문제

과수의 꽃눈분화를 촉진하기 위한 재배적 조치는?

① 질소 시비량을 늘린다.
② 강전정을 실시한다.
③ 가지를 수평으로 유인한다.
④ 착과량을 늘린다.

➡ ③

11회 기출문제

추대하면 상품성이 떨어지는 채소작물이 아닌 것은?

① 배추   ② 무
③ 파   ④ 브로콜리

➡ ④

05 춘화처리(春花處理: Vernalization)

① 의 의

1) 식물 중에는 생식생장으로 들어가기 전에 일정기간의 저온에 처하지 않으면 안되는 것들이 있다. 보통 겨울을 나고 봄에 꽃이 피는 맥류와 무, 배추 등의 채소류 등이 그것이다.
2) 맥류와 무, 배추 등 채소류 등의 종자를 얻으려면 우선 꽃눈분화를 유도하여 개화시켜야 하는데 저온에 의해 개화, 즉 꽃눈분화를 유도시키는 것을 춘화처리 또는 Vernalization이라고 한다.
3) 즉, 생장 중인 식물에 저온을 처리하므로써 개화를 유기·촉진시키는 것이다.

② 춘화처리의 예

1) 춘화처리 내용은 다음과 같다.
   ① 종자나 어린 식물을 저온처리하여 화성의 유도를 촉진시켜 개화를 빠르게 한다.
   ② 개화촉진을 위하여 저온에서 식물의 감온성을 높인다.
   ③ 어린 식물을 저온처리하여 추파성을 춘파성으로 변화시킨다.
2) 작물 중 파, 마늘 등의 인경류와 무 등의 구근류에서는 춘화와 추대현상이 모두 나타난다.

③ 추파형과 춘파형 품종

(1) 추파형 품종

1) 월동 1년생 식물을 가을에 파종하면 어린 식물이 월동하여

2회 기출문제

다음 중 춘화(vernalization)와 추대(bolting) 현상이 모두 나타나는 작물로 묶여있는 것은?

① 딸기, 감자, 구근류
② 인경류, 무, 구근류
③ 국화, 배추, 수박
④ 팬지, 무, 고추

▶ ②

8회 기출문제

식물이 생장을 시작한 후 또는 줄기의 생장점이 활동을 하고 있을 때 일정기간 저온을 받아 꽃눈이 분화되는 현상은?

① 춘화
② 추대
③ 유년상
④ 로제트

▶ ①

1회 기출문제

종자를 형성하려면 우선 꽃눈분화를 유도하여 개화시켜야 하는데 저온에 의해서 꽃눈분화를 유도시키는 것을 무엇이라 하는가?

① 발아촉진
② 화아유도
③ 춘화처리
④ 이화유도

▶ ③

이듬해 봄에 생장하여 출수하는 품종을 말한다.

2) 추파형 품종을 봄에 파종하면 줄기와 잎은 무성하나 이삭이 나오지 않는 현상이 발생하는데 이를 좌지현상(座止現象)이라 한다.

(2) 춘파형 품종

1) 봄에 파종하면 유식물기간을 저온상태에 있지 않더라도 이삭이 잘 나와 정상적으로 결실하는 품종을 말한다.
2) 추운 지방에서는 춘파형 품종을 가을에 재배하면 내동성이 약해서 동사한다.

> **참 고**
>
> ● 좌지현상
> 1) 줄기나 잎은 무성하나 이삭이 나오지 않는 현상을 말한다.
> 2) 추파형 품종을 봄에 파종할 때 나타난다.

④ 이춘화(離春花)와 재춘화(再春花)

1) 춘화의 과정이 일정되도록 하기 위해서는 일정한 기간이 필요하고 도중에 급격한 고온에 처하게 되면 춘화의 효과를 잃게 된다. 이것을 이춘화(離春花) 또는 춘화소거라고 한다.
2) 이춘화된 것을 다시 저온처리하면 춘화가 진행되는데 이것을 재춘화라 부른다.

13회 기출문제

화훼작물에서 종자 또는 줄기의 생장점이 일정기간의 저온을 겪음으로서 화아가 형성되는 현상은?

① 경화
② 춘화
③ 휴면
④ 동화

▶ ②

⑤ 춘화형 식물 구분

(1) 저온춘화형과 고온춘화형

춘화에는 일정기간 저온을 거치면 화아분화가 유도되는 저온춘화형과 고온을 거치면 화아분아가 유도되는 고온춘화형이 있다.

(2) 종자춘화형과 녹식물춘화형

1) 춘화는 저온에 감응하는 시기에 따라 종자가 수분을 흡수하여 배의 생장기능이 발휘되면서 저온에 감응하는 종자춘화형과 식물체의 일정한 크기에 도달하여야 감응하는 녹식물춘화형이 있다.
2) 맥류, 무, 배추 등은 종자춘화형인데 반해 양배추, 당근 등

9회 기출문제

다음 중 종자춘화형에 속하는 채소만을 고른 것은?

| ㄱ. 양파 | ㄴ. 당근 |
| ㄷ. 무 | ㄹ. 배추 |

① ㄱ, ㄴ
② ㄱ, ㄹ
③ ㄴ, ㄷ
④ ㄷ, ㄹ

▶ ④

은 녹식물춘화형이다.

⑥ 춘화처리에 영향을 미치는 조건

(1) 종자의 수분 흡수
종자가 수분을 흡수하여야 춘화처리에 효과가 있다.

(2) 온 도
일반적으로 0~10℃에서 가장 유효하다.

(3) 산 소
춘화처리에 산소공급이 필요하다.

(4) 탄수화물
종자의 배(胚)에 탄수화물이 있어야 효과가 나타난다.

(5) 화학약제
배양액에 칼리(K+)가 있으면 효과가 크고 에틸렌과 지베렐린 처리를 하면 처리기간을 단축시킬 수 있다.

06 과실의 착과와 발육

1 과실의 착과

(1) 의 의

1) 일반적으로 수정이 이루어지고 나면 종자가 형성되고 과실도 건전하게 발육할 수 있는데 그렇지 않으면 낙화, 낙과가 심하게 발생하고 착과하여도 기형과가 많이 발생한다.
2) 수정된 자방은 대부분 자방벽과 태좌부분으로 구성되는데 이 조직은 대개 개화 후 세포분열이 끝나기 때문에 비대는 세포분열보다는 세포의 크기의 확장에 의하여 이루어진다.
3) 그리고 세포크기의 확장은 체외 양분과 수분의 축적에 의하여 가능하다.

(2) 과실의 생성

1) 생식기관인 꽃은 결국 최종적으로 종자와 과실을 생산하기 위한 도구이며 따라서 착과 이후 과실은 탄수화물, 무기물, 수분 등을 끌어들이는 중심이 되어 모든 양분이 과실로 향하게 된다.
2) 이로 인하여 다른 영양기관은 급속도로 기능이 쇠퇴해 가며 과실 상호간에 심한 양분의 경합이 나타난다.
3) 그리고 영양생장과 생식생장이 동시에 이루어지는 경우도 과실간의 양분 경합은 물론 영양기관과의 양분경합도 나타난다.

(3) 과실의 비대

1) 과실간의 양분경합의 예가 바로 과채류의 착과 주기성이며 영양기관과의 경쟁으로 나타나는 것이 생리적 낙과, 과실비대 불량 등이다.
2) 과실의 비대 중에는 옥신이 특히 많이 생성되어 과실비대를 촉진한다.

9회 기출문제

오이재배시 암꽃발생을 촉진시키는 주된 이유는?

① 병발생 억제
② 줄기 신장
③ 착과 증대
④ 수광률 증대

▶ ③

3) 때문에 수정이 되지 않아도 옥신계 생장조절물질을 처리하면 착과가 촉진되며 종자가 형성되지 않으면서 과실이 비대하는데 이를 단위결과라 한다.

❷ 과실의 성숙

(1) 의의
과실의 성숙은 과실의 중량과 크기가 최고에 달하고 바로 수확할 수 있는 단계에 이른 것을 말한다.

(2) 생리적인 성숙의 의미
생리학적 의미에서 성숙은 형태적으로 고유의 모양을 갖추고 최대 크기에 달한 한편 다음과 같은 질적인 변화를 수반한다.
① 저장탄수화물이 당으로 변한다.
② 유기산이 감소하여 신맛이 감소한다.
③ 엽록소가 감소하고 카로티노이드와 안토시아닌이 증가한다.
④ 세포벽의 펙틴질이 분해되고 조직이 연화된다.
⑤ 여러 가지 향기가 난다.
⑥ 호흡이 일시적으로 상승하기도 한다.
⑦ 에틸렌의 급격한 상승이 일어난다.

(3) 과실의 성숙과 호흡
과실은 성숙이나 노화과정에서 호흡이 일시적으로 급상승하는 작물과 별로 변화하지 않는 작물로 구분되는데 클라이메트릭형 과실은 에틸렌처리로 성숙을 촉진시킬 수 있다.
1) 클라이매트릭형
과실이 성숙이나 수확후, 노화과정에서 일시적으로 호흡이 증가하는 작물을 클라이매트릭(climactric)형이라고 하는데 수박, 사과, 토마토, 바나나, 멜론, 복숭아, 감, 자두, 배 등이 대표적이다.
2) 비클라이매트릭형
성숙이나 수확후, 노화과정에서 호흡이 완만하게 감소하거나 큰 변화가 없는 작물을 비클라이매트릭(non-climactric)

6회 기출문제

원예산물의 숙성과정에서 나타나는 성분의 변화로 옳지 않은 것은?
① 토마토의 엽록소가 분해된다.
② 사과의 전분이 가수분해된다.
③ 감의 타닌(tannin)이 가수분해된다.
④ 복숭아의 펙틴(pectin)이 가수분해된다.

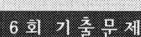 ③

형이라고 하는데 딸기, 감귤, 포도, 동양배 등이 여기에 속한다.

③ 단위결과

수분이나 수정이 되지 않아 종자가 형성되지 않았는데도 과실이 비대발육하는 현상을 단위결과라 하는데 단위결과의 요인은 다음과 같이 나뉜다.

(1) 자연적 단위결과

자방에 옥신이 많이 함유되어 있어 자연적으로 단위결과가 이루어지는 것으로 토마토, 고추, 바나나, 감귤 등이 있다.

(2) 환경적 단위결과

저온·고온·일장·곤충작용 등의 특수한 환경조건에서 단위결과가 이루어지는 것이다.

(3) 화학적 단위결과

지베렐린, PCA, NAA 등과 같은 화학물질로 단위결과를 만드는 것이다.

11회 기출문제

자연적 단위결과성 과실에 관한 설명으로 옳지 않은 것은?

① 감귤은 자연적 단위결과성이 높다.
② 종자는 과실발달 중에 퇴화한다.
③ 체내 옥신 함량이 높다.
④ 과실 내 종자의 유무와 과실의 비대는 관련이 없다.

▶ ②

9회 기출문제

과실의 발육과정에서 수정후 배(胚)가 퇴화되어 종자가 형성되지 않는 것은?

① 타동적 단위결과
② 위단위결과
③ 자동적 단위결과
④ 영양적 단위결과

▶ ②

07 일 장

❶ 일장효과

(1) 의 의

1) 일장(日長)이란 하루 24시간 중 낮의 길이를 말하고 낮의 길이의 길고 짧음에 따라서 나타나는 식물체의 출수반응 또는 개화반응을 일장반응이라고 한다.
2) 즉, 식물의 개화반응은 일장에 의해서 영향을 크게 받는데 일장이 식물의 화아분화, 개화 등 발육에 미치는 현상을 일장효과 또는 광주성(光周性)이라 한다.
3) 일장은 위도와 계절에 따라 크게 변동하며 이에 따라 화아분화, 개화, 인경·괴경형성, 줄기의 생장변화, 색소 형성 등의 변화된 생육반응을 나타낸다.

(2) 한계일장과 개화반응

1) 식물의 화성을 유도할 수 있는 일장을 유도일장이라 하고 이와 반대로 화성을 유도할 수 없는 일장을 비유도일장이라 하며 유도일장과 비유도일장의 경계가 되는 일장을 한계일장이라 한다.
2) 한계일장을 기준으로 하여 장일과 단일을 구분하는데 이 한계일장은 작물과 품종에 따라 다르다.
3) 식물은 한계일장을 기준으로 하여 이보다 긴 조건에서 개화하는 것을 장일식물, 짧은 조건에서 개화하는 것을 단일식물, 일장에 관계없이 개화하는 것을 중성식물이라고 한다.

장일성식물	• 장일조건에서 개화하는 식물. 즉, 하루의 낮의 길이가 어느 일정한 한계시간보다 길게 되었을 때 개화가 유발되거나 촉진되는 식물을 말한다. • 시금치, 무, 양파, 감자, 당근, 양배추, 보리

12회 기출문제

채소작물에서 나타나는 일장반응에 관한 설명으로 옳지 않은 것은?

① 양파는 장일조건에서 인경 비대가 촉진된다.
② 오이는 장일조건에서 암꽃의 수가 증가한다.
③ 결구형 배추는 단일조건에서 결구가 촉진된다.
④ 일계성 딸기는 단일조건에서 화아분화가 촉진된다.

▶ ②

11회 기출문제

다음 (　)안에 들어갈 내용을 순서대로 나열한 것은?

> 배추의 결구는 (　) 조건에서 촉진되고, 양파의 구 비대는 (　)과 (　) 조건에서 촉진된다.

① 저온, 고온, 장일
② 저온, 저온, 단일
③ 장일, 고온, 단일
④ 장일, 저온, 단일

▶ ①

10회 기출문제

채소류의 꽃눈분화와 추대에 관한 설명으로 옳지 않은 것은?

① 양파는 단일성 식물로 5~7월에 파종하면 바로 추대·개화한다.
② 무는 종자춘화형 식물로 고온장일 조건에서 추대가 촉진된다.
③ 상추는 온도감응형 식물로 고온에서 꽃눈이 분화된다.
④ 당근은 녹식물 상태에서 저온에 감응하여 꽃눈이 분화된다.

▶ ①

단일성식물	• 단일조건에서 개화하는 식물. 즉, 하루의 낮길이가 어느 일정한 한계시간보다 짧아졌을 때 개화가 유발되거나 촉진되는 식물을 말한다. • 콩, 옥수수, 딸기, 가을국화, 나팔꽃
중성식물	• 일장에 관계없이 일정 크기에 도달하면 개화하는 식물 • 토마토, 고추, 가지, 오이, 호박

(3) 가을국화에 대한 일장처리

1) 가을 국화는 단일성식물로 단일처리하면 개화가 촉진되지만, 장일처리하면 개화가 억제된다.
2) 즉 8~9월에 개화하는 가을국화를 7~8월에 개화시키려면 차광해서 단일처리를 해야하고 12~1월에 개화시키려면 조명해서 장일처리 해야 한다.
3) 즉, 국화의 개화시기를 앞당기려면 단일처리를 해야 하고 지연시키려면 장일처리를 해야 한다.

6회 기출문제

7~8월에 가을국화(秋菊)를 개화시키기 위한 처리로 옳은 것은?

① 춘화처리를 한다.
② 야간에 광중단처리를 한다.
③ 전조처리로 낮의 길이를 한계일장보다 길게 한다.
④ 암막(暗幕)을 이용하여 낮의 길이를 한계일장보다 짧게 한다.

➡ ④

8회 기출문제

국화 중 추국(秋菊)의 개화를 촉진하기 위한 방법으로 옳은 것은?

① 암막(단일)처리
② 춘화처리
③ 광중단처리
④ 전조(장일)처리

➡ ①

9회 기출문제

가을에 국화의 개화시기를 늦추기 위한 억제재배법은?

① 전조재배
② 암막재배
③ 네트재배
④ 촉성재배

➡ ①

11회 기출문제

여름철에 절화국화를 수확하려고 할 때 알맞은 재배방법은?

① 전조재배
② 암막재배
③ 야파처리
④ 억제재배

➡ ②

08 휴면

❶ 휴면의 정의

(1) 의의

1) 식물은 생육과정에서 저온, 고온, 건조 등 생육에 부적당한 환경이 되면 생육이 일시 정지하는 수가 있는데 이를 휴면이라 한다.
2) 이 휴면 현상은 재배적으로 매우 중요할 뿐만 아니라 수확 후 이용과도 밀접한 관련을 맺고 있다.
3) 휴면상태가 깨어지는 현상, 즉 일시적으로 정지되었던 생육이 여러 가지 휴면의 요인이 제거되면서 생육이 다시 시작되는 현상을 휴면타파라고 한다.

(2) 자발적타발적 휴면과 1차2차 휴면

1) 외적조건이 생육조건에 맞더라도 내적원인에 의해서 유보되는 진정한 휴면이 자발적 휴면이고 발아력을 가진 종자라도 외적조건이 부적당해서 유발되는 휴면이 타발적(강제적) 휴면이다.
2) 1차 휴면이란 자발적 휴면과 타발적 휴면을 합친 휴면을 말하고 불리한 환경조건에 장기간 보존되어 휴면이 새로 생기는 것을 2차 휴면이라고 한다.

❷ 휴면의 기능

1) 감자, 양파, 마늘 등은 수확 후 일정기간 자발휴면을 하기 때문에 적절한 환경조건을 부여해도 맹아가 발생되지 않는다.
2) 딸기와 낙엽과수는 식물체가 휴면을 한다. 가을이 되면 일장이 짧아지고 온도가 내려가며 화아분화와 함께 휴면에 들어간다.
3) 따라서 저온성 작물에서 휴면은 고온을 극복하는 생리적 수단

[15회 기출문제]

낙엽과수의 자발휴면 개시기의 체내 변화에 관한 설명으로 옳지 않은 것은?

① 호흡이 증가한다.
② 생장억제물질이 증가한다.
③ 체내 수분함량이 감소한다.
④ 효소의 활성이 감소한다.

 ①

이지만 재배적인 면에서는 휴면성으로 인하여 저장성을 크게 높일 수 있다.

③ 휴면의 원인

(1) 배의 미숙

종자가 어미식물(母株)을 이탈할 때 미숙상태여서 발아하지 못하는 경우인데 이는 수주일 또는 수개월 경과하면 발아할 수 있게 되는데 이를 후숙(後熟)이라고 한다.

(2) 배휴면(胚休眠)

종자가 형태적으로는 완전히 발달해 있지만 배 자체의 생리적 원인에 의하여 일어나는 휴면을 말하는데 저온이나 지베렐린 처리로 휴면을 타파할 수 있다.

(3) 경실(硬實)

종피가 수분의 투과를 저해하기 때문에 장기간 발아하지 않는 경우이다.

(4) 종피의 불투기성(不透氣性)

밀, 보리 등에서는 종피의 불투기성 때문에 산소흡수가 저해되어 종자가 발아하지 못하고 휴면한다.

(5) 종피의 기계적 저항

종피가 딱딱하여 배의 팽배를 기계적으로 억제하므로 배가 함수상태로 휴면하는 경우이다.

(6) 발아 억제 물질

1) 종자에 있는 발아억제물질 때문에 휴면하는 경우이다.
2) 그 가운데서도 ABA(아브시스산)는 각종 휴면에 관여하는 대표적인 물질로 잘 알려져 있는데 해당작물이 수분결핍 등의 환경스트레스를 받으면 ABA가 증가하게 된다.
3) 즉 체내에 성장억제물질인 ABA 함량이 높고 동시에 성장 촉진물질인 지베렐린, 옥신이 상대적으로 낮을 때 휴면에

10회 기출문제

낙엽과수의 휴면에 관한 설명으로 옳지 않은 것은?

① 내재휴면은 눈의 생리적 요건이 충족되지 않아 발생한다.
② 일정기간의 저온 요구도가 충족되어야 환경휴면이 타파된다.
③ 휴면에 돌입하면 호흡이 줄어들고, 효소의 활성이 매우 낮아진다.
④ 휴면 개시와 함께 ABA는 증가하고, 지베렐린과 옥신은 감소한다.

▶ ②

1회 기출문제

낙엽과수의 휴면에 관한 설명이 바르게 된 것은?

① 식물호르몬 중 ABA(abscisic acid)는 휴면개시와 함께 증가한다.
② 대사활동의 대표적 지표인 호흡이 증가한다.
③ 휴면의 깊이와 내한성(耐寒性)의 정도는 반드시 일치한다.
④ 휴면이 완료되는 시기에 접어들면 전분 함량이 증가한다.

▶ ①

돌입하고 그 반대의 경우 즉, ABA가 감소하고 지베렐린, 옥신이 증가할 때는 휴면이 타파되는 것으로 보고 있다.

④ 경실(硬實)의 휴면타파법

(1) 종피부상법
종피에 상처를 내서 발아를 촉진하는 방법이다.

(2) 진한 황산처리
경실에 진한 황산을 처리하여 종피의 표면을 침식시킨 후 물에 씻어 파종하면 발아가 조장된다.

(3) 층적법
배휴면을 하는 종자를 습기 있는 모래나 이끼와 종자를 엇바꾸어 층상으로 겹쳐 쌓고 5℃ 정도의 저온에 1~3개월 두어 휴면을 타파하는 방법이다.

(4) 건열·습열·고압처리

(5) 질산염처리

⑤ 휴면의 예

1) 온대지방의 과수는 여름에 잎과 눈을 형성하고 가을이 되어 기온이 낮아지고 일장이 짧아지면 휴면에 들어간다.
2) 과수의 휴면은 품종, 눈의 종류와 위치에 따라서 휴면시기가 다를 수 있다.
3) 감자의 괴경은 수확하면 수주간 휴면에 들어간다.
4) 마늘, 양파, 수선화 등은 한 여름이 되면 휴면하고 겨울에 저온을 경과하면서 휴면이 타파한다.

제2장 기출문제 연구

■■■ 기출문제

1회 기출
1. 식물의 생식기관에 속하는 것은?

① 주 아
② 포복지
③ 화 아
④ 육 아

정답 및 해설 ③

생식기관에 해당하는 것은 꽃, 종자, 과실 등으로 위에서는 ③ 화아이다.

6회 기출
2. 암술은 건전하지만 수술이 불완전하여 종자가 생기지 않는 현상은?

① 자식열세
② 웅성불임
③ 자기불화합성
④ 타가불화합성

정답 및 해설 ②

웅성불임은 유전자 작용에 의하여 화분이 형성되지 않거나 화분이 바로 발육하지 못하여 수정능력이 없어 종자를 만들지 못하는 것을 말한다. 즉 암술은 건전하지만 수술이 불완전해서 종자가 생기지 않는 현상이다.

2회 기출
3. 다음 중 춘화(vernalization)와 추대(bolting) 현상이 모두 나타나는 작물로 묶여있는 것은?

① 딸기, 감자, 구근류
② 인경류, 무, 구근류
③ 국화, 배추, 수박

④ 팬지, 무, 고추

정답 및 해설 ②

마늘, 양파 등의 인경류와 무, 구근류 등은 춘화와 추대현상이 모두 나타난다.

1회 기출

4. 종자를 형성하려면 우선 꽃눈분화를 유도하여 개화시켜야 하는데 저온에 의해서 꽃눈분화를 유도시키는 것을 무엇이라 하는가?

① 발아촉진
② 화아유도
③ 춘화처리
④ 이화유도

정답 및 해설 ③

종자나 어린 식물에 일정한 저온을 처리하여 개화를 빠르게 하는 것을 춘화처리라 한다.

6회 기출

5. 7~8월에 가을국화(秋菊)를 개화시키기 위한 처리로 옳은 것은?

① 춘화처리를 한다.
② 야간에 광중단처리를 한다.
③ 전조처리로 낮의 길이를 한계일장보다 길게 한다.
④ 암막(暗幕)을 이용하여 낮의 길이를 한계일장보다 짧게 한다.

정답 및 해설 ④

7~8월에 가을국화를 개화시키기 위해서는 ④ 낮의 길이를 한계일장보다 짧게 해야 한다.

1회 기출

6. 낙엽과수의 휴면에 관한 설명이 바르게 된 것은?

① 식물호르몬 중 ABA(abscisic acid)는 휴면개시와 함께 증가한다.
② 대사활동의 대표적 지표인 호흡이 증가한다.

③ 휴면의 깊이와 내한성(耐寒性)의 정도는 반드시 일치한다.
④ 휴면이 완료되는 시기에 접어들면 전분 함량이 증가한다.

정답 및 해설 ①

② 휴면시는 호흡이 감소한다.
③ 휴면의 깊이와 내한성의 정도는 반드시 일치한다고 볼 수 없다.
④ 휴면이 완료되는 시기에 접어들면 전분 함량이 증가하는 것이 아니라 감소한다.

MEMO

농산물 품질관리사 대비

제 3장 | 원예식물의 환경

01 토양환경

1 토양의 조건

(1) 토 성
토성은 양토(壤土)를 중심으로 하여 사양토(砂壤土)~식양토(埴壤土)의 범위가 토양의 수분·공기·비료성분 등의 종합적 조건에 알맞다.

(2) 토양구조
토양구조는
1) 단립구조보다는
2) 입단(粒團)구조가 조성될수록 좋다.

(3) 토 층
토층은 작토가 깊고 심토도 투수 및 통기가 알맞아야 한다.

(4) 토양반응
토양반응은 중성 및 약산성이 알맞다.

(5) 무기성분
필요한 무기성분이 풍부하고 균형있게 함유되어 있어야 지력이 높다.

> **참 고**
>
> ● **입단구조**
> 1) 토양의 작은 단일입자가 모여 2차적 입자가 되고 이것들이 모여서 하나의 입단으로 만들어진 구조를 말한다.
> 2) 입단구조는 토양내부에 대공극(공기유통)과 소공극(수분보유)이 고르게 분포되어 수분과 공기의 유통이나 공급에 유리하다.

3회 기출문제

토성에 대한 설명으로서 옳지 않은 것은?

① 토성을 결정할 때 유기물 함량은 고려하지 않는다.
② 토성은 토양의 물리적 성질은 물론 화학적 성질에도 큰 영향을 미친다.
③ 토성은 토양용액의 수소이온농도에 의존하는 성질이 있다.
④ 토성을 결정할 때 자갈의 함량은 고려할 필요가 없다.

➡ ③

(6) 유기물

습답을 제외하고는 토양 중의 유기물 함량이 증대할수록 지력이 향상된다.

(7) 토양수분·토양공기

최적 용수량 및 최적 용기량을 유지할 때 작물의 생육이 좋다.

(8) 토양미생물

유용한 미생물이 번식하기 좋은 토양상태가 되어야 한다.

(9) 유해물질

토양이 무기·유기의 유해물질에 의하여 오염되어 있지 않아야 한다.

❷ 토 성

(1) 의 의

자갈을 제외한 토양의 무기입자를 직경에 따라 모래, 미사 및 점토로 나누고 이들의 입경조성비율을 나타낸 것을 토성이라 한다.

(2) 토성의 입경 구분

1) 토성을 구성하고 있는 여러 입자들을 크기로 구분하면 자갈(gravel), 조사(coarse sand), 세사(fine sand), 미사(silt), 점토(clay)로 나뉘어진다.
2) 국제토양학회법과 미국농무부법에서는 입자의 지름에 따라 모래, 미사, 점토를 다음과 같이 구분한다.

구 분	모 래	미사(식토)	점 토
국제토양학회법	2~0.02mm	0.02~0.002mm	0.002mm이하
미국농무부법	2~0.05mm	0.05~0.002mm	0.002mm이하

3) 토양의 종류별 진흙(점토)의 함량(%)은 다음과 같다.

사토(모래흙)	12.5% 이하
사양토(모래 참 흙)	12.5~25.0%
양토(참 흙)	25.0~37.5%
식양토(질참 흙)	37.5~50.0%
식토(질 흙)	50.0% 이상

4) 토성은 토양의 물리성·화학성과 관계가 깊으며 토양을 분류하는 중요한 기준이 된다.

(3) 토양의 입경구분과 표면적

1) 모래
   ① 모래입자는 입경이 비교적 크므로 같은 중량의 미사나 점토에 비하여 노출된 표면적이 작다.
   ② 모래 입자는 표면적이 작아서 물리적·화학적 작용에 있어서 역할은 적다.
   ③ 모래는 입자간의 공극(空隙)을 증대시키고 통기나 배수작용을 좋게 한다.
   ④ 미사는 모래보다 g당 표면적이 크다.

2) 점토
   ① 점토는 미사나 세사에 비하여 g당 표면적이 크다.
   ② 점토는 입경이 작고 큰 표면적을 갖고 있다.
   ③ 점토함량은 토양의 보수력에 결정적 영향을 미친다.

(4) 입경에 따른 성질

표면적·흡착력·팽창성·응집성·침윤열 등은 모래보다는 미사가, 미사보다는 점토가 크다.

(5) 토성과 생육

1) 사질토는
   ① 파종, 관수, 복토 등의 작업이 쉽다.
   ② 지온의 상승이 빨라 봄채소의 생육이 촉진되고 수확이 빨라진다.
   ③ 작물의 육질이 무르고 저장성이 나쁘다.
   ④ 보수보비력은 작으나 통기나 통수성은 양호하다.

2) 사질토에서 재배된 과수는

12회 기출문제

과수원 토양의 초생법에 관한 설명으로 옳지 않은 것은?

① 토양의 침식을 초래한다.
② 토양의 입단화를 증가시킨다.
③ 지온의 과도한 상승을 억제한다.
④ 풀을 유기질 퇴비로 이용할 수 있다.

▶ ①

> **11회 기출문제**
>
> 과채류의 생육에 관여하는 환경요인에 관한 설명으로 옳지 않은 것은?
>
> ① 주야간 온도차가 크면 과실품질이 향상된다.
> ② 일반적으로 점질토에서 재배하면 과실의 숙기가 늦어진다.
> ③ 광량이 부족하면 도장하기 쉽다.
> ④ 착과기 이후에 질소를 많이 주면 숙기를 앞당길 수 있다.
>
> ➡ ④

> **2회 기출문제**
>
> 다음 중 점질토양에 비하여 사질토양에서 재배된 무에서 잘 나타나는 현상은?
>
> ① 바람들이가 촉진된다.
> ② 기근(岐根) 발생이 많아진다.
> ③ 뿌리 조직이 치밀하다.
> ④ 노화가 억제된다.
>
> ➡ ①

> **3회 기출문제**
>
> 미사질 양토의 밭토양에서 식물생육에 가장 좋은 토양의 고상 : 액상 : 기상의 비율(%)로 가장 적합한 것은?
>
> ① 20 : 40 : 40
> ② 40 : 30 : 30
> ③ 50 : 25 : 25
> ④ 60 : 35 : 5
>
> ➡ ③

① 겉뿌리의 발생이 적다.
② 착색이 빠르고 성숙이 촉진된다.
③ 조기에 결실이 이루어지나 경제 수령이 짧다.
④ 무의 경우 바람들이가 촉진된다.

3) 식질토는 이와 반대 현상이 나타나서 초기생육이 더디고 수확이 지연된다.

③ 토양 3상과 작물생육

(1) 토양 3상

1) 토양 삼(3)상이란 유기물·무기물인 고상(固相), 토양공기의 기상(氣相) 및 토양 수분의 액상(液相)을 가리키고
2) 토양 3상의 상대적 구성비는 뿌리 신장, 수분 및 무기성분의 흡수, 산소공급 등 작물의 생장, 생식, 생리에 직간접으로 중요한 영향을 미친다.

(2) 토양 3상과 작물생육

1) 일반적으로 작물생육에 적합한 토양 3상의 구성비는 고상 50%, 액상 25%, 기상 25%로 구성된 토양이 보수, 보비력과 통기성이 좋아 이상적인 것으로 알려져 있다.
2) 작물은 고상에 의지해서 기계적 지지를 받고 액상에서 양분과 수분을, 기상에서 탄산가스를 흡수한다.
3) 토양 3상 중 액상비율이 높으면 통기가 불량하여 뿌리 활력이 저하되어 작물생육이 불리하고 반대로 기상비율이 높으면 작물은 수분부족으로 위조 고사하게 된다.

(3) 토양의 역할

1) 기계적으로 식물을 지탱한다.
2) 수분과 양분을 저장 및 공급한다.
3) 미생물의 생육과 유기물을 분해하는 장소가 된다.

(4) 토양의 구조

토양구조란 토양을 구성하고 있는 토양입자가 배열되어 있는

상태를 말하는데 단립구조와 입단구조로 나눌 수 있다.

1) 단립구조
   ① 개개의 토양입자가 서로 뭉쳐서 덩어리로 되지 않고 고립되어 흩어져 있는 토양구조를 말한다.
   ② 보수력이나 보비력이 작고 대공극이 많다.
   ③ 모래, 미사 등이 이에 해당된다.

2) 입단구조
   ① 토양의 입자와 입자가 모여 입체적인 배열상태를 이뤄 입단을 만든 구조이다.
   ② 토양수의 이동보유 및 공기유통에 알맞은 공극을 갖는다.
   ③ 작물생육에 가장 알맞은 구조이다.

(5) 입단의 파괴와 형성

1) 입단의 파괴
   ① 경운(자주 간다)
   ② 입단의 팽창과 수축
   ③ 비·바람
   ④ 나트륨이온(Na+)의 첨가

2) 입단의 형성
   ① 유기물과 석회의 사용
   ② 콩과 작물의 재배
   ③ 토양의 피복
   ④ 토양개량재의 사용

❹ 토양 중의 무기성분

(1) 필수원소

1) 작물생육에 필요불가결한 원소를 필수원소(必須元素)라고 하는데 다음의 16원소가 필수원소이다.

> 탄소(C), 산소(O), 수소(H), 질소(N), 인(P), 칼륨(K), 칼슘(Ca), 황(S), 마그네슘(Mg), 철(F), 망간(Mn), 구리(Cu), 아연(Zn), 붕소(B), 몰리브덴(Mo), 염소(Cl)

참 고

- **단립구조**
  1) 개개의 토양입자가 흩어져 있는 토양구조
  2) 보수력·보비력이 작다
  3) 대공극이 많다.
  4) 모래, 미사 등

- **입단구조**
  1) 토양의 입자와 입자가 모여 입체적 배열상태에 있는 토양구조
  2) 토양수의 이동·보수·공기유통에 알맞은 공극을 갖는다.
  3) 작물 생육에 알맞은 구조이다.

10회 기출문제

토양개량을 위한 석회시비의 효과로 옳지 않은 것은?

① 산성토양의 중화
② 토양의 단립화(單粒化)유도
③ 토양내 양이온 용탈 억제
④ 토양미생물의 활동을 유도하여 유기물의 분해 촉진

▶ ②

> **4회 기출문제**
>
> 다음 비료 성분 중 미량원소로 분류되는 원소는?
>
> ① Ca
> ② N
> ③ K
> ④ B
>
> ▶ ④

2) 이 중에서 탄소, 산소, 수소는 이산화탄소(CO_2)와 물(H_2O)에서 자연 공급되며 나머지는 토양성분 중에서 공급되는데 앞의 탄소, 산수, 수소를 제외한 13원소를 필수무기원소라고 한다.

(2) 다량원소와 미량원소

1) 그 중 질소, 인산, 칼륨, 칼슘, 마그네슘, 황의 6원소(때로는 탄소, 산소, 수소를 포함한 9원소)는 다량으로 소요되므로 다량원소라 하고 철, 망간, 구리, 아연, 붕소, 몰리브덴, 염소의 7원소는 미량만 공급해도 되기 때문에 미량원소라고 한다.

2) 규소(Si), 알루미늄(Al), 나트륨(Na), 요드(I), 코발트(Co) 등은 필수원소는 아니지만 식물체 내에서 검출되며 특히 규소는 화곡류에서는 중요한 생리적 역할을 한다.

(3) 비료요소와 비료3요소

1) 필요한 원소 중에서 자연함량으로 부족하여 인공적으로 보급할 필요가 있는 것을 비료요소라 하며 질소, 인산, 칼륨, 칼슘, 마그네슘, 철, 망간, 붕소, 아연, 규소 등이 이에 해당한다.

2) 그 중에서 인공적 보급의 필요성이 가장 큰 질소, 인산, 칼륨을 비료의 3요소라 하고 칼슘을 보태어 4요소 그리고 다시 부식을 합하여 5요소라 한다.

(4) 필수원소의 생리작용

1) 탄소, 산소 및 수소(C, O, H)
   탄소, 산소 및 수소 등은 식물체의 90~98%를 차지하고 엽록소의 구성원소이며 광합성에 의한 여러 가지 유기물의 구성재료가 된다.

2) 질 소(N)
   질소는 엽록소, 단백질, 효소 등의 구성성분으로 결핍하면 황백화 현상이 일어난다.

3) 인 산(P)
   ① 인산은 세포핵, 분열조직, 효소 등의 구성성분이며 어린 조직이나 열매에 많이 함유되어 있다.

② 광합성, 호흡작용, 전분과 당분의 합성·분해, 질소동화 등에 관여한다.
③ 결핍하면 뿌리의 발육이 저해되고 잎이 암록색이 되고 잎의 변두리에 오점이 생기며 심하면 황화되고 결실이 저해된다.

4) 칼 륨(K)
① 칼륨은 특정한 화합물보다는 이온화되기 쉬운 형태로 잎, 생장점, 뿌리의 선단에 많이 함유되어 있다.
② 광합성, 탄수화물 및 단백질 형성, 세포 내의 수분공급, 증산에 의한 수분상실의 제어 등의 역할을 하며 여러 가지 효소 반응의 활성제로서 작용한다.
③ 결핍하면 생장점이 말라 죽고 줄기가 연약해지며 잎의 끝이나 주위가 황화되고 하엽이 떨어지고 결실이 저해된다.

5) 칼 슘(Ca)
① 칼슘(石灰)은 세포막의 주성분으로 세포벽의 중층에서 펙틴과 결합하여 세포를 결합시킨다.
② 단백질의 합성물질전류에 관여하며 질소(NO 3)의 흡수이용을 조장한다.
③ 체내의 유독한 유기산을 중화하고 알루미늄의 과잉 흡수를 억제하여 그 독성을 경감한다.
④ 분열조직의 생장 뿌리 끝의 발육과 작용에 불가결하며 결핍하면 뿌리나 생장점이 붉게 변하여 죽게 된다.
⑤ 결핍되면 사과는 고두병, 토마토는 배꼽썩음병, 땅콩은 공협(빈코투리)이 발생한다.

6) 마그네슘(Mg)
① 마그네슘은 엽록소의 구성원소이며 잎에 많아 체내 이동이 용이하며 부족하면 낡은 조직으로부터 새조직으로 이동한다.
② 광합성 인산대사에 관여하는 효소의 활성을 높이고 열매에 지유의 집적을 돕는다.
③ 결핍하면 황백화 현상이 일어나고 줄기나 뿌리의 생장점 발육이 저해된다.
④ 체내의 비단백태 질소가 증가하고 탄수화물이 감소되며 종자의 성숙이 저해된다.

12회 기출문제

사과 재배에서 칼슘 결핍 시 발생하는 병은?
① 빗자루병 ② 고두병
③ 흰녹병   ④ 근두암종병
➡ ②

8회 기출문제

결핍될 경우 사과의 고두병, 코르크스폿(cork spot)을 일으키는 무기원소는?
① 망간 ② 칼슘
③ 붕소 ④ 마그네슘
➡ ②

13회 기출문제

결핍시 딸기의 앞끝마름과 토마토의 배꼽썩음병의 원인이 되는 무기양분은??
① 질소(N) ② 인(P)
③ 칼륨(K) ④ 칼슘(Ca)
➡ ④

11회 기출문제

토마토 배꼽썩음병의 원인은?
① 질소 결핍 ② 칼륨 결핍
③ 칼슘 결핍 ④ 마그네슘 결핍
➡ ③

10회 기출문제

엽록소를 구성하는 필수 성분으로 결핍시 엽맥 사이의 황화현상을 나타내는 원소는?
① 철   ② 인산
③ 구리 ④ 마그네슘
➡ ④

⑤ 석회가 부족한 산성토양이나 석회를 과다하게 사용했을 때 결핍현상이 나타나기 쉽다.

7) 황(S)

① 유황은 단백질, 아미노산, 효소 등의 구성성분이며 엽록소의 형성에 관여한다. 결핍하면 엽록소의 형성이 억제되고 두과작물에서는 근류균의 질소 고정 능력이 떨어진다.

② 세포분열이 억제되기도 하며 체내 이동성이 낮아 결핍증세는 새조직에서 나타난다.

8) 철(Fe)

① 철은 호흡효소의 구성성분이며 엽록소의 형성에 관여한다. 부족하면 어린 잎부터 황백화하여 엽맥사이가 퇴색한다.

② 니켈, 구리, 코발트, 크롬, 아연, 몰리브덴, 망간, 칼슘 등의 과잉은 철의 흡수이동을 저해하여 그 결핍상태를 초래한다.

9) 망간(Mn)

① 망간은 각종 효소의 활성을 높여서 동화물질의 합성분해·호흡작용·광합성 등에 관여한다.

② 부족하면 엽맥에서 먼 부분이 황색으로 되며 생리작용이 왕성한 곳에 많이 함유되어 있고 체내 이동성이 낮아서 결핍증상은 새 잎부터 나타난다.

③ 토양이 알칼리성이 강하거나 과습하거나 철분이 과다하면 망간의 결핍상태를 초래한다.

10) 붕소(B)

① 붕소는 촉매 또는 반응조절물질로 작용하며 석회결핍의 영향을 경감시킨다.

② 생장점 부근에 함유량이 많고 체내 이동성이 낮으므로 결핍증세는 생장점이나 저장기관에 나타나기 쉽다.

③ 붕소가 결핍하면 분열조직에 갑자기 괴사를 일으키는 일이 있다.

④ 사과의 축과병, 양배추의 갈색병, 샐러리의 줄기쪼김병 등은 붕소의 결핍에서 유발된다고 한다. 또한 붕소가 결핍되면 수정과 결실이 나빠지고 석회의 과잉, 토양의 산성화는 붕소결핍을 초래한다.

11) 아연(Zn)

3회 기출문제

사과의 저장 중에 보이는 고두병을 억제하기 위해서 사용하는 화학물질은?

① 붕소
② 염화칼슘
③ 이산화황
④ 2,4-D

▶ ②

① 아연은 촉매 또는 반응조절물질로 작용하며 단백질과 탄수화물의 대사에 관여하고 엽록소의 형성에도 관여한다.
② 결핍하면 황백화, 괴사, 조기낙엽 등을 초래한다. 감귤류에서는 잎무늬병, 소엽병, 결실불량 등을 초래한다.

12) 구 리(Cu)
① 구리는 구리단백으로서 효소작용을 하며 광합성, 호흡작용 등에 관여하고 엽록소의 생성도 조장한다.
② 결핍하면 황백화, 괴사, 조기낙과 등을 초래한다.

13) 몰리브덴(Mo)
몰리브덴은 질소환원효소의 구성성분이며 질소대사에 필요하고 결핍하면 황백화하고 모자이크병에 가까운 증세가 나타난다.

14) 염 소(Cl)
① 염소는 광합성에서 산소발생을 수반하는 광화학 반응에 망간과 함께 촉매적으로 작용한다.
② 토마토의 염소결핍증은 염소의 첨가로 회복되며 섬유작물에서 염소시용이 유효하다.

15) 나트륨(Na)
나트륨은 필수원소는 아니지만 샐러리, 순무 등에서는 시용효과가 인정되고 칼륨의 대용적 역할을 하는 것으로 알려져 있다.

(5) 무기성분의 과잉해

작물생육의 필요 무기성분이라도 토양 중에 과다하면 피해가 나타나는데, 미량원소는 약간만 많아도 유해할 경우가 있다. 토양 중에 무기성분이 과잉되면 작물에 직접적인 해작용을 끼치는 한편 다른 원소의 흡수·이용에 영향을 끼치기도 한다. 다음 무기성분의 과잉증상은 다음과 같다.

1) 구 리(Cu)
뿌리의 신장을 저해하고 철결핍증상과 비슷한 황화현상(잎맥사이의 황화)을 일으킨다.

2) 알루미늄(Al)
① 뿌리의 신장을 저해하며 맥류의 잎에서는 잎맥 사이의 황화를 일으키고 토마토, 당근 등에서는 지상부에 인산결핍

증과 비슷한 증세를 나타낸다.
② 알루미늄이 과잉하면 칼슘, 마그네슘, 질산의 흡수와 인산의 체내 이동을 저해한다.
3) 망 간(Mn)
① 뿌리가 갈색으로 변하며 줄기, 잎에 갈색의 반점이 생기고 잎의 황백화와 만곡도 발생한다.
② 사과의 적진병은 망간 과다가 원인이 되기도 한다.
4) 아 연(Zn)
잎의 황백화와 두과작물에서 잎줄기나 잎의 뒷면이 자주 갈색으로 변한다.
5) 2가철
2가철(Fe^{++})의 과잉 증상으로는 잎의 끝으로부터 흑변 고사한다.
6) 카드뮴(Cd)
① 잎에 현저한 황백화를 나타내며 뿌리의 신장을 저해한다.
② 흡수한 식물은 오염식품이나 오염사료를 만들 수 있다.

❺ 토양유기물

(1) 토양유기물의 기능

토양 중의 유기물 즉 동물과 식물의 잔재는 미생물 작용이나 화학작용을 받아서 분해되어 유기물의 원형을 잃은 암갈색~흑색을 띠는데 이 부분을 부식이라고 하고 토양유기물의 주된 기능은 다음과 같다.
1) 암석의 분해촉진
유기물은 분해될 때에 여러 가지 산을 생성하여 암석의 분해를 촉진한다.
2) 양분의 공급
유기물은 분해되어 질소, 인산, 칼륨, 칼슘, 마그네슘, 규소 등의 다량 원소와 망간, 붕소, 구리, 코발트, 아연 등의 미량원소를 공급한다.
3) 대기 중의 이산화탄소 공급

유기물이 분해될 때 방출되는 이산화탄소는 작물주변 대기 중의 이산화탄소 농도를 높여서 광합성을 조장한다.

4) 생장촉진 물질의 생성

유기물이 분해될 때에는 호르몬, 비타민, 핵산물질 등의 생장촉진물질을 생성한다.

5) 입단의 형성

유기물이 분해해서 생기는 부식 콜로이드와 거친 유기물은 토양 입단의 형성을 조장하여 토양의 물리성을 개선한다.

6) 보수·보비력의 증대

부식 콜로이드는 양분을 흡착하는 힘이 강하다. 입단과 부식 콜로이드의 작용에 의해서 토양의 통기, 보수력, 보비력이 증대된다.

7) 완충능의 증대

부식콜로이드는 토양반응을 급히 변동시키지 않는 토양완충능을 증대시키고 알루미늄의 독성을 중화하는 작용이 있다.

8) 미생물의 번식 조장

미생물의 영양원이 되어 유용미생물의 번식을 조장한다.

9) 지온의 상승

토양색을 검게 하여 지온을 상승시킨다.

10) 토양보호

유기물을 피복하면 토양침식이 방지되고 또 유기물시용으로 토양입단이 형성되면 빗물의 지하침투를 좋게 하여 토양 침식이 경감된다.

(2) 토양의 부식함량과 작물생육

1) 토양의 부식은 작물생육에 이롭기 때문에 토양부식의 함량 증대는 지력의 증대를 의미하고 있다.
2) 투수가 잘 안 되는 습답에서는 토양공기가 부족해서 유기물의 분해가 저해되어 과다한 축적을 가져오고 고온기에 분해가 왕성할 때 토양을 심한 환원상태로 만들어서 여러 가지 해작용을 끼친다.
3) 배수가 잘 되는 밭이나 투수가 잘 되는 논에서는 유기물의 분해가 왕성하므로 과다한 축적은 보이지 않는다.

❻ 산성토양

(1) 토양반응
토양반응이란 토양이 산성(酸性)인가, 중성(中性)인가, 염기성(鹽基性)인가의 성질을 말하며 기준은 pH(수소이온농도)이다.

(2) pH
용액 중에 함유된 수소이온(H)의 농도를 나타내는 기호로 수소이온농도의 음의 대수치값을 갖는다.
① pH치가 7보다 작으면 산성이라 하고 그 값이 작아질수록 산성이 강해진다.
② pH치가 7보다 크면 알칼리성이라 하고 그 값이 커질수록 알칼리성이 강해진다.
③ pH치가 7이면 중성이라 한다.

(3) 산성토양의 생성원인
1) 토양 중의 염기가 빗물에 용해되어 유실될 때
2) 산성비료(유안, 염화칼리, 황산칼리, 인분뇨)에 의해서

(4) 산성토양의 해
1) 과다한 수소이온(H+)이 작물의 뿌리에 해를 준다.
2) 알루미늄이온(Al+3), 망간이온(Mn+2)이 용출되어 작물에 해를 준다.
3) 인(P), 칼슘(Ca), 마그네슘(Mg), 몰리브덴(Mo), 붕소(B) 등의 필수원소가 결핍된다.
4) 석회가 부족하고 미생물의 활동이 저해되어 유기물의 분해가 나빠져 토양의 입단형성이 저해된다.
5) 질소고정균 등의 유용미생물의 활동이 저해된다.

(5) 산성토양의 개량
석회분말, 백운석분말, 탄산석회분말, 규회석분말 등의 석회물질의 사용과 병용하여 퇴비, 녹비 등의 유기물질 사용으로 산성토양을 개량한다.

12회 기출문제

( ) 안에 들어갈 내용을 순서대로 나열한 것은?

> 분화용 수국(hydrangea)은 토양의 pH에 따라 화색이 변하는데, pH가 낮은 산성 토양일수록 화색이 ( )을 띠고, pH가 높은 알칼리성 토양일수록 화색이 ( )을 띤다.

① 황색, 청색
② 청색, 황색
③ 청색, 분홍색
④ 분홍색, 청색

➡ ③

12회 기출문제

화훼작물 재배용 배지 중 무기질 재료가 아닌 것은?

① 암면
② 펄라이트
③ 피트모스
④ 버미큘라이트

➡ ③

02 토양수분 환경

❶ 토양수분의 흡착력 표시

토양수분의 흡착정도는 다음의 방법으로 표시할 수 있다.

(1) 수주(水柱)의 높이로 표시

일반적인 방법인데 물의 흡착력을 수주(水柱)의 높이(cm)로 표시하는 것으로 높을수록 흡착력도 강하다는 것을 의미한다.

(2) 수주높이의 대수(PF)로 표시

물기 등의 높이가 높아지면 숫자가 커져 곤란하기 때문에 수주의 높이를 대수를 써서 PF로 표시하는 방법이다.

(3) 대기압으로 표시

기압으로 나타내는 방법으로 밀리바아(mbar)의 단위를 쓴다.

수주의 높이(cm)	수주의 높이의 대수(PF)	대기압(bar)
1	0	0.001
10	1	0.01
1,000	3	1
10,000,000	7	10,000

❷ 토양수분의 표시

(1) 토양수분장력(potential force, PF)

수분이 토양에 의해서 어느 정도의 힘으로 토양에 흡착 보유되어 있는가를 표시하기 위하여 이 힘을 수주 높이의 절대치로 표시한 것이다.

(2) 최대용수량

토양의 모든 공극에 물이 꽉찬 상태의 수분함량을 말하는데 포화용수량이라고도 하고 PF값은 0이다.

(3) 포장용수량

최대 용수량에서 모세관에 의해서만 지니고 있는 수분함량을 말하는 것으로 작물재배상 매우 중요한 의미로 PF값은 1.7~2.7이다.

(4) 위조점과 위조계수

토양이 수분을 점차 상실해가는 과정에서 일정의 수분을 잃게 되면 더 이상 회복되지 못하고 시들어 버리는데 이 점을 위조점이라 하고, 이 때의 수분 함량을 위조계수라 한다(PF 4.2, 15기압).

(5) 흡습계수

토양에 포화상태로 흡착된 수분량을 건조토양의 중량으로 나눠 이를 백분율로 환산한 값을 말한다.

(6) 수분당량

물로 포화시킨 토양에 1,000배 상당의 원심력을 작용시킬 때 토양 중에 남아 있는 수분을 말한다.

❸ 토양 중의 수분 종류

(1) 결합수(結合水)

토양의 구성성분으로 존재하는 수분으로 PF 7.0 이상의 수분이며 작물에 이용되지 않는다.

(2) 흡습수(吸濕水)

토양입자에 흡착되어 있는 수분으로 PF 4.5 이상이며 작물에 이용되지 못한다.

(3) 모관수(毛管水)

토양간의 모관력에 의하여 유지되는 수분으로 PF 2.5~4.5의 수분이며 작물에 가장 유효하게 이용된다.

(4) 중력수(重力水)

토양공극을 모두 채우고 자체의 중력에 의하여 지하부에 유입되는 PF 2.5 이하의 수분이며 작물에 흡수·이용되는 기회는 적다.

❹ 유효수분 등

(1) 유효수분

1) 식물이 토양 중에서 흡수이용할 수 있는 물을 유효수분이라 하고 이용할 수 없는 수분을 무효수분이라고 한다.
2) 식물이 생장할 수 있는 토양의 유효수분은 포장용수량에서부터 영구위조점까지의 범위이며 PF 2.7~4.2이다.
3) 식물생육에 가장 알맞은 최대 함수량은 대개 최대용수량의 60~80%의 범위이다.
4) 점토함량이 많을수록 유효수분의 범위가 넓어지므로 사토에서는 유효수분의 범위가 좁은 반면에 식토에서는 유효수분의 범위가 넓다.

(2) 수분의 역할

1) 광합성과 각종 화학반응의 원료가 된다.
2) 용매와 물질의 운반매체이다. 식물에 필요한 영양소들을 용해하여 작물이 흡수 이용할 수 있다.
3) 각종 효소의 활성을 증대시켜 촉매작용을 촉진시킨다.
4) 식물의 체형을 유지시킨다. 수분이 흡수되어 세포의 팽압이 커지기 때문에 세포가 팽팽하게 되어 식물체가 유지된다.
5) 증산작용으로 체온의 상승이 억제되어 체온을 조절시킨다.

(3) 가뭄해 (한해 : 旱害)

토양 내의 수분부족으로 작물생육이 저해되고 나아가 작물이 위조·고사되는 현상을 가뭄해라 한다.

(4) 내건성 (耐乾性)

1) 작물이 건조에 견디는 정도를 내건성이라고 하는데 다음의 경우는 내건성이 강하다.

참고

- 주요 PF
  모관수 : 2.5-4.5
  포장용수량 : 1.7-2.7
  최대용수량 : 0
  초기위조점 : 3.9
  영구위조점 : 4.2-4.5
  유효수분 : 2.7-4.2

4회 기출문제

작물에 대한 수분의 역할이 아닌 것은?
① 원형질의 생활상태 유지
② 필요물질의 전류억제
③ 식물체온 유지
④ 광합성의 원료

▶ ②

14회 기출문제

식물체 내에서 수분의 역할에 관한 설명으로 옳지 않은 것은?
① 광합성의 원료가 된다.
② 세포 팽압 조절에 관여하다
③ 식물에 필요한 영양원소를 이동시킨다.
④ 증산작용을 통해 잎의 온도를 상승시킨다.

▶ ④

① 잎은 작을수록, 지상부에 비해 근군이 발달할수록, 체적에 비해 표면적의 비가 작을수록
② 기공은 작을수록, 기동세포가 발달할수록
③ 세포는 작고 세포의 보수력이 강할수록
④ 원형질의 점도는 높을수록, 응고는 덜할수록, 원형질막의 투과성이 클수록
⑤ 세포의 삼투압이 높을수록

2) 내건성이 강한 작물에는 수수, 기장, 조, 밀, 메밀, 참깨, 고구마 등이 있다.
3) 내건성의 특징은 다음과 같다.
① 영양생장기 때가 생식생장기 때보다 강하다.
② 벼, 맥류의 경우 생식세포의 감수분열기에 가장 약하고 분열기에는 강한 편이다.
③ 밀식한 작물은 내건성에 약하다.
④ 건조한 환경에서 생육한 작물은 내건성에 강하다.
⑤ 질소의 과용은 경엽을 무성하게 하여 내건성을 약하게 한다.

(4) 습 해

1) 생육을 위한 최적 함량보다 수분이 과다하여 해당작물의 생장이 저하되는 피해를 습해라 한다.
2) 습해의 대책은 다음과 같다.
① 배수 : 배수방법에는 객토법, 자연배수법, 기계배수법 등이 있다.
② 이랑만들기(휴립재배) : 이랑을 세우고 고랑과 높이를 다르게 한다.
③ 토양개량 : 세사를 객토하거나 토양개량제를 사용하여 통기·투수성을 좋게 한다.
④ 시비 : 표층시비하여 뿌리를 지표 가까이 유도하고 질소질비료의 과용을 피하면서 칼륨과 인산질비료를 사용한다.
⑤ 과산화석회의 사용
⑥ 내습성 품종의 선택

(5) 관 수(灌水)

6회 기출문제

원예작물의 건조피해를 예방하기 위한 시비방법으로 옳지 않은 것은?

① 유기물을 늘려 준다.
② 칼륨질 비료를 늘려 준다.
③ 질소질 비료를 늘려 준다.
④ 인산질 비료를 늘려 준다.

▶ ③

1) 시기
   ① 관수의 시기, 횟수 및 수량은 토양의 보수력, 근군의 분포, 증발산량 등에 의해 결정된다.
   ② 관수의 시기는 보통유효수분의 50~85%가 소모되었을 때 PF 2.0~2.5일 때이다.
2) 관수의 방법
   ① 지표관수 : 지표면에 물을 흘려 보내어 공급하는 방법이다.
   ② 지하관수 : 땅 속에 작은 구멍이 있는 송수관을 묻어서 물을 공급한다.
   ③ 살수관수 : 노즐을 설치하여 물을 뿌리는 방법으로 스프링클러식이 널리 이용된다.
   ④ 점적관수 : 물을 천천히 조금씩 흘러나오게 하여 필요부위에 집중적으로 관수하는 방법으로 토양이 굳어지지 않고 표토의 유실이 없으며 절수할 수 있고 넓은 면적에 균일하게 관수할 수 있는 장점이 있어 관개방법 중 가장 발전된 방법이다.
   ⑤ 저면관수 : 배수구멍을 물에 잠기게 하여 물이 스며들어 위로 올라가게 하는 방법으로 토양에 의한 오염, 토양병해를 방지하고 미세종자 파종상자와 양액재배, 분화재배에 이용한다.

[관 수]
(출처 : 농촌진흥청사이버홍보관)

(6) 배 수(排水)

1) 배수의 효과
   ① 배수를 하면 습해나 수해를 막을 수 있고 토성을 개선하여 작물의 생육을 돕는다.
   ② 다모작을 가능하게 하여 경지잉여도를 높이며 작업을 용이

11회 기출문제

절화작물의 수확기 관수방법으로 적합하지 않은 것은?

① 점적관수
② 스프링클러관수
③ 저면관수
④ 지중관수

▶ ②

8회 기출문제

분화용 화훼재배시 개화기의 관수방법으로 옳지 않은 것은?

① 점적 관수
② 저면 매트(mat) 관수
③ 스프링클러 관수
④ 담배수(bed and flood) 관수

▶ ③

참 고

● 관수
작물이 자라는데 필요한 물을 작물에 공급하는 것으로 광의로는 관개(灌漑)라고도 한다.

9회 기출문제

점적관수에 관한 설명으로 옳지 않은 것은?

① 관수를 자동화할 수 있다.
② 관수와 시비를 동시에 할 수 있다.
③ 토양유실이 많은 관수방법이다.
④ 물 절약형 관수방법이다.

▶ ③

하게 하고 기계화를 촉진한다.
2) 배수법
① 객토 : 토성을 개량하거나 지반을 높여서 배수를 꾀하는 방법으로 경비가 많이 들고 대규모로 실시하기는 어렵다.
② 명거배수 : 배수로가 표토면 바로 밑으로 눈에 띄게 노출되어 물을 빼는 방법이다.
③ 암거배수 : 배수로가 지하에 매설되어 물을 빼는 방법이다.

03 온도의 환경

1 식물의 유효온도

(1) 유효온도와 최저최고온도

작물의 생장과 생육이 효과적으로 이루어지는 온도를 유효온도라 하고 작물생육이 가능한 가장 낮은 온도를 최저온도, 작물생육이 가능한 가장 높은 온도를 최고온도라고 한다.

(2) 최적온도

1) 작물이 생육하는데 가장 알맞은 온도를 최적온도라고 한다.
2) 즉 최적온도는 각종의 작물이 최대 수량을 얻을 수 있는 조건의 온도범위를 말하는 것으로 일반적으로 열대원산의 작물이 온대원산의 작물보다 최적온도가 높다.
3) 그리고 이와 같은 최저, 최고, 최적의 3 온도를 주요온도라 한다.

(3) 적산온도

1) 작물의 발아로부터 성숙에 이르기까지의 0℃ 이상의 일평균 기온을 합산한 온도를 적산온도라 하는데 이는 작물이 일생을 마치는데에 소요되는 총온량을 표시하는 것이다.
2) 작물의 적산온도는 생육시기와 생육기간, 재배장소에 따라서 차이가 있기 때문에 같은 품종이라도 성숙시기에 따라 다르다. 보통의 작물은 1,300~4,500℃이다.

(4) 온도계수

1) 온도가 10℃상승함에 따라 호흡량이 몇 배가 상승하는가를 계수로 표시하는 것이 온도계수라고 하는데 Q10이라고 표시한다.
2) Q10은 일반적으로 2~4(작물의 온도계수)로 알려져 있으며 Q10은 온도와 작물의 생리작용 속도와의 관계를 단적으로 표시하는 방법이다.

13회 기출문제

화훼작물의 초장 조절을 위한 시설 내 주야간 관리방법인 DIF가 의미하는 것은?

① 주야간 습도차
② 주야간 온도차
③ 주야간 광량차
④ 주야간 이산화탄소 농도차

▶ ②

3) $Q10 = \dfrac{R_2}{R_1}$

❷ 온도와 식물의 생리작용

온도는 식물의 광합성작용, 호흡작용, 증산작용, 동화물질의 잔류 등의 작용에 영향을 미친다.

(1) 광합성 작용

온도가 높아지면 광합성 속도가 증가하는데 식물의 생육적온보다 높아지면 광합성이 둔화된다.

(2) 호흡작용

온도가 오르면 호흡량이 증가하는데 30℃까지는 호흡량이 증가하나 이를 넘어서면 둔화되고 50℃정도에서는 호흡이 정지된다.

(3) 증산작용

증산작용은 식물체 내의 수분이 잎의 기공을 통하여 수증기 형태로 배출되는 현상을 말하는데 온도가 상승하면 증산작용은 증가한다.

(4) 전류되는 속도

동화물질이 잎으로부터 생장점 등으로 전류되는 속도는 적온까지는 온도가 높아질수록 빠르나 고온이나 저온이면 느려진다.

(5) 수분 및 양분의 흡수와 이동

온도가 상승하게 되면 수분 및 양분의 흡수와 이동속도가 증가된다.

❸ 온도와 생육

작물의 생육에는 광합성과 호흡이 중요한데 광합성량은 온도와

13회 기출문제

채소작물의 암수분화에 관한 설명이다. ( )안에 들어갈 내용으로 옳은 것은?

단성화의 암수분화는 유전적 요인으로 결정되지만 환경의 영향도 크다.
오이는 ( )조건과 ( )조건에서 암꽃의 수가 많아진다.

① 저온, 단일
② 저온, 장일
③ 고온, 단일
④ 고온, 장일

➡ ①

광도, CO 2농도와 관계가 있고 호흡량은 온도의 상승에 따라 증가한다. 따라서 작물의 생육에 온도는 매우 중요하다.

(1) 변온과 생육

1) 변온은 작물의 발아를 조장하고 괴경과 괴근의 발달, 개화, 결실을 촉진한다.
2) 그리고 낮의 변온이 작은 것이 작물의 생장을 빠르게 하고, 출수개화를 촉진하지만 밤과의 변온이 큰 것이 동화물질축적을 조정한다.

(2) 채소의 생육과 온도

1) 채소는 발아적온에 따라 저온성채소, 중온성채소, 고온성채소로 구분된다.
   ① 저온성채소
      15℃ ~ 20℃에 발아되는 채소로 상추, 시금치, 부추, 샐러리 등이 있다.
   ② 중온성채소
      20℃ ~ 25℃에 발아되는 채소로 파, 완두, 양파가 있다.
   ③ 고온성채소
      25℃ ~ 30℃에 발아되는 채소로 오이, 호박, 토마토, 고추 등이 있다.
2) 열대원산인 채소는 내서성이 강하고 지상부가 지하부보다 내서성이 강하다.
3) 지온의 최적온도는 대체로 기온보다 약간 높지만 혹서기에는 기온보다 10℃이상이 높다.
4) 지온이 낮을수록 토양수분 중에 용존하는 산소의 양이 많고 높으면 작아지는데 지온이 너무 높으면 고온으로 피해를 입는다.

> **참고**
>
> ● 변온관리
> 1) 변온이란 온도를 높게 또는 낮게 변화시키는 것을 말한다.
> 2) 변온관리란 하루 중 또는 작물의 생육단계마다 관리온도를 보다 호적한 범위로 변화시키면서 관리하는 기술을 말한다.
> 3) 즉, 목표 온도를 낮에는 높게 밤에는 낮게 하는데 일온도차를 5~10℃로 하는 것이 기본이다.

④ 열 해

온도가 작물의 생육최고온도를 넘어서 상승할 때에는 작물의 생리에 큰 해가 있다. 작물이 과도한 고온으로 인하여 받는 피해를 열해 또는 고온해라 한다.

(1) 열해가 발생하는 주요원인(열해로 인한 작물의 피해)

1) 유기물의 과잉소모 : 고온에서는 유기물의 소모가 많아진다.
2) 질소대사의 이상 : 고온에서는 단백질의 합성이 저해되고 암모니아의 축적이 많아진다. 이는 식물체의 유해작용을 하게 된다.
3) 철분의 침전 : 엽록소의 형성장해로 인하여 황화현상이 유발한다.
4) 증산작용의 과다 : 고온으로 인한 증산량이 급격히 늘어나는 반면 수분흡수력은 감퇴하여 식물체가 위조현상을 나타낸다.

(2) 작물의 내열성

열해에 견디는 성질을 내열성이라고 한다. 내건성이 큰 작물은 내열성도 크고 세포 내의 결합수가 많고 유리수가 적으면 내열성이 커지며 당분함량, 지유함량, 염류농도, 단백질함량, 세포의 점성 등이 증가하면 내열성이 증대된다.

❺ 냉 해

1) 작물의 조직 내에 결빙이 생기지 않을 정도의 저온에 의해 각 기관이 받는 피해를 일반적으로 저온장해라 한다.
2) 특히 여름 작물이 생육상 고온이 필요한 여름철에 냉온을 만나서 받는 피해를 냉해라 하고 온대의 하계 작물은 종류에 따라서 10~1℃에서 냉해를 받는다.

13회 기출문제

채소작물에 고온으로 인해 나타나는 현상이 아닌 것은?

① 상추는 발아가 억제된다.
② 단백질의 변성으로 효소활성이 증가된다.
③ 동화물질의 소모가 크게 증가한다.
④ 대사작용의 교란으로 독성물질이 체내에 축적된다.

▶ ②

04 광(光) 환경

생육과 관계있는 광환경은 크게 광도, 광질과 일장이다. 광도와 광질은 광합성과 연관이 깊고 일장은 화아분화, 추대, 저장기관의 발육 등과 관계가 깊다.

❶ 광도와 광질

(1) 광도와 광합성

광도는 광합성에 결정적인 영향을 미칠 뿐만 아니라 온도, 수분 등의 환경요인들에 영향을 미쳐 생육에 많은 영향을 주며 광도가 증가할수록 일정 수준까지 광도에 비례하여 광합성이 증가한다.

(2) 광도와 식물의 생장

광도는 작물기관의 형태, 엽록체의 구조 등에도 영향을 미친다. 일반적으로 저광도에서는 잎이 얇아지면서 커지고 엽육세포는 작아지며 줄기가 가늘고 길어지며 엽록체당 엽록소 함량이 증가한다.

(3) 광 질

1) 작물의 생육에 미치는 광질은 광합성과 관련이 깊다. 태양광선은 300~2,000nm 영역의 광선이 주류를 이루는데 그 가운데 식물생육에 유효한 파장은 400~700nm이며, 특히 광합성에 유효한 파장영역은 450nm 부근의 청색광과 650nm 부근의 적색광이다.
2) 400nm 이하의 자외선 단파장은 광합성에 억제적으로 작용하지만 700~760nm의 원적외선은 발아, 화아유도, 휴면, 형태형성 등에 관여하는 것으로 알려져 있다.

(4) 광보상점과 광포화점

1) 광합성을 할 때 CO_2의 흡수량과 호흡작용에 의한 CO_2의 방출량이 같게 될 때의 광도를 광보상점이라고 하고 광도가

7회 기출문제

사과의 안토시아닌 생성을 가장 촉진시키는 빛은?

① 자색광
② 녹색광
③ 황색광
④ 적색광

▶ ①

참 고

- **광의 파장과 광합성**
  1) 파장이 650~700nm의 적색부분과 400~500nm의 청색부분에서 광합성이 활발해 신장을 촉진한다.
  2) 400nm 이하의 자외선은 식물의 신장을 억제한다.

| 3회 기출문제 |

다음 중 광합성작용에 대한 설명으로 옳은 것은?

① 광합성작용의 환경 요인은 햇빛, 이산화탄소, 수분이다.
② 광포화점에 이르면 산소와 이산화탄소의 가스 교환이 이루어지지 않는다.
③ 광포화점에 이르면 광합성량은 최대에 이른다.
④ 광보상점에 이를 때까지 광합성량은 계속 증가한다.

▶ ③

| 10회 기출문제 |

과수 재배시 광합성 환경에 관한 설명으로 옳지 않은 것은?

① 적절한 바람은 CO_2 흡수를 촉진하여 광합성 효율을 증가시킨다.
② 고온에서는 광합성과 호흡의 불균형에 의해 각종 생리장해가 발생한다.
③ 온대과수는 열대과수에 비해 일반적으로 광보상점이 높은 특성을 나타낸다.
④ 광포화점 이상의 광도에서는 빛에 의한 광합성 효율의 증대를 기대하기 어렵다.

▶ ③

계속 증대되면 어느 한계에 도달하게 되면 그 이상으로 광도가 계속 증대되어도 광합성이 더 이상 증가하지 않게 되는데 그 시점의 광도를 광포화점이라고 한다.
2) 발아에 미치는 광반응으로 호광성 종자와 혐광성 종자로 분류하고, 같은 작물이라도 저광도에서 생육하면 광보상점과 광포화점이 낮아진다. 광포화점과 광보상점은 CO_2농도, 온도, 수분상태 등에 따라서도 달라진다.

❷ 광과 식물의 생리작용

(1) 광합성

1) 의의
   ① 광합성이란 엽록체에서 광에너지를 이용하여 대기 중의 이산화탄소(CO_2)와 뿌리에서 흡수한 물로 포도당을 합성하고 한편으로 산소(O_2)를 방출하는 생화학적인 대사작용이라고 할 수 있다.
   ② 이는 식물의 물질대사 가운데 대표적인 동화작용으로 탄소동화작용이라고도 한다.
2) 광합성의 과정
   ① 식물의 광합성은 태양의 광에너지를 화학에너지로 변화시키는 명반응과 변화된 화학에너지를 이용하여 탄소고정을 하는 암반응으로 구분한다.
   ② 즉 명반응은 엽록소가 광에너지를 흡수하여 전자전달과정을 경유하여 환원형 조효소인 NADPH를 생성하는 반면 전자전달과정에서 ATP라는 화학에너지를 만드는 과정이고 물의 광분해에 의하여 수소를 공급함과 동시에 산소를 방출한다.
   ③ 암반응은 명반응의 결과 얻어진 NADPH와 ATP를 이용하여 탄산가스를 환원시켜 포도당을 만드는 과정이다.
3) 광합성의 작용
   광합성 작용은 아래와 같다.

$$광에너지(686Kcal)$$
$$\downarrow$$
$$6CO_2 + 6H_2O \rightarrow C_6H_{12}O_6 + 6O_2$$

4) 광보상점과 광포화점
  ① 원예식물의 광합성작용에 제1차적 필요요소가 햇빛인데 광합성을 위한 CO_2의 흡수량과 호흡작용에의한 CO_2의 방출량이 같게 되는 광도를 광보상점이라하고 광보상점에 이르면 산소와 이산화탄소의 가스교환이 이루어지지 않는 것처럼 보인다.
  ② 광도가 어느 한계 등에 도달하면 광도가 증가한다고 하더라도 광합성이 증가하지 않는 광도를 광포화점이라 하는데 광포화점에 도달할 때까지 광합성량은 계속 증가한다.
  ③ 그리고 광포화점에 이르면 광합성량은 최대에 이르게 된다.

> 참고
>
> ● 광포화점
>   1) 광도가 높아짐에 따라 광합성은 증가하는데 증가하던 광합성이 증대되지 않는 점의 광도를 광포화점이라 한다.
>   2) 광포화점에 도달할 때까지 광합성량은 계속 증가한다.
>   3) 광포화점에 이르면 광합성량은 최대에 이르게 된다.

(2) 굴광현상(屈光現象)

1) 의 의
  원예식물이 빛이 비추는 방향으로 구부러지는 반응을 나타내는 현상을 말한다.
2) 굴광현상과 옥신
  ① 식물의 굴광성은 생장점에서 생성된 옥신의 생리작용에 의해서 일어나는데
  ② 광선을 받는 부위는 옥신의 농도가 낮아지고 그 반대쪽은 옥신의 농도가 높아진다.
  ③ 옥신의 농도가 높아지는 부위는 세포의 신장이 촉진되므로 빛이 비추는 방향으로 원예식물이 구부러진다.

(3) 호흡작용

1) 의 의
  ① 호흡작용이란 광합성의 결과로 만들어진 탄수화물을 산소를 이용하여 물과 이산화탄소로 분해시키는 물질대사작용을 말하는데 이 호흡작용은 광합성의 역반응이라고 할 수 있다.
  ② 광합성에 투입되었던 광에너지는 ATP(고에너지 인산화합물)의 형태로 방출되어 여러 대사작용에 에너지원으로 사용

된다.

2) 호흡과정

① 호흡작용은 체내 저장 양분을 소모하는 과정으로 다음과 같이 나타낼 수 있다.

$C_6H_{12}O_6 + 6O_2 \rightarrow 6CO_2 + 6H_2O + ATP(686Kcal)$

② 호흡작용의 결과는 에너지의 생산, 양분의 소모, 맹아와 같은 생장현상 등으로 나타난다.

3) 호흡량과 저장

① 호흡량은 원예작물의 저장성에 결정적인 영향을 미치는데 호흡량이 많은 원예산물은 저장이 매우 어렵다.
② 아스파라거스, 브로콜리 등은 호흡량이 많고 저장기관을 이용하여 휴면하는 감자, 양파 등은 호흡량이 적다.

4) 호흡계수

호흡작용에 의해서 발산되는 CO_2량과 소비되는 O_2량의 비(CO_2/O_2)를 호흡계수라 하며 RQ라 표시하는데 대부분의 식물에서의 호흡계수는 1에 가깝다.

① 포도당이 호흡기질로 쓰이면 호흡계수는 1이다.
② 지방은 호흡계수가 1보다 작다.
③ 당에 비해서 산소가 많은 물질이 호흡기질이 되면 호흡계수는 1보다 크다.

(4) 증산작용

햇빛을 받아서 광합성을 수행하여 동화물질이 축적되면 이것이 공변세포의 삼투압을 높여서 기공을 열어 증산작용을 하게 한다.

(5) 착색촉진

광합성에 유효한 광파장은 안토시아닌의 생성을 조장시켜 착색을 좋게 한다.

(6) 신장증대·개화촉진

광을 잘 받으면 C/N율(식물체 내의 탄수화물과 질소의 비율)이 높아져서 생육과 개화를 촉진한다.

참고

• **기질**

효소가 작용하여 화학반응을 일으키는 물질. 예를 들어 아밀라아제는 녹말에 잔유하여 엿당으로 분해시키는데 이러한 경우 녹말을 아밀라아제의 기질이라고 한다.

6회 기출문제

원예산물의 호흡현상에 대한 설명으로 옳지 않은 것은?

① 호흡의 생성물로 이산화탄소와 에틸렌이 생성된다.
② 호흡기질의 소모로 중량이 감소한다.
③ 유기산이 기질로 사용되는 호흡계수(RQ)는 1보다 크다.
④ 호흡의 결과로 발생하는 열은 저장고 온도를 상승시킨다.

▶ ①

③ 일 장

(1) 의 의
1) 작물에 적합한 광주기가 주어지면 여러 가지 생육반응이 일어나는데 이것을 일장반응 또는 일장효과라고 한다.
2) 식물은 일장에 의하여 개화하거나 인경 및 괴경형성, 줄기, 생장, 낙엽, 휴면유도 및 제거, 성표현, 색소형성 등의 생장반응이 달라진다.

(2) 일장반응과 작물
1) 개화에 미치는 일장반응으로 단일성 작물, 장일성 작물, 중성작물 등으로 나눌 수 있다.
2) 단일성과 장일성의 구분은 12시간을 기준으로 이 보다 짧은 일장조건에서 개화하면 단일성작물, 12시간보다 긴 일장조건에서 개화하면 장일식물로 나눈다. 그러나 이 기준은 맞지 않은 경우가 많아 한계일장이란 개념이 기준이 되고 있다.
3) 한계 일장은 작물에 따라 다르고 장일성 식물이라도 한계일장이 12시간 이내인 경우도 있다.

(3) 장일성 식물과 단일성 식물
1) 장일성 식물은 긴 일장에서 개화반응을 나타내는 것인데 시금치, 카네이션, 피튜니아 등이다.
2) 단일성 작물에는 딸기, 들깨, 코스모스, 국화, 달리아 등이 있다.
3) 중성식물은 일장에 관계없이 식물체가 어느 크기에 도달하면 개화하는 것들인데 가지과 채소가 대표적이고 오이, 호박, 장미, 해바라기 등도 중성식물에 해당된다.

(4) 일장효과의 재배적 이용
1) 만생종벼
   벼만생종은 단일성 작물에 해당하므로 조파조식(早播早植)하면 영양생장량을 증대하여 증수할 수 있다.
2) 시금치

참 고

• C/N율
1) 식물체 내의 탄수화물(C)과 질소(N)의 비율(탄수화물/질소)을 말한다.
2) C/N율이 높으면 화성을 유도하지만 낮으면 영양생장을 계속한다.
3) C/N비율보다는 C와 N의 절대량이 함께 증가하여야 개화, 결실이 촉진된다.

원예작물학

2회 기출문제

원예작물에서 나타나는 일장 반응을 맞게 설명한 것은?

① 만생종 양파는 조생종에 비해 인경비대에 요하는 일장이 짧다.
② 장일조건에서 마늘의 2차생장(벌마늘)의 발생이 많아진다.
③ 장일조건에서 오이의 암꽃 착생 비율이 높아진다.
④ 감자의 괴경과 다알리아의 괴근 형성은 단일에서 촉진된다.

▶ ④

13회 기출문제

가을에 국화의 개화시기를 늦추기 위한 재배방법은?

① 전조재배
② 암막재배
③ 네트재배
④ 촉성재배

▶ ①

시금치는 장일성 식물에 해당하므로 추대 전에 영양생장량을 증대시키기 위해 월동 전에 추파하고 있다.

3) 가을국화
   ① 가을국화는 단일성 식물에 해당하므로 단일처리하면 개화가 촉진되고 장일처리하면 개화가 억제된다.
   ② 즉 8~9월에 개화하는 가을국화는 7~8월에 개화시키려면 차광하여 단일처리하고 12~1월에 개화시키려면 조명하여 장일처리 재배한다.

4) 양파
   장일처리하여 양파의 인경 발육을 촉진시킨다.

5) 오이·호박
   오이·호박의 수꽃수 증가를 위해서는 장일처리하고 암꽃의 증가를 위해서는 단일처리한다.

6) 고구마·달리아·감자
   고구마와 달리아의 괴근, 감자의 괴경의 발육촉진을 위해서는 단일처리한다.

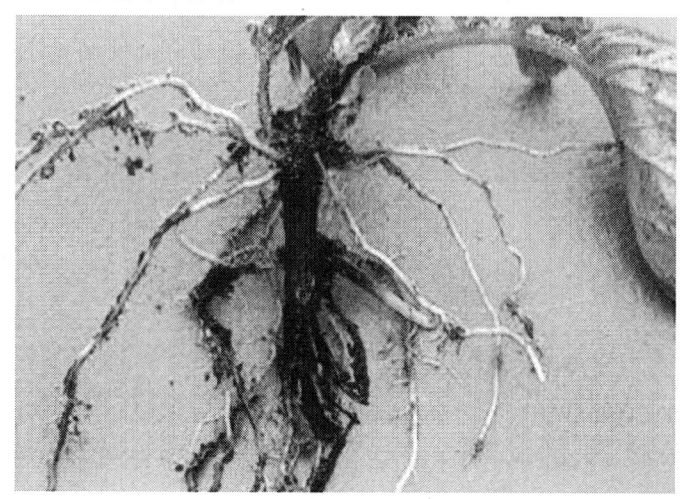

[감자 괴경 발생 초기]

(출처 : 농촌진흥청사이버홍보관)

④ 기타 광과 재배환경과의 관계

(1) 이랑의 방향
남북이랑은 동서이랑에 비하여 수광량이 많아서 유리하다.

(2) 시설자재의 종류와 투광율
1) 각종 시설자재의 투광율은 유리 90%, 비닐 85%, 유지 40%로서 유지의 투광율이 많이 떨어진다.
2) 따라서 유리나 플라스틱 필름을 쓰는 것이 투광이 좋아 보온이 잘 되고 생육도 건실해진다.

(3) 보광과 차광
1) 흐린 날이나 밤에 인공적으로 광을 보충하여 광합성을 조장시키는 일이 있다. 이 때는 적색광을 내는 네온광을 쓴다.
2) 여름철의 온실, 묘포 등에서는 고온건조 및 과도한 일사를 피하기 위하여 차광을 한다. 인삼과 같이 그늘에서 생육하는 작물은 미리 차광조치를 하고 재배한다.

05 공기 환경

❶ 공기 일반

(1) 공기 영향

1) 공기는 작물의 생육과 밀접한 관련을 가지고 있다. 특히 CO_2와 산소는 광합성과 호흡에 절대적인 영향을 끼치며 바람은 작물의 도복, 낙과 등에 영향을 미친다.
2) 공기는 대기뿐만 아니라 토양의 공극에도 분포한다. 토양 중의 공기는 토양미생물의 활동 뿌리의 생장에 직접적으로 영향을 미친다.

(2) 작물의 생육에 미치는 공기의 영향

공기가 작물의 생육에 미치는 영향을 요약하면 다음과 같다.
1) 광합성의 주재료인 CO_2를 공급한다.
2) 호흡작용에 필요한 산소를 공급한다.
3) 콩과작물에서는 질소고정균을 통해 질소를 공급한다.
4) 유해가스가 많으면 작물생육에 장해를 유발한다.
5) 토양 중 산소의 부족은 토양미생물 활동을 둔화시키고 뿌리 활력을 저하시킨다.
6) 적당한 바람은 공기성분의 평형유지, 유해가스의 피해방지에 도움을 주지만 심하면 도복, 낙과 등을 유발하고 건조장해를 촉진한다.

❷ 이산화탄소 농도

(1) 농도의 영향

대기 중의 성분은 대체로 질소가스(N_2)는 약 79%, 산소가스(O_2)는 약 21%인 반면에 이산화탄소(CO_2)는 약 0.03% 정도이다.
1) 호흡속도

이산화탄소의 농도가 높아지면 호흡속도는 감소되고 호흡이 억제되는데 이러한 성질이 과일이나 채소의 저장에 이용된다.

2) 광합성 속도와 이산화탄소 포화점

이산화탄소의 농도가 높아지면 광합성의 속도는 증대되나 어느 농도에 도달하면 더 이상 증대되더라도 광합성 속도는 증대되지 않는 상태가 되는데 이 때의 이산화탄소 농도를 이산화탄소 포화점이라고 한다.

3) 이산화탄소 보상점

① 광합성 작용에 의해서 생성되는 유기물의 생성속도와 호흡 작용에 의한 유기물의 소모속도가 같게 되는 이산화탄소 농도를 이산화탄소 보상점이라 한다.

② 이산화탄소 보상점에서의 이산화탄소 농도는 대기 중 농도의 1/10~1/3(0.003~0.01%) 정도이고 이산화탄소 포화점에서 이산화탄소 농도는 대기 중 농도의 7~10배(0.21~0.3%) 정도이다.

(2) 이산화탄소 농도의 증감 비교

1) 계절의 변화

여름철에는 광합성 작용이 활발하여 이산화탄소 농도가 낮아지고 가을철에는 높아진다.

2) 지면과의 고저

이산화탄소는 공기보다 무겁기 때문에 지면에 가까울수록 이산화탄소 농도가 높고 지면에서 멀수록 낮다.

3) 미숙유기물의 사용

퇴비·낙엽 등을 사용하면 이산화탄소 발생이 많아져 농도가 높다.

4) 바람

바람 중 미풍은 공기 중의 이산화탄소 농도의 불균형 상태를 완화시켜 준다.

12회 기출문제

채소의 광합성에 관한 설명으로 옳지 않은 것은?

① 적색광과 청색광에서 광합성 이용 효율이 높다.
② 광포화점까지는 충분한 햇빛이 있으면 광합성이 촉진된다.
③ 이산화탄소 시비가 증가할수록 광합성은 계속 증가한다.
④ 수박과 토마토에 비해 상추의 광포화점이 낮다.

▶ ③

참 고

• **이산화탄소 농도와 호흡속도**

이산화탄소농도가 높아지면 호흡속도는 감소된다.

• **이산화탄소 농도와 광합성속도**

이산화탄소 농도가 높아지면 광합성의 속도는 증대된다.

③ 작물에 미치는 연풍과 강풍의 효과

(1) 연풍

연풍이란 풍속 4~6km/hr이하의 부드러운 바람을 말하는데 이는 작물생육에 다음과 같은 영향을 미친다.

① 작물 주위의 탄산가스(CO_2)의 농도를 유지시킨다.
② 잎의 수광량을 높여 광합성을 촉진한다.
③ 증산작용을 촉진한다.
④ 꽃가루의 매개를 도와준다.
⑤ 심하면 낙과, 낙화를 유발한다.
⑥ 습기를 배제하여 수확물의 건조를 촉진하고 다습한 조건에서 많이 발생하는 병해를 경감시킨다.

(2) 강풍의 영향

① 풍해를 받으면 수분·수정이 장해되어 불임립·쭉정이 등이 발생한다.
② 과수류가 풍해를 받으면 열상낙과를 초래한다.
③ 작물이 강풍에 의해 상처를 받으면 호흡이 증가한다.
④ 풍속이 강해지면 광합성이 저하된다.

(3) 대기오염

1) 식물의 잎이나 줄기에는 공변세포로 둘러싸인 작은 구멍인 기공이 있는데 이 기공을 통해서 대기오염물질이 잎으로 들어가게 된다.
2) 이러한 대기오염물질 중 특정오염물질에 일부 식물은 피해를 입게 되는데 이러한 식물들의 오염도를 측정하여 대기오염물질에 따른 지표식물로 이용된다.

(4) 지표식물

병의 감염 여부 또는 병원의 종류를 알기 위해서 그 병에 대해서만 특히 침해되기 쉽거나 또는 독특한 병징을 나타내는 성질을 가진 식물을 이용하여 진단할 경우가 있는데 이 때 쓰이는 식물을 지표시물이라고 한다.

① 사과의 자주날개무늬병균 : 고구마
② 뿌리혹선충 : 당근, 토마토

4회 기출문제

생육기에 풍속 4~6km/h(연풍) 이하의 바람이 작물에 미치는 영향은?

① 탄산가스 농도 감소
② 광합성 억제
③ 증산작용의 촉진
④ 꽃가루 매개 억제

▶ ③

2회 기출문제

강한 바람은 작물에 장해를 유발하는데, 다음에서 강풍에 의한 생리적 장해라고 볼 수 없는 것은?

① 광합성 저하
② 호흡증가로 양분소모 촉진
③ 도복과 상처로 부패 발생
④ 건조해 유발

▶ ③

관련 기출문제

다음 중 풍해(風害)의 장해현상으로 볼 수 없는 것은?

① 풍속이 강해지면 이산화탄소의 흡수가 증가하여 광합성이 촉진된다.
② 작물이 강풍에 의해 상처를 받으면 호흡이 증대한다.
③ 과수류와 과채류가 풍해를 받으면 열상낙과를 초래한다.
④ 벼가 풍해를 받으면 수분·수정이 장해되어 불임립·쭉정이 등이 발생된다.

▶ ①

③ 사과나무의 근두암종병균 : 피마자, 토마토, 제라늄
④ 질소산화물 : 토마토, 상추, 해바라기
⑤ 아황산가스 : 담배, 나팔꽃

(5) 유해가스

① 작물에 영향을 끼치는 유해가스에는 아황산가스(SO_2), 불화수소(HF), 이산화질소(NO_2), 오존(O_3), 팬(PAN) 등이 있다.
② 이 중 오존(O_3), 팬(PAN) 등은 2차오염물질에 해당되고 PAN의 피해는 작물이 광선에 노출될 때 발생한다.
③ 불화수소(HF)는 독성이 매우 강하여 낮은 농도에서도 작물에 피해를 준다.

11회 기출문제

시설 내에서 난방의 불완전한 연소로 인해 식물체에 생리장해를 유발하는 물질은?
① 아황산가스
② 암모니아가스
③ 불화수소
④ 염소가스

▶ ①

MEMO

제3장 기출문제 연구

■■■ 기출문제

3회 기출
1. 토성에 대한 설명으로서 옳지 않은 것은?

① 토성을 결정할 때 유기물 함량은 고려하지 않는다.
② 토성은 토양의 물리적 성질은 물론 화학적 성질에도 큰 영향을 미친다.
③ 토성은 토양용액의 수소이온농도에 의존하는 성질이 있다.
④ 토성을 결정할 때 자갈의 함량은 고려할 필요가 없다.

정답 및 해설 ③

토성과 관련하여 ①②④는 맞는 내용이고 ③ 수소이온농도와는 관계없다.

2회 기출
2. 다음 중 점질토양에 비하여 사질토양에서 재배된 무에서 잘 나타나는 현상은?

① 바람들이가 촉진된다.
② 기근(岐根) 발생이 많아진다.
③ 뿌리 조직이 치밀하다.
④ 노화가 억제된다.

정답 및 해설 ①

무를 사질토양에서 재배하면 잔뿌리와 기근이 적은 큰 무가 생산되는 장점이 있으나 바람들이가 되기 쉽고 저항력이 약하다는 단점이 있다.

3회 기출
3. 미사질 양토의 밭토양에서 식물생육에 가장 좋은 토양의 고상 : 액상 : 기상의 비율(%)로 가장 적합한 것은?

① 20 : 40 : 40
② 40 : 30 : 30
③ 50 : 25 : 25

④ 60 : 35 : 5

정답 및 해설 ③

작물이 자라는 데 알맞은 토양의 3상구성은 고상 50%(무기물 45%+유기물 5%), 기상 25%, 액상 25%이다

4회 기출

4. 다음 비료 성분 중 미량원소로 분류되는 원소는?

① Ca
② N
③ K
④ B

정답 및 해설 ④

비료 중 미량원소로 분류되는 것은 철, 망간, 구리, 아연, 붕소, 몰리브덴, 염소 등의 7가지이다.

3회 기출

5. 사과의 저장 중에 보이는 고두병을 억제하기 위해서 사용하는 화학물질은?

① 붕 소
② 염화칼슘
③ 이산화황
④ 2,4-D

정답 및 해설 ②

② 염화칼슘이다.

6회 기출

6. 토양유기물의 기능이 아닌 것은?

① 토양의 완충능을 증대시킨다.
② 토양의 보비력을 증대시킨다.

③ 토양의 단립구조(홑알구조) 형성에 도움을 준다.
④ 미생물에 의해 분해되어 작물에 양분으로 공급된다.

정답 및 해설 ③

①,②,④는 토양유기물의 기능에 해당되고 ③의 경우는 입단구조의 형성에 도움을 주므로 틀리다.

7. 작물에 대한 수분의 역할이 아닌 것은?

① 원형질의 생활상태 유지
② 필요물질의 전류억제
③ 식물체온 유지
④ 광합성의 원료

정답 및 해설 ②

①,③,④는 작물에 대한 수분의 역할에 해당되지만 ②는 아니다.

8. 원예작물의 건조피해를 예방하기 위한 시비방법으로 옳지 않은 것은?

① 유기물을 늘려 준다.
② 칼륨질 비료를 늘려 준다.
③ 질소질 비료를 늘려 준다.
④ 인산질 비료를 늘려 준다.

정답 및 해설 ③

원예작물의 건조피해를 예방하기 위한 시비방법은 ① 유기물을 늘려주고 ② 칼륨질 비료를 늘리고 ④ 인산질 비료를 늘려주지만 ③은 아니다.

9. 다음 중 광합성작용에 대한 설명으로 옳은 것은?

① 광합성작용의 환경 요인은 햇빛, 이산화탄소, 수분이다.
② 광포화점에 이르면 산소와 이산화탄소의 가스 교환이 이루어지지 않는다.

③ 광포화점에 이르면 광합성량은 최대에 이른다.
④ 광보상점에 이를 때까지 광합성량은 계속 증가한다.

정답 및 해설 ③

① 광합성작용의 환경 요인은 햇빛, 이산화탄소, 온도이다.
② 광포화점이 아니라 광보상점에 이르면 산소와 이산화탄소의 가스 교환이 이루어지지 않는다.
④ 광포화점에 이를 때까지 광합성량은 계속 증가하여 광포화점에 이르면 광합성량은 최대에 이른다.

6회 기출

10. 원예산물의 호흡현상에 대한 설명으로 옳지 않은 것은?

① 호흡의 생성물로 이산화탄소와 에틸렌이 생성된다.
② 호흡기질의 소모로 중량이 감소한다.
③ 유기산이 기질로 사용되는 호흡계수(RQ)는 1보다 크다.
④ 호흡의 결과로 발생하는 열은 저장고 온도를 상승시킨다.

정답 및 해설 ①

에틸렌은 기체형태로 존재하는 식물호르몬으로 호흡으로 생성되는 것이 아니다.
따라서 ①은 틀린 내용이다.

2회 기출

11. 원예작물에서 나타나는 일장 반응을 맞게 설명한 것은?

① 만생종 양파는 조생종에 비해 인경비대에 요하는 일장이 짧다.
② 장일조건에서 마늘의 2차생장(벌마늘)의 발생이 많아진다.
③ 장일조건에서 오이의 암꽃 착생 비율이 높아진다.
④ 감자의 괴경과 다알리아의 괴근 형성은 단일에서 촉진된다.

정답 및 해설 ④

① 만생종 양파는 조생종에 비해 인경비대에 요하는 일장이 짧은 것이 아니라 길다.
② 마늘의 2차생장(벌마늘)의 발생이 많아지는 것은 단일조건이다.
③ 장일조건이 아니라 단일조건에서 오이의 암꽃 착생 비율이 높아진다.

4회 기출

12. 생육기에 풍속 4~6km(연풍) 이하의 바람이 작물에 미치는 영향은?

① 탄산가스 농도 감소
② 광합성 억제
③ 증산작용의 촉진
④ 꽃가루 매개 억제

정답 및 해설 ③

생육기에 연풍 이하의 바람이 작물에 미치는 영향은 ③ 증산작용을 촉진시킨다.

2회 기출

13. 강한 바람은 작물에 장해를 유발하는데, 다음에서 강풍에 의한 생리적 장해라고 볼 수 없는 것은?

① 광합성 저하
② 호흡증가로 양분소모 촉진
③ 도복과 상처로 부패 발생
④ 건조해 유발

정답 및 해설 ③

강풍에 의한 물리적(기계적) 장해이다.

MEMO

농산물 품질관리사 대비

제 4 장 | 재배기술

01 작부체계(作付體系)

❶ 작부체계

(1) 의의
작부체계란 작부방식 중에서 어떠한 작물을 시기별로 어떻게 재식할 것인가에 대한 체계를 말한다. 즉 일정한 토양에 순차적으로 재배할 작물 종류의 변경 또는 동시적인 작물 종류의 조합, 배열의 방식을 말한다.

(2) 합리적 작부체계
합리적인 작부체계는 경지이용률을 높여 주고 태양 에너지의 이용효율을 증대시키며 지력을 증진하는 등의 효과가 있다.

(3) 주요 작부체계
1) 연작
2) 윤작
3) 간작
4) 혼작
5) 교호작(交互作)
6) 주위작
7) 답전윤환재배
8) 자유작(自由作) 등이 있으며 이들은 각각 그에 따른 효과와 문제점이 있다.

❷ 연작과 기지

(1) 연작(連作)

1) 동일토지에 동일작물을 매년 계속해서 재배하는 작부방식을 연작이라 한다. 즉 한 토지에서 한 가지 작물을 계속해서 재배하는 방식으로 이어짓기라고도 한다.
2) 연작대상작물은 연작 피해가 적은 작물이나 연작의 피해가 있더라도 수익성이 높거나 수요가 큰 작물 등이 해당된다.

(2) 기지(忌地)

1) 연작을 하면 연작에 대한 장해가 나타나는데 연작장해현상을 기지(忌地)현상이라 하며 기지의 정도는 작물에 따라 차이가 있다.
2) 작물별 기지(忌地) 정도
   ① 연작의 해가 적은 작물은 벼, 수수, 고구마, 무, 양파, 호박, 아스파라거스 등이다.
   ② 1년간 휴작이 필요한 작물은 시금치, 콩, 파, 생강 등이다.
   ③ 2~3년간 휴작이 필요한 작물은 감자, 오이, 참외, 토란 등이다.
   ④ 5~7년간 휴작이 필요한 작물은 수박, 가지, 우엉, 고추, 토마토 등이다.
   ⑤ 10년 이상 휴작이 필요한 작물은 인삼, 아마 등이다.
3) 기지의 구체적 원인으로는
   ① 특정 작물이 선호하는 비료성분의 소모
   ② 토양전염병균의 번성
   ③ 유독물질의 축적
   ④ 토양 중 염기의 과잉집적
   ⑤ 잡초의 번성 등을 들 수 있다.

❸ 윤 작

(1) 의 의

11회 기출문제

친환경적인 병충해 방제방법이 아닌 것은?
① 천적을 활용하거나 페로몬으로 유인하여 방제한다.
② 연작을 하여 병에 대한 작물의 내성을 기른다.
③ 유살 등, 끈끈이 트랩을 설치한다.
④ 무독한 종묘를 이용하거나 저항성 작물을 재배한다.

➡ ②

윤작이란 한 토지에 몇 가지 작물을 순차적으로 돌아가며 심는 작부방식으로 돌려짓기라고도 한다.

(2) 윤작의 경우
① 지력의 유지 또는 증진
② 토양보호
③ 기지현상경감
④ 병충해, 잡초발생경감
⑤ 수량 증대
⑥ 토지이용도 증대 등의 효과가 있다.

02 파종(播種)

❶ 파종과 파종기

1) 종자를 흙 속에 뿌리는 것을 파종이라 하는데 파종된 종자가 발아하려면 발아최저온도 이상이고 토양수분도 적당해야 한다.
2) 파종의 실제 시기는 작물의 종류 및 품종, 재배지역, 작부체계, 토양조건, 출하기 등에 따라 결정된다.
3) 따라서 정식 예정일에서 정식에 적당한 모를 생산하는데 필요한 일수를 소급계산하여 파종기를 정하기도 한다.
   ① 가지 : 70~80일전
   ② 토마토 : 60일전
   ③ 오이, 호박 : 50~60일전

❷ 파종량 결정

(1) 파종량

종자별 파종량은 정식할 묘수, 발아율, 육성률(성묘율) 등에 의하여 산출하며 보통소요묘수 2~3배의 종자가 필요하다.

(2) 파종량을 늘려야 하는 요인

다음의 경우는 적당량보다 파종량을 늘려야 한다.
1) 추운 곳에 파종할 때
2) 땅이 척박하거나 시비량이 적을 때
3) 종자의 발아력이 낮을 때
4) 파종기가 늦어질때
5) 토양이 건조하거나 병해충 발생우려시

❸ 파종전의 종자처리

(1) 종자고르기(선종, 選種)

파종에 사용할 종자를 선별하는 것으로 육안에 의한 방법, 중량에 의한 방법, 비중에 의한 방법 등으로 선별한다.

(2) 종자담그기(침종, 浸種)

선종된 종자를 물에 담그는 일로 이는 종자의 수분흡수, 발아억제물질의 제거, 발아의 촉진 등을 위해서이다.

(3) 싹틔우기(최아, 催芽)

발아를 촉진하고 균일하게 하며 종자의 손실을 막기 위해서 파종 전에 종자의 싹을 틔우는 것을 말한다.

❹ 파종방법

(1) 살파(撒播) 또는 산파(散播)

1) 토양 전면에 흩어 뿌리는 방법으로
2) 노력이 적게 들고 수량도 많이 들지만
3) 제초 등의 관리작업도 불편하다.
4) 통기 및 투광이 나빠지고 도복하기 쉽다.

(2) 조파(條播)

1) 뿌림골을 만든 후 종자를 줄지어 뿌리는 방법으로
2) 개체가 차지하는 평면공간이 넓지 않은 작물에 적용하고
3) 수분, 양분의 공급이 좋고 통풍, 통광도 좋으며 관리작업에도 편리하여 생육이 건실하다.
4) 대부분의 작물은 조파를 한다.

(3) 점파(點播)

1) 일정한 간격으로 종자를 1내지 2~3립씩 띄엄띄엄 파종하는 방법으로
2) 노력은 다소 많이 들지만 건실하고 균일한 생육을 하며
3) 대립(大粒) 종자가 보통 이 방법을 택한다.
4) 종자량이 적게 들고 통풍 및 투광이 좋다.

(4) 적파(摘播)

1) 점파를 할 때 한 곳에 여러 개의 종자를 파종하는 방법이다.
2) 조파나 살파보다는 노력이 많이 들지만 수분·비료분·수광 등 환경조건이 좋아지므로 생육이 더욱 건실하고 양호해진다.

03 복토(覆土)와 진압(鎭壓)

❶ 복토

(1) 의의

복토는 종자를 뿌리고 난 후 그 뿌린 종자 위에 흙을 덮는 것을 말하는데 이는 뿌린 종자를 보호하고 수분을 유지하기 위함이다.

(2) 종자별 복토방법

복토의 방법은 종자의 크기, 발아습성, 토양의 조건 등에 따라 복토의 깊이를 조절하나 보통 종자의 경우 종자 두께의 2~3배 정도로 한다.

1) 얕게 복토하는 경우

   호광성 종자나 미세종자, 점질토양, 적온에서는 얕게 복토한다.

2) 깊게 복토하는 경우

   혐광성 종자나 대립종자, 사질토양, 저온 및 고온에서는 깊게 복토한다.

❷ 진압(鎭壓)

(1) 의의

진압은 파종을 하고 복토 전이나 후에 종자 위를 가압하는 것을 말하는데 발아를 조장한 목적으로 실시한다.

(2) 효과

1) 소립종자를 얕게 복토하거나 토양이 건조하여 진압하면 토양이 긴밀해지고 종자가 토양에 밀착되므로 지하수가 모관상승하여 종자에 흡수되는데 알맞게 되어 발아가 조장된다.

> **참고**
>
> ● 복토·진압의 목적
>
> 1) 복토는 뿌린 종자를 보호하고 수분을 유지하는데 있다.
> 2) 진압은 발아를 조장하는데 목적이 있다.

2) 경사지나 바람이 센 곳에서는 비에 씻기거나 바람에 씻겨 토양이 유실되는 것을 막을 수 있다.

04 육 묘(育苗)

1 육묘의 의의와 목적

(1) 의 의

1) 이식용으로 못자리에서 키운 어린작물을 묘(苗)라 하며 이는 초본묘, 목본묘, 종자로부터 양성된 실생묘, 종자 이외의 작물영양체로부터 양성한 삽목묘, 접목묘, 취목묘로 구분된다.
2) 종자를 경작지에 직접 뿌리지 않고 이러한 모를 일정기간 시설 등에서 집약적으로 생육하고 관리하는 것을 육묘라 한다.

(2) 육묘의 목적

육묘의 목적은 다음과 같다.
① 조기수확이 가능하다.
② 출하기를 앞당길 수 있다.
③ 품질을 향상시킬 수 있다.
④ 수량증대가 가능하다.
⑤ 집약적인 관리와 보호가 가능하다.
⑥ 종자를 절약할 수 있다.
⑦ 본 밭의 토지이용도를 높여서 단위면적 당 수량과 수익을 증가시킨다.
⑧ 직파가 불리한 딸기, 고구마 등의 재배에 유리하다.
⑨ 배추, 무 등의 화아분화 및 추대를 방지할 수 있다.
⑩ 본 밭의 적응력을 향상시킬 수 있다.

13회 기출문제

채소작물 육묘의 목적에 관한 설명으로 옳지 않은 것은?

① 조기수확이 가능하고 수확기간을 연장하여 수량을 늘릴 수 있다.
② 묘상의 집약관리로 어릴 때의 환경관리, 병해충관리가 쉽다.
③ 대체로 발아율은 감소되나 본밭에서의 토지이용률은 높여준다.
④ 묘의 생식생장 유도, 접목 등으로 본밭에서의 적응력을 향상시킬 수 있다.

▶ ③

15회 기출문제

채소 재배에서 직파와 비교할 때 육묘의 목적으로 옳지 않은 것은?

① 수확량을 높일 수 있다.
② 본밭의 토지 이용률을 증가시킬 수 있다.
③ 생육이 균일하고 종자 소요량이 증가한다.
④ 조기 수확이 가능하다.

▶ ③

9회 기출문제

채소류의 육묘에서 도장(웃자람) 억제방법은?

① 차광률을 높인다.
② 지베렐린을 처리한다.
③ 진동으로 자극을 준다.
④ 질소 시비량을 늘린다.

▶ ③

> **10회 기출문제**
>
> 육묘에 관한 설명으로 옳지 않은 것은?
>
> ① 육묘용 상토에는 버미큘라이트, 펄라이트, 피트모스 등이 사용된다.
> ② 공정육묘에 이용되는 플러그 트레이 셀의 수는 72, 162, 288 등 다양하다.
> ③ 지피포트는 플라스틱을 원료로 하여 만든 것으로 통기성이 떨어진다.
> ④ 육묘는 직파에 비해 발아율을 향상시킨다.
>
> ▶ ③

(3) 유효묘(有效苗)

파종한 종자가 발아해서 이앙이 가능하게 자란 건전한 어린 묘를 말하는데 유효묘수 계산은 다음과 같다.

> 유효묘수 = 구 × 판 × 발아율 × 성묘율

❷ 상토(床土)

(1) 의 의

육묘 즉 모종을 가꾸는 온상에 쓰이는 흙을 상토(床土)라 한다.

(2) 조 건

상토의 조건은
① 부드럽고 여러 가지 양분을 갖춰야 한다.
② 배수가 잘되고 보수력이 있어야 한다.
③ 공기의 유통이 좋아야 한다.
④ 유효미생물이 많이 번식하고 있되 병원균이나 해충이 없어야 한다.

❸ 육묘의 주요 방식

(1) 온상육묘

1) 저온기에 인위적으로 온도를 높이고 태양열을 이용하여 온상에서 육묘하는 방법으로 주로 봄의 육묘에 이용된다.
2) 낮에는 온도를 높여서 광합성을 촉진하고 밤에는 온도를 낮추어 호흡에 의한 양분의 소모를 줄인다.

(2) 접목육묘

1) 박과 및 가지과 채소의 경우 만할병, 위조병, 역병, 청고병 등 토양전염성병에 대한 내성을 높이고 저온이나 고온 등 불량환경에 견디는 힘을 높이며 흡비력을 증진시키기 위해

> **9회 기출문제**
>
> 채소에서 접목육묘의 목적이 아닌 것은?
>
> ① 흡비력 증진
> ② 묘 생산비 절감
> ③ 토양전염병 발생억제
> ④ 불량환경 내성증대
>
> ▶ ②

호박, 박, 야생가지, 토마토, 공대 등을 대목으로 하여 접목을 실시한다.

2) 접목묘는 기상과 토양환경이 불량한 시설재배에 많이 이용되며 접목방법에는 삽접, 호접, 할접 등이 이용되고 있다.

(3) 양액육묘

1) 상토 대신에 작물의 생육에 필요한 무균의 영양소를 지닌 배양액을 공급하거나 배양액만으로 육묘하는 방식이다.
2) 장점은
   ① 상토육묘에 비해서 발근 등 생육이 빠르다.
   ② 병충해 발생의 위험성이 적다.
   ③ 생력육묘(省力育苗)가 가능하다.
   ④ 노력과 자재가 절감된다.
   ⑤ 대량육묘가 가능하다.
3) 단점은
   ① 건물율(乾物率)이 낮고 활착이 더디다.
   ② 도장(徒長)한다.

(4) 공정육묘 (플러그육묘)

1) 규격화된 자재와 집약적 관리를 통하여 육묘비용을 줄이고 질을 향상시키는 방식으로 최근에 많이 이용되는데 플러그육묘라고도 불린다.
2) 공정육묘는 재래육묘에 비하여 다음과 같은 이점이 있다.
   ① 단위면적당 모의 대량생산이 가능하다.
   ② 기계화를 통해 관리인건비 및 모의 생산비를 절감한다.
   ③ 운반 및 취급이 간편하여 화물화가 용이하다.
   ④ 대규모화가 가능하여 기업화 또는 상업화가 가능하다.
   ⑤ 육묘기간 단축이 가능하고 주묘생산이 가능하고 연중 생산 횟수를 늘릴 수 있다.
   ⑥ 자동화된 생산시설을 통하여 육묘의 생력화가 가능하다.

참고

- 건물율(乾物率)
  1) 건물(乾物)이란 생물체의 원상태에서 수분을 제거한 것을 말한다.
  2) 건물율은 생물체의 원상태에 대해 수분을 뺀 건물이 차지하는 비율을 말한다.

- 도장(徒長)
  1) 식물생장에서 가로방향의 생장보다는 신장이 우세한 것을 말한다.
  2) 고온, 약광, 다습, 질소과다 등의 조건에서 유약하고 가늘게 생장하는 형태적 특징을 가지고 있다.

5회 기출문제

공정 육묘(플러그 육묘)가 재래 육묘와 비교하여 얻을 수 있는 장점이 아닌 것은?

① 접목 묘 생산이 가능하다.
② 균일한 묘의 대량 생산이 용이하다.
③ 묘의 취급과 수송이 용이하다.
④ 육묘 작업을 체계화, 자동화하여 노동력을 줄일 수 있다.

▶ ①

11회 기출문제

재래 육묘와 비교하여 플러그육묘(공정육묘)가 갖는 장점이 아닌 것은?

① 투자비용이 저렴하다.
② 수송이 용이하다.
③ 정식 시 상처가 적다.
④ 정식 후 활착이 빠르다.

▶ ①

2회 기출문제

모종을 경화시킬 때 나타나는 현상이 아닌 것은?

① 엽육이 두꺼워진다.
② 건물량(乾物量)이 감소한다.
③ 지하부의 발달이 촉진된다.
④ 내한성이 증가한다.

▶ ②

❹ 경화(硬化)

(1) 의 의
본포토양에 정식하기 전 외부환경에 적응할 수 있도록 정식지의 환경에 조금씩 노출시키는 것, 즉 모종을 굳히는 것을 경화라 한다.

(2) 경화방법
묘상에서 서서히 관수량을 줄이고 온도를 낮추며 직사광선에 노출되는 시간을 늘려준다.

(3) 경화효과
① 엽육이 두꺼워지고 큐티클층과 왁스층이 발달한다.
② 건물량이 증가한다.
③ 지상부 생육은 둔화되는 반면에 지하부 생육은 발달된다.
④ 내한성과 내건성이 증가한다.
⑤ 외부환경에 견디는 힘이 강해진다.
⑥ 활착이 촉진된다.

05 이 식(移植)

① 이식과 가식

(1) 이식·정식
현재 자라고 있는 묘상에서 본포에 작물을 옮겨 심는 것을 이식(移植, 옮겨심기)이라 하고 본포에 옮겨 심는 것을 정식(定植)이라고 하는데 정식을 이식이라고도 한다.

(2) 가 식
가식(假植)이란 정식할 때까지 잠정적으로 이식해 두는 것을 말하는데 장점은
1) 불량묘 도태
2) 이식성 향상
3) 도장의 방지 등이다.

② 이식의 장·단점

(1) 장 점
① 생육촉진 및 수량증대
② 토지이용율 증대
③ 숙기단축
④ 활착증진 효과

(2) 단 점
① 뿌리 손상에 따른 발육지장
② 벼의 경우 생육이 늦어지고 임실이 불량

14회 기출문제

( ) 안에 들어갈 말을 순서대로 옳게 나열한 것은?

( )은(는) 파종부터 아주심기할 때까지의 작업을 말한다. 이 중 ( )은(는) 발아 후 아주심기까지 잠정적으로 1~2회 옮겨 심는 작업을 말한다.

① 육묘, 가식   ② 가식, 육묘
③ 육묘, 정식   ④ 재배, 정식

▶ ①

③ 이식의 시기와 관리

(1) 이식의 시기

1) 일반적으로 토양수분이 넉넉하고 바람이 없으며 흐린 날 지온이 충분하고 동상해의 우려가 없는 시기가 좋다.
2) 마지막 가식으로부터 정식할 때까지의 기간이 너무 길면 뿌리가 길어 정식할 때 끊어지므로 정식 7~10일 전 모의 자리를 바꾼다.
3) 묘상에서 묻혔던 깊이로 이식하되 정식할 토양이 건조하면 좀더 깊게 심는다.

(2) 이식후 관리

이식후에는 진압을 잘하고 충분히 관수하며 지주를 세워서 쓰러지는 것을 방지한다.

06 중 경(中耕)

① 의 의

파종 또는 이식 후 작물이 생육하는 도중에 경작지의 표면을 호미나 중경기로 긁어 부드럽게 하는 토양관리작업을 말한다.

② 중경의 이로운 점

1) 발아 조장
   파종 후 비가 온 다음 중경을 하면 토양이 부드러워져 종자발아를 조장한다.
2) 토양의 통기 조장
   중경을 하면 토양 속의 공기유통과 투수성을 촉진시켜 뿌리의 활력이 증진되고 토양유기물의 분해가 촉진된다.
3) 토양 수분의 증발 억제
   토양을 얕게 중경하면 모세관이 절단되어 토양유효수분의 증발을 억제한다.
4) 비효 증진
   황산암모늄 등 암모니아태 질소를 표층에 시비하고 중경하면 심층시비한 것과 같이 되어 질소질비료의 비효를 증진한다.
5) 잡초 방제
   중경을 하면 잡초도 제거된다.

> **참 고**
>
> • 중경의 이점
>   1) 발아 조장
>   2) 토양 통기 조장
>   3) 토양 수분의 증발 억제
>   4) 비효 증진
>   5) 잡초 방제

③ 중경의 해로운 점

1) 단근(斷根)의 피해
   작물이 어린 영양생장초기에는 단근이 적고 단근이 되더라도 뿌리의 재생력이 왕성하여 피해가 적으나 생식생장에 들어선

작물에 단근이 있을 경우 단근의 피해가 크다.
2) 토양 침식의 조장
   중경을 하면 표층이 건조하여 바람이나 비로 인해서 토양침식이 조장된다.
3) 동상해의 조장
   중경을 하면 발아 중의 식물이 저온이나 서리로 인하여 동상해를 입을 수 있다.

14회 기출문제

과원의 토양관리 방법 중 초생법에 관한 설명으로 옳은 것은?

① 토양침식이 촉진된다.
② 토양의 입단화가 억제된다.
③ 지온의 변화가 심해 유기물의 분해가 촉진된다.
④ 과수와 풀 사이에 양·수분 쟁탈이 일어날 수 있다.

▶ ④

07 잡초

① 의의

필요로 하지 않는 장소에서 자연적으로 발생하여 직접·간접으로 작물의 수량이나 품질을 저하시키는 식물을 잡초라 한다.

② 잡초의 피해와 유용성

(1) 잡초의 주요 피해

1) 경합

   잡초와 재배식물간에 수분, 양분, 광 등을 서로 빼앗으려 경쟁하는 것을 말하는 것으로 잡초는 경합으로 재배작물의 수확량의 감소를 가져오는데 초기에는 잡초의 경쟁력이 재배식물보다 강하지만 후기에는 재배식물이 강하다.

2) 발아나 생육의 억제

   잡초에서 재배작물의 발아나 생육을 억제하는 특정물질을 분비하여 재배작물에 영향을 미치는 것으로 잡초와 재배작물간뿐만 아니라 잡초와 잡초간, 작물과 작물간 상호간에 서로 나타난다.

3) 기생

   실모양의 흡기를 내어 기주식물의 뿌리나 줄기에 침입하는 것으로 새삼, 겨우살이가 있는데 이것들은 식물의 영양을 빼앗는다.

4) 병충해의 매개

   잡초는 작물병의 발병을 유도하고 해충의 서식지 역할을 한다.

(2) 잡초의 주요 유용성

1) 경작지에 유기물과 퇴비를 공급

> **참고**
>
> • 농경지에서 발생하는 잡초의 피해
>   1) 경합해
>   2) 농작업 환경의 악화
>   3) 병해충의 매개
>   4) 발아나 생육의 억제
>   5) 기생

| 11회 기출문제 |

토양관리 방법 중 초생법과 관련이 없는 것은?

① 토양의 입단화
② 병해충 발생억제
③ 지온의 과도한 상승억제
④ 토양의 침식방지

▶ ②

| 9회 기출문제 |

과수원 토양의 초생관리법에 대한 설명으로 옳은 것은?

① 토양의 침식을 방지한다.
② 토양의 입단화를 억제한다.
③ 약제살포 등의 작업이 편리하다.
④ 토양 중의 미생물 밀도가 감소한다.

▶ ①

| 참 고 |

- 잡초의 방제법 중 잡초의 경합력은 약화시키고 작물의 경합력은 높아지도록 관리하는 방제법
  생태적(경종적) 방제법이다.

2) 토양침식을 방지
3) 야생동물에 먹이와 서식처를 제공
4) 환경을 미화한다.

❸ 잡초의 방제법

(1) 기계적⋅물리적 방제법

1) 인력, 축력 또는 기계의 힘을 이용하여 잡초를 뽑아버리거나 없애버리는 방법으로 가장 정확하게 제거시킬 수 있다는 장점이 있으나 시간과 노력의 부담이 있는 단점이 있다.
2) 이 방제법에는 중경과 배토, 토양의 피복, 멀칭 등이 있다.

(2) 경종적 방제법 (생태적 방제법)

1) 경종적 방제법이란 잡초의 경합력은 약화시키고 재배작물의 경합력은 높혀서 잡초를 방제하는 방법으로 생태적 방제법이라고도 한다.
2) 이 방법에는 경합적 특성을 이용한 작부체계, 육묘이식, 재식밀도 등과 잡초에게 불리한 환경을 조성하는 시비관리, 특정설비 이용 등이 있다.

(3) 화학적 방제법

제초제를 사용하여 잡초를 방제하는 방법이다.

(4) 생물적 방제법

곤충이나 미생물 또는 병원성을 이용하여 잡초의 세력을 경감시키는 방법으로 근대 친환경 유기농법에서 많이 이용되고 있다.

(5) 종합적 방제법 (IWM)

1) 종합적 방제 방법이란 물리적, 경종적, 화학적, 생물적 방제법 등을 조화롭게 이용하여 잡초를 방제하는 방법이다.
2) 잡초방제는 경제적이면서도 수량안정, 환경생태계보전, 고품질 안전농산물 생산을 추구하는 방향으로 나가야 할 것이다.

08 배토와 멀칭

① 배토(培土)

(1) 의의

1) 작물이 생육하고 있는 중에 이랑 사이의 흙을 그루 밑으로 긁어모아 주는 것을 배토라 한다.
2) 작은 작물 사이에 흙을 북돋아 주어 작은 뿌리의 지지력을 강화시켜 도복을 방지하는 효과를 지니며 고랑에 발생한 잡초를 고사시키는 작용을 한다.

(2) 작물별 배토의 효과

생육 중인 작물에 배토를 할 경우
1) 옥수수의 경우는 바람에 쓰러지는 것(도복) 경감
2) 토란은 분구억제와 비대를 촉진하는 것
3) 감자의 경우 괴경의 발육을 조장
4) 당근의 경우 수부의 착색을 방지하는 등의 효과가 발생한다.
5) 대파의 흰색부분 증가

② 멀칭(mulching)

(1) 의의

작물을 재배하는 토양의 표면을 여러 가지 재료로 피복하는 것을 멀칭이라 하며 피복재로는 비닐, 플라스틱, 짚, 건초 등이 있다.

(2) 멀칭재에 따른 구분

멀칭재료의 종류는 투명플라스틱멀칭과 흑색필름멀칭이 있는데 흑색필름멀칭은 지온 상승효과는 떨어지나 잡초 발생을 억제하는 기능을 한다.

1회 기출문제

멀칭의 목적으로 바른 것은?

① 공기유통 촉진
② 병해충발생 촉진
③ 지온저하 촉진
④ 토양수분 유지

▶ ④

13회 기출문제

채소작물별 배토(培土)의 효과로 옳지 않은 것은?

① 파의 연백(軟白)을 억제한다.
② 감자의 괴경노출을 방지한다.
③ 당근의 어깨부위엽록소 발생을 억제한다.
④ 토란의 자구(子球) 비대를 촉진한다.

▶ ①

7회 기출문제

원예작물재배시 흑색필름멀칭의 효과와 가장 연관이 적은 것은?

① 잡초발생억제
② 건조해발생억제
③ 토양 중의 배수촉진
④ 표토유실억제

▶ ③

10회 기출문제

상품성 증진을 위해 배토(培土, 북주기, hilling) 작업이 필요한 것은?

① 당근, 딸기
② 토란, 양배추
③ 감자, 대파
④ 아스파라거스, 수박

▶ ③

(3) 멀칭의 목적

① 지온상승
② 토양수분유지와 건조방지
③ 토양과 비료유실방지
④ 잡초발생억제와 병충해방제
⑤ 시설재배시 공기습도 상승방지
⑥ 곁뿌리발달과 신장 촉진
⑦ 조기수확 및 증수 촉진

[이랑 비닐 멀칭]
(출처 : 농촌진흥청사이버홍보관)

09 비료와 시비

❶ 비료의 분류

1) 동물질비료 : 뒷거름, 닭똥, 골분 등
2) 식물질비료 : 콩깨묵, 쌀겨, 풋거름 등
3) 광물질비료 : 유안, 과석, 용성인비, 석회질소 등
4) 잡질비료 : 퇴비, 배합비료 등

(2) 모양에 따른 비료의 분류

1) 고체비료 : 황산암모늄(유안), 요소 등
2) 액체비료 : 암모니아수, 뒷거름

(3) 함유성분에 따른 비료의 분류

1) 3요소 비료
   ① 질소질비료 : 황산암모늄(유안), 요소, 질산암모늄, 석회질소 등
   ② 인산질비료 : 과인산석회(과석), 용성인비, 중과인산석회(중과석)
   ③ 칼륨질비료 : 황산칼륨, 염화칼륨, 초목회 등
   ④ 복합비료 : 화성비료(17-23-17, 22-22-11), 산림용 복비 등
2) 기타 화학비료
   ① 규산질비료 : 규산석회질, 규산고토질, 규화석 등
   ② 석회질비료 : 생석회, 소석회 등
   ③ 미량원소비료 : 망간, 붕소 등

(4) 반응에 따른 비료의 분류

1) 화학적 반응
   수용액의 직접적인 반응을 말한다.
   ① 화학적 산성비료 : 과인산석회, 중과인산석회(중과석) 등
   ② 화학적 중성비료 : 황산암모늄(유안), 질산칼륨, 질산암모늄(초안), 염화암모늄, 황산칼륨, 염화칼륨, 요소 등

③ 화학적 염기성비료 : 석회질소, 용성인비, 암모니아수 비료 등

2) 생리적 반응

시비 후 뿌리의 흡수작용이나 미생물의 작용을 받은 후에 나타나는 반응을 말한다.
① 생리적 산성비료 : 황산암모늄(유안), 염화암모늄, 황산칼륨, 염화칼륨 등
② 생리적 중성비료 : 질산암모늄, 질산칼륨, 요소, 과인산석회 등
③ 생리적 염기성 비료 : 석회질소, 질산나트륨, 질산칼슘, 초목회, 용성인비 등

(5) 효과에 따른 분류

1) 속효성 비료 : 황산암모늄, 염화칼륨 등 대개의 화학비료
2) 완효성 비료 : 석회질소, 깻묵, 두엄 등

(6) 배합에 따른 비료의 분류

1) 단일비료 : 요소, 황산암모늄, 염화칼륨 등
2) 배합비료 : 몇 가지 종류의 비료를 혼합한 것

(7) 생산수단에 따른 비료의 분류

1) 자급비료 : 두엄, 뒷거름, 풋거름, 퇴비 등
2) 판매비료 : 금비, 황산암모늄, 과석 등
3) 유기질비료 : 어박, 대두박 등
4) 기타비료 : 석회질비료, 규산질비료, 붕소비료 등

❷ 시비

(1) 의 의

시비란 재배작물의 생육을 위해 토양에 비료를 사용하는 것을 말한다.

(2) 비료주는 시기에 따른 분류

1) 밑거름(기비) : 파종전 및 이앙전에 주는 비료

1회 기출문제

다음 비료 중 생리적 염기성비료는?

① 황산칼륨
② 황산암모늄
③ 용성인비
④ 염화암모늄

▶ ③

3회 기출문제

다음 중 화학적생리적 중성비료는?

① 황산암모늄
② 염화칼륨
③ 요 소
④ 석회질소

▶ ③

2) 덧거름(추비) : 작물이 자라는 동안 추가로 주는 비료

(4) 작물별 시비시기

비료의 시비 시기와 횟수는 작물의 종류, 비료의 종류, 토양 및 기상조건, 재배양식 등에 따라 달라진다.

1) 종자수확작물

   영양생장기에는 질소, 생식생장기에는 인산과 칼륨을 많이 준다.

2) 과실수확작물

   결실기에 인산과 칼륨을 많이 준다.

3) 잎수확작물

   질소비료를 많이 준다.

4) 뿌리나 지하경수확작물

   초기에는 질소, 양분의 저장이 시작될 때는 칼륨을 많이 준다.

(5) 시비량의 산출

1) 시비량 산출은 경험에 의한 방법, 3요소 적량시험에 의한 방법, 시비기준에 의한 방법, 흡수량(작물의 소요성분량)에 의한 방법 등이 있는데
2) 흡수량에 의한 시비량의 계산은 다음과 같이 한다.

$$\text{시비량} = \frac{\text{비료요소 흡수량} - \text{천연공급량}}{\text{비료요소의 흡수율}} \times 100$$

(6) 시비량 계산

시비량의 계산방법은 성분량의 계산과 비료의 중량계산으로 구분하여 계산한다.

1) 비료 중의 성분량 계산

   ① 성분량 계산은 보증성분량을 알면 이것을 비료 중량에 곱하여 계산한다.

   ② 성분량 = 비료량 $\times \dfrac{\text{보증성분량}(\%)}{100}$

| 원예작물학

5회 기출문제

100m²의 포장에 20kg의 질소를 시비하고자 할 때 필요한 복합 비료(20-10-20)의 양은?

① 20kg
② 50kg
③ 100kg
④ 200kg

▶ ③

14회 기출문제

과원의 시비관리에 관한 설명으로 옳지 않은 것은?

① 칼슘은 산성 토양을 중화시키는 토양개량제로 이용되고 있다.
② 질소는 과다시비하면 식물체가 도장하고 꽃눈형성이 불량하게 된다.
③ 망간은 과다시비하면 착색이 늦어지고 과육에 내부갈변이 나타난다.
④ 마그네슘은 엽록소의 필수 구성성분으로 부족 시 엽맥 사이의 황화현상을 일으킨다.

▶ ③

(예제) 요소의 질소함유량을 40%라고 할 때 25kg의 요소비료 중에 함유된 질소의 량은?

해설 $25kg \times \dfrac{40}{100} = 10kg(질소)$

2) 비료의 중량 계산
  ① 중량계산은 시비하여야 할 단위면적당의 보증성분량을 알면 보증성분량으로 비료중량을 나누어 계산한다.
  ② 중량 = 비료량 $\times \dfrac{100}{보증성분량(\%)}$

(예제) 질소 10kg을 10a의 논에 사용하려고 하고 40%의 질소를 함유한 요소로 시용하려면 요소의 중량은?

해설 $10kg \times \dfrac{100}{40} = 25kg$

(7) 시비상 유의점

1) 퇴비, 깻묵 등 지효성 비료나 인산, 칼륨, 석회질소는 주로 기비(밑거름)로 준다.
2) 요소 등 속효성 질소비료는 생육기간이 짧은 작물을 제외하고는 나누어준다.
3) 생육기간이 길고 시비량이 많은 경우나 사질토, 누수답 등에서는 추비량과 추비횟수를 늘린다.
4) 엽채류의 경우는 질소질 비료를 늦게까지 추비로 주어도 좋다.

❸ 엽면시비

(1) 의의

1) 엽면시비란 비료를 용액의 상태로 잎에 뿌려줘서 식물의 잎에 있는 기공과 세포막을 통하여 무기양분을 공급하는 것을 말한다.
2) 엽면시비에 이용되는 무기염류는 철(Fe), 아연(Zn), 망간(Mn), 칼슘(Ca), 마그네슘(Mg) 등의 미량원소와 요소 등이 있다.

(2) 시 기

이러한 엽면시비는
① 멀칭재배와 같이 토양시비가 곤란한 경우
② 뿌리의 흡수력이 저하된 경우
③ 특정 무기양분의 결핍 증상이 예견될 경우
④ 작물의 초세를 급격히 회복시킬 필요가 있는 경우에 한다.

(3) 엽면시비의 이점

① 토양에서 흡수하기 어려운 미량원소의 공급이 용이하다.
② 토양시비로는 효과가 늦은 지효성 비료의 시비에 적당하다.
③ 뿌리의 기능이 나빠져 흡수가 어려운 경우에 좋다.
④ 토양시비보다 속효성이므로 영양공급을 조절할 수 있다.
⑤ 정확한 시비시기에 사용할 수 있다.
⑥ 농약과 혼용이 가능하다.

(4) 흡수력비교

1) 잎의 뒷면은 앞면보다 기공수도 많고 부착력이 좋아서 앞면보다는 뒷면 시비가 효과적이다.
2) 뿌리로부터의 흡수가 가능한 경우 토양에 시비하는 효과가 더 크다.

15회 기출문제

뿌리의 양분 흡수기능이 상실되거나 식물체 생육이 불량하여 빠르게 영양공급을 해야 할 때 잎에 실시하는 보조 시비방법은?

① 조구시비　② 엽면시비
③ 윤구시비　④ 방사구시비

▶ ②

4회 기출문제

비료의 이용률은 여러 가지 요인의 영향을 받는다. 다음 중에서 비료의 이용률에 직접 영향을 미치는 요인이 아닌 것은?

① 비료의 성분함량
② 작물의 종류 및 품종
③ 시비시기
④ 비료의 화학적 형태

▶ ①

---

④ 비료의 흡수율(이용률)

(1) 의 의

1) 비료의 흡수율 또는 이용율이란 시비한 비료성분량 중에서 실제로 재배작물이 해당 비료성분을 흡수이용한 양이 얼마인가를 비율로 표시한 것으로
2) 질소(N)가 30~50%, 칼륨(K)이 40~60%로 비교적 높고 인산(P)이 10~20%로 가장 낮은 편이다.

(2) 비료의 흡수율(이용률) 요인

① 비료의 주성분
② 비료의 화학적 형태

③ 시비시기
④ 작물의 종류 및 품종
⑤ 토양조건
⑥ 시용방법

10 원예작물의 생육조절

❶ 정지·전정

(1) 정자전정의 의의

1) 정지는 나무의 주간, 주지, 측지 등과 같은 나무의 골격이 되는 부분을 계획적으로 구성, 유지하기 위하여 덩굴 등을 유인, 절단하는 것을 말하고
2) 전정은 나무의 잔가지를 자르거나 솎아주어 나무의 생육과 과실의 결실을 조절하는 작업을 말한다.

(2) 정자전정의 목적

① 수관 내부의 광과 통풍의 불량방지
② 약제 살포를 용이
③ 과실의 품질의 저하와 병충해 발생방지
④ 과실의 품질 감소의 방지
⑤ 화아분화의 용이
⑥ 해거리방지(격년결과)
⑦ 노쇠현상속도의 지연

(3) 강전정의 효과

1) 강전정을 하면 나무 전체의 생장량이 오히려 감소하고
2) 전정에 의한 생장억제작용은 어릴 때일수록 효과가 크고 노목에서는 새 가지의 발생을 촉진한다.
3) 강전정을 계속할 경우는 오히려 수관 내부에 꽃눈이 형성되

---

9 회 기 출 문 제

과수의 하기전정(夏期剪定) 효과가 아닌 것은?

① 과실의 착색을 억제한다.
② 꽃눈의 분화를 촉진한다.
③ 과실의 비대를 촉진한다.
④ 수체의 투광 및 통기성을 향상시킨다.

▶ ①

지 않고 나무가 빨리 노쇠하여 경제수명이 단축된다.

(4) 전정의 효과

① 목적하는 수형형태를 만든다.
② 해거리(격년결과)를 방지한다.
③ 수광과 통풍을 좋게 한다.
④ 튼튼한 새가지로 만들어 결과(結果)를 좋게 하고 결과 부위의 상승을 막아 관리를 편리하게 한다.
⑤ 병·해충의 피해부나 잠복처를 제거한다.

❷ 기타 생육조절방법

해당부분의 생육을 조정하여 남은 부분의 생육을 왕성하게 하기 위한 방법에는 다음과 같은 것들이 있다.

(1) 적심(摘心)

1) 생육 중인 작물의 줄기나 가지의 선단 부분을 제거해서 곁눈의 생장을 촉진하는 생육조절방법이다.
2) 개화결실을 촉진하고 측지를 많이 발생시킨다.
3) 병든 부위를 제거하고 남은 부위의 성장을 왕성하게 한다.
4) 정아를 제거하면 정아우세가 없어져서 측아발생 및 신장을 촉진하기도 한다.

(2) 적아(摘芽)

겨울을 지난 작물에게 새잎이나 새줄기가 나오려할 때 필요하지 않는 눈을 따 주는 것을 말한다.

(3) 적엽(摘葉)

잎이 무성하여 통풍이나 통기가 나빠진 때 일부의 잎을 제거해주는 것을 말한다.

(4) 절상(折傷)

새눈이나 새가지의 위에 칼집을 내어 눈이나 가지의 발육을 조장하는 것이다.

(5) 유인(誘引)

5회 기출문제

정부 우세성을 타파하여 곁눈의 생장을 촉진하는 생육 조절 방법은?

① 적심(摘心)
② 최아(催芽)
③ 일장 조절
④ 저온 처리

▶ ①

참 고

• 작물에서 생육형태를 조절하기 위한 방법
  1) 절 상
  2) 적 심
  3) 전 정
  4) 적 아
  5) 적 엽
  6) 유 인
  7) 적 화
  8) 적 과

| 원예작물학 |

| 12회 기출문제 |

과수의 꽃눈 분화를 촉진하기 위한 방법이 아닌 것은?

① 질소 시비량을 줄인다.
② 하기전정을 실시한다.
③ 해마다 결실량을 최대한 늘린다.
④ 가지를 수평으로 유인한다.

▶ ③

| 15회 기출문제 |

과수의 환상박피(環狀剝皮) 효과로 옳지 않은 것은?

① 꽃눈분화 촉진
② 과실발육 촉진
③ 과실성숙 촉진
④ 뿌리생장 촉진

▶ ④

| 10회 기출문제 |

광합성 동화산물이 뿌리로 이동하는 것을 억제하여 꽃눈분화 및 과실발육을 촉진시키는 작업은?

① 뿌리전정   ② 환상박피
③ 솎음전정   ④ 순지르기

▶ ②

| 13회 기출문제 |

다음은 사과 과실 모양과 온도와의 관계를 설명한 내용이다. ( )에 들어갈 내용을 순서대로 나열한 것은?

생육 초기에는 ( )생장이, 그 후에는 ( )생장이 왕성하므로 해발고도가 높은 지역이나 추운 지방에서는 과실이 대체로 원형이거나 ( )으로 된다.

① 종축, 횡축, 편원형
② 종축, 횡축, 장원형
③ 횡축, 종축, 편원형
④ 횡축, 종축, 장원형

▶ ②

지주를 세워서 덩굴을 유인하는 것을 말한다.

(6) 적화(摘花)

꽃이 너무 많을 때 꽃을 솎아 제거해주는 것을 말한다.

(7) 적과(摘果)

착과수가 많을 때, 어릴 때 과수를 솎아주는 것을 말한다.

(8) 환상박피

껍질을 3-6mm 정도 둥글게 도려내는 것인데 화아분화와 숙기를 단축시킬 목적으로 실시 한다.

[전 정]
(출처 : 농촌진흥청사이버홍보관)

❸ 착과(着果)와 과실의 발육

(1) 착과와 착과제

꽃이 수정과 함께 과실의 발육이 시작되는 것을 착과라고 하는데 수분 및 수정이 불확실할 때 단위결과를 유기시키기 위하여 착과제처리를 하는데 토마토 재배에서 토마토톤이라는 착과제처리가 이용되고 있다.

(2) 단위결과

1) 수분이나 수정이 되지 않아 종자가 형성되지 않는데도 자방이 발육하여 과실을 형성하는 현상을 단위결과라 한다.
2) 포도나 수박 등에서는 단위결과를 유도하여 씨없는 과실을 생산하고 있는데 포도에서는 지베렐린 처리, 수박에서는 콜히친 처리를 하여 3배체를 만들어 씨없는 수박을 생산한다.

(3) 과실의 발육
1) 자방이 발달해 과실이 되고 배주가 발달해 종자가 된다.
2) 과실의 발육단계는 종피형성기 → 배형성기 → 과실비대기의 과정을 거친다.

(5) 요소의 엽면시비
1) 엽면시비는 피해가 나타나지 않는 한도내에서는 살포액의 농도가 높을수록 흡수가 빠르다.
2) 흡수는 약산성의 상태에서 잘 되며 농약과 혼용하여 사용하기도 한다.
3) 잎의 뒷면은 앞면보다 살포액 부착이 좋아 흡수가 잘 된다.
4) 엽면살포는 낮보다는 오후에 하는 것이 좋다.

4 봉지씌우기

봉지씌우기는 보통 조기낙과와 열매솎기가 모두 끝난 후에 봉지로 과수를 씌우는 것을 말하는데 이의 목적은
① 병충해 방제
② 과실의 착색 및 과실의 상품가치 증진
③ 열과방지
④ 숙기조절 등이 있다.

13회 기출문제

과수작물에서 병원균에 의해 나타나는 병은?
① 적진병(internal bark necrosis)
② 고무병(internal breakdown)
③ 고두병(bitter pit)
④ 화상병(fire blight)

▶ ④

13회 기출문제

포도 재배시 봉지씌우기의 주요 목적이 아닌 것은?
① 과실 품질을 향상시킨다.
② 병해충으로부터 과실을 보호 한다.
③ 비타민 함량을 높인다.
④ 농약이 과실에서 직접 묻지 않도록 한다.

▶ ③

11회 기출문제

수확기 사과 과실의 착색 증진을 위한 방법이 아닌 것은?
① 반사필름을 피복한다.
② 봉지를 벗겨준다.
③ 잎을 따준다.
④ 지베렐린을 처리한다.

▶ ④

14회 기출문제

복숭아 재배 시 봉지씌우기의 목적이 아닌 것은?
① 무기질 함량을 높인다.
② 병해충으로부터 과실을 보호한다.
③ 열과를 방지한다.
④ 농약이 과실에 직접 묻지 않도록 한다.

▶ ①

| 원예작물학

[봉지씌우기]

15회 기출문제

1년생 가지에 착과되는 과수를 모두 고른 것은?

| ㄱ. 포도 | ㄴ. 감귤 |
| ㄷ. 복숭아 | ㄹ. 사과 |

① ㄱ, ㄴ   ② ㄱ, ㄹ
③ ㄴ, ㄷ   ④ ㄷ, ㄹ

▶ ①

⑤ 과수의 결과습성

(1) 의의

1) 결과습성(結果習性)이란 과수는 종류에 따라서 서로 다른 기간에 열매를 맺게 되는 것을 말한다.
2) 즉, 과수는 포도와 같이 1년생 가지의 꽃눈에서 새 순이 나오고 함께 꽃이 피어 열매를 맺는가 하면 새순이 자라 그 새순 위에 열매가 맺기까지 3년이 걸리는 사과, 배 등이 있는 등 결과습성이 서로 다르다.
   ① 1년생 가지에 결실하는 과수 : 포도, 감, 감귤, 무화과
   ② 2년생 가지에 결실하는 과수 : 복숭아, 자두, 매실
   ③ 3년생 가지에 결실하는 과수 : 사과, 배

(2) 결과모지·열매가지

열매가지가 나오게 하는 가지를 결과모지, 열매를 맺는 가지를 열매가지라 하며 포도와 같이 당년생 과수에서 결실하는 과수는 열매가지가 나오게 하는 결과모지를 열매가지라 한다.

⑥ 낙과와 수분매조(授粉媒助)

(1) 낙과

1) 낙과의 원인은 기계적 낙과와 생리적 낙과로 구분할 수 있

는데 생리적 낙과는 생리적 원인에 의하여 이층(離層)이 형성되어 낙과하는 것으로 다음의 원인에 의하여 발생한다.
① 수정이 되지 않을 경우
② 생식기관이나 배(胚)의 발육이 불완전·중지되었을 경우
③ 질소와 탄수화물이 과부족한 경우
④ 수정되지 않고 과실이 형성·비대 되는 단위결과성이 약한 품종인 경우

2) 낙과를 방지하기 위해서는 다음과 같은 방법들이 있다.
① 인공수분이나 곤충의 방사 등을 통해서 수분매조를 유도한다.
② 관개, 멀칭 등을 통해서 건조 및 과습을 방지한다.
③ 정지·전정 등을 통해서 수광태세를 향상시킨다.
④ NAA, 2, 4-D 등의 생장조절제를 살포한다.

(2) 수분매조(授粉媒助)

수분과 수정이 정상적으로 이루어지지 않을 경우 매개곤충을 유입하거나 인공수분 실시를 통해서 수분이 잘돼서 착과와 과실의 비대가 양호하도록 하는 것을 말한다.

15회 기출문제

감나무의 생리적 낙과의 방지 대책이 아닌 것은?

① 수분수를 혼식한다.
② 적과로 과다 결실을 방지한다.
③ 영양분을 충분히 공급하여 영양생장을 지속시킨다.
④ 단위결실을 유도하는 식물생장조절제를 개화 직전 꽃에 살포한다.

▶ ③

11 생장 조절 물질

❶ 식물호르몬

(1) 의 의

1) 식물체 내에서 어떤 기관이나 조직에서 생합성되어 체내를 이동하면서 다른 조직이나 기관에 대하여 미량으로도 형태적·생리적으로 특수 변화를 일으키는 화학물질이 존재하는데 이를 식물호르몬이라 한다.
2) 식물 호르몬은 넓게는 "식물의 생육을 조절하는 모든 화학물질"을 의미하고 좁게는 "극미량으로 식물의 생육을 조절하는 양분 이외의 유기·무기화합물"을 의미한다.

(2) 종 류

식물호르몬에는 옥신, 지베렐린, 사이토카이닌, 아브시스산(ABA), 에틸렌 등이 있는데 옥신, 지베렐린, 사이토카이닌 등은 생장촉진물질로 아브시스산(ABA), 에틸렌 등은 생장억제물질로 알려져 있다.

❷ 옥신(Auxin)

(1) 의 의

1) Went에 의해서 귀리의 초엽선단부에서 발견된 옥신은 세포의 생장점 부위에서 생성되어 아래로 이동하며 세포의 신장을 촉진하는 식물호르몬으로 인돌초산(IAA)과 유사한 생리작용을 일으키는 물질들의 총칭이다.
2) 옥신은 주로 세포의 신장촉진 작용을 하므로써 줄기와 뿌리의 신장생장, 잎의 엽면생장, 과일의 부피생장을 조장한다.
3) 줄기끝 분열조직에서 합성된 옥신은 정아우세와 관련하고

8회 기출문제

착과나 생육을 촉진하는 식물생장조절물질과 적용대상작물의 연결이 옳지 않은 것은?

① 옥신 - 토마토
② 사이토카이닌 - 수박
③ ABA - 고추
④ 지베렐린 - 딸기

▶ ③

11회 기출문제

토마토의 착과를 촉진하기 위하여 처리하는 생장조절물질은?

① 옥신(auxin)
② 시토키닌(cytokinin)
③ 에틸렌(ethylene)
④ 아브시스산(abscisic acid)

▶ ①

정아를 제거하면 측아가 발달한다.

(2) 천연옥신과 합성옥신

옥신은 천연옥신과 합성옥신이 있는데
1) 천연옥신으로는 IAA, IAN, PAA 등이 검출되었고
2) 합성옥신으로는 PCPA, BNOA, NAA, 2,4-D, 2,4,5-T, IBA 등이 있다.

(3) 옥신의 생리작용

1) 생장촉진
   담배 생육 중에 아토닉 액제를 뿌려주면 생육이 촉진된다.
2) 굴광성 유도
   가지를 구부리려는 반대쪽에 IAA라놀린 연고를 바르면 원하는 방향으로 굴곡시킬 수 있다.
3) 발근촉진
   삽목 등의 영양번식을 할 때 옥신을 처리하면 발근이 촉진된다.
4) 이층형성억제하여 낙과방지
5) 단위결실촉진
6) 제초제 이용
7) 개화촉진

③ 지베렐린(Gibberellin)

(1) 의 의

1) 지베렐린산(Gibberellic Acid)이라고 하고 GA라고 표기하는데 벼에 기생하는 키다리병의 묘로부터 추출 분리한 물질로서 현재까지는 합성이 불가능한 호르몬으로 알려져 있다.
2) 미숙종자에 많이 함유되어 있고 옥신과는 달리 농도가 높아도 억제효과가 나타나지 않고 극성(極性)이 없으며 식물체의 어느 부분에 공급하더라도 자유로이 이동하여 줄기신장, 과실생장 등의 생리작용을 한다.

참 고

- 옥신
  1) 천연옥신 : IAA, IAN, PAA
  2) 합성옥신 : PCPA, BNOA, NAA, 2,4-D, 2,4,5-T, IBA 등

13회 기출문제

화훼작물의 선단부 절간이 신장하지 못하고 짧게 되는 로제트(rosette)현상을 타파하기 위해 사용하는 생장조절물질은?

① 옥신
② 시토키닌
③ 지베렐린
④ 아브시스산

▶ ③

6회 기출문제

식물생장조절물질 중 옥신(auxin)의 농업적 사용목적이 아닌 것은?

① 제초제
② 증산억제제
③ 낙과방지제
④ 발근촉진제

▶ ②

7회 기출문제

식물생장조절제인 지베렐린의 산업적 이용으로 옳지 않은 것은?

① 카네이션의 절화수명연장
② 포도의 무핵화
③ 배추의 휴면 타파
④ 국화의 생육촉진

▶ ①

참 고

- **길항(拮抗)작용**
  생체에서 어떤 인자의 작용을 감소 또는 억제시키는 작용을 말한다.

(2) 재배적 이용

1) 지베렐린은 고등식물에 유효한 식물생장조절제인데 지베렐린의 재배적 이용은
   ① 경엽의 신장촉진
      왜성식물의 경엽(莖葉)의 신장을 촉진하는 효과가 현저하여 재배적으로 이용된다.
   ② 개화유도
      저온처리와 장일조건을 필요로 하는 식물의 화아형성과 개화를 촉진한다.
   ③ 휴면타파와 발아촉진
      종자의 휴면을 타파하여 발아를 촉진한다.
   ④ 단위결과의 촉진
      옥신보다 낮은 농도에서는 단위결과를 유기한다.
   ⑤ 결실의 촉진과 비대 등이다.
2) 지베렐린은 옥신의 함량과 세포의 삼투압을 증가시키며 세포의 활력을 증진시켜 생장을 촉진한다.

④ 사이토카이닌(Cytokinin)

(1) 의 의

1) 사이토카이닌은 세포분열을 촉진하는 식물호르몬으로 뿌리에서 합성되어 물관을 통해 지상부로 이동한다.
2) 사이토카이닌은 반드시 옥신과 함께 존재하여야 세포분열을 촉진할 수 있으므로 조직배양에서 세포의 분열을 촉진하기 위하여 많이 이용된다.

(2) 사이토카이닌의 재배적 이용

1) 잎의 생장 촉진(무 등)
2) 호흡억제로 엽록소와 단백질의 분해지연
3) 잎의 노화지연
4) 저장 중의 신선도 유지
5) 종자의 발아 촉진

6) 내한성(내동성) 증대
7) 기공의 개폐촉진

❺ 에틸렌(Ethylene)

(1) 의의

1) 성숙에 관여하는 기체상태의 식물호르몬의 일종으로 과실의 성숙을 촉진하고 식물체가 마찰이나 압력 등 자극이나 병, 해충의 피해를 받을 경우 에틸렌의 생성이 증가된다.
2) 에틸렌은 원예작물의 저장에서 매우 중요하게 취급되는 호르몬으로 성숙호르몬 또는 스트레스 호르몬이라고도 한다.
3) 에세폰을 수용액으로 살포하거나 수용액에 침지하면 식물조직 내로 이행, 분해되어 에틸렌을 발산한다.

(2) 에세폰의 재배적 이용

1) 발아촉진
   종자발아를 촉진한다.
2) 정아우세현상 타파
   정아우세를 타파하여 곁눈의 발달을 조장한다.
3) 성발현의 조절
   암꽃의 착생수가 증대한다.
4) 낙엽촉진
   낙엽을 촉진시켜 조기수확을 할 수 있다.

❻ ABA(abscisic acid)

(1) 의의

1) 대표적인 생장억제 물질로 건조, 무기양분의 부족 등 식물체가 스트레스를 받는 상태에서 생성이 증가되는 호르몬으로 스트레스 호르몬이라고 불린다.
2) ABA는 IAA와 GA에 의해서 일어나는 신장을 저해하는 등

3회 기출문제

다음 중 저온장일의 조건이 화성에 필요한 식물에서 저온처리나 장일조건의 환경을 대신할 수 있는 것은?

① 지베렐린 ② 옥신
③ 시토키닌 ④ 에세폰

▶ ①

12회 기출문제

토마토의 착과를 촉진하기 위해 처리하는 착과제 종류가 아닌 것은?

① 토마토톤(4-CPA)
② 지베렐린(GA)
③ 아브시스산(ABA)
④ 토마토란(cloxyfonac)

▶ ③

9회 기출문제

절화 보존제로 사용하는 물질이 아닌 것은?

① sucrose   ② 8-HQS
③ AOA   ④ ethylene

▶ ④

0회 기출문제

포도 착색에 관여하는 주요 생장조절물질은?

① 옥신   ② 지베렐린
③ 아브시스산 ④ 사이토카이닌

▶ ③

다른 생장촉진 호르몬과 상호 및 길항작용을 한다.

(2) ABA의 재배적 이용

1) 잎의 노화
2) 낙엽촉진
3) 휴면유도
4) 발아억제
5) 화성촉진
6) 내한성 증진 등
7) 포도의 착색증진

❼ 기타 생장 억제 물질

(1) 의 의

1) 체내 생장 촉진 호르몬의 생합성 과정을 방해하여 식물의 생장을 억제하는 화학물질로 자연상태의 식물체에서는 발견되지 않는다.
2) 생장억제물질은 식물을 왜화(작아지는 현상)시켜 도복을 방지하거나 분재의 미적 가치를 높이는데 많이 이용된다.

(2) 재배적 이용

1) 생장 억제 물질의 재배적 이용의 예는 다음과 같다.
   ① B-9 : 신장억제 및 왜화작용
   ② Phosfon-D : 줄기의 길이 단축
   ③ CCC : 절간 신장 억제 및 토마토의 개화촉진
   ④ Amo-1618 : 국화의 왜화 및 개화지연
   ⑤ MH : 저장 중 감자·양파의 발아 억제, 당근·파·무의 추대 억제
2) B-9, Phosfon-D, CCC 등은 GA의 기능과 반대되는 Anti-GA이고 MH는 옥신의 기능과 반대되는 Anti-Auxin 이다.

11회 기출문제

줄기 신장을 억제하며 고품질의 분화를 만들고자 할 때 올바른 처리방법이 아닌 것은?

① B-9, paclobutrazol 등 생장억제제를 처리한다.
② 생장점 부위를 물리적으로 자극한다.
③ 주간온도를 야간온도보다 높게 관리한다.
④ 질소 시비량을 줄이고 수광량을 많게 한다.

▶ ③

12 병·충해

1 병해

1) 원예작물의 병을 일으키는 병원체는 진균, 세균, 마이코 플라즈마, 바이러스 등이 있는데 병원체별로 일으키는 병은 다음과 같다.

진 균	탄저병, 배추뿌리 잘록병, 역병, 노균병, 흰가루병 등
세 균	근두암종병, 궤양병, 무름병, 풋마름병, 세균성 검은썩음병 등
바이러스	오갈병, 잎마름병, 모자이크병, 사과나무고접병, 감자·고추·오이·토마토·바이러스병
마이코 플라즈마	오갈병, 감자빗자루병, 대추나무·오동나무의 빗자루병

[오이 탄저병 증상]

4회 기출문제

사과, 배 등 주요 과수에서 나타나는 근두암종병의 원인균은?

① 진 균   ② 바이러스
③ 세 균   ④ 마이코플라스마

▶ ③

13회 기출문제

원예작물에 발생하는 병 중에서 곰팡이 (진균)에 의한 것이 아닌 것은?

① 잘록병   ② 역병
③ 탄저병   ④ 무름병

▶ ④

참고

● 오갈병(萎縮)
1) 식물의 전체 또는 일부의 기관이 생육불량에 의하여 정상적인 것에 비하여 작아지는 병.
2) 바이러스나 마이코플라스마에 감염된 경우에 발생하기 쉽다.

5회 기출문제

식물 바이러스병으로 옳게 짝지은 것은?

① 위축병 – 모자이크병
② 탄저병 – 위축병
③ 모자이크병 – 근두암종병
④ 근두암종병 – 탄저병

▶ ①

13회 기출문제

원예작물별의 바이러스병에 관한 설명으로 옳지 않은 것은?

① 바이러스에 감염된 작물은 신속하게 제거한다.
② 바이러스 무병묘를 이용하여 회피할 수 있다.
③ 많은 바이러스가 진딧물과 같은 곤충에 의해 전염된다.
④ 대표적인 바이러스병으로 토마토의 궤양병이 있다.

▶ ④

10회기출문제

채소류의 병충해에 관한 설명으로 옳지 않은 것은?

① 토마토는 뿌리혹선충 피해를 받으면 뿌리생육이 나빠지고 잎이 황화된다.
② 오이의 노균병은 기온이 20~25℃, 다습한 상태일 때 많이 발생한다.
③ 고추의 역병은 차면지응애에 의해 발생하고 과실은 무름병에 걸려 썩는다.
④ 배추는 뿌리혹병에 걸리면 뿌리에 혹이 형성되고 수분과 영양분 이동이 억제된다.

▶ ③

[구기자 갈색점무늬병]

[고추 모자이크 바이러스병 피해]

(출처 : 농촌진흥청사이버홍보관)

2) 병해는 부적절한 환경조건인 양분의 결핍 및 과다, 온도 등 대기오염에 의한 생리적인 병과 외부의 병원체에 의해서 발생하는 진균, 세균, 바이러스 등의 기생물에 의한 병해로 나눌수 있다.

❷ 충 해

1) 주요 해충류에는 진딧물, 응애, 좀나방, 총채벌레, 노린재, 고자리파리, 선충, 굴파리 등이 있다.

밭작물 해충	멸강나방, 콩나방, 진딧물, 점박이 응애
일반작물 해충	거세미나방, 땅강아지, 무잎벌레, 알톡톡이, 진딧물
원예작물 해충	복숭아 혹진딧물, 감자나방, 배추흰나비, 민달팽이, 거세미나방, 점박이응애, 뿌리혹선충, 오이잎벌레, 잎말이나방, 파총채벌레, 온실가루이

[사과 점박이 응애 성충]

[목화 진딧물의 모습]

12회 기출문제
다음 설명에 해당하는 해충은?

- 몸의 길이가 1~2mm 내외로 작으며 2쌍의 날개가 있고 날개의 둘레에는 긴 털이 규칙적으로 나 있다.
- 원예작물의 어린 잎, 눈, 꽃봉오리, 꽃잎 속 등에 들어가 즙액을 빨아 먹거나 겉껍질을 갉아먹어 피해를 입은 잎이나 꽃은 기형이 된다.

① 뿌리혹선충 ② 깍지벌레
③ 총채벌레 ④ 담배거세미나방

▶ ③

9회 기출문제
다음 설명에 해당되는 해충은?

화훼류의 잎 뒷면에 주로 기생하면서 즙액을 빨아먹고, 배설한 곳에서는 그을음병이 발생되어 절화품질이 떨어진다.

① 온실가루이 ② 담배거세미나방
③ 도둑나방 ④ 총채벌레

▶ ①

11회 기출문제
다음 설명에 해당하는 것은?

이 해충은 화훼작물의 어린 잎, 눈, 꽃봉오리, 꽃잎 속 등에 들어가 즙액을 빨아먹거나 겉껍질을 갉아먹는다. 피해를 입은 잎이나 꽃은 기형이 되거나 은백색으로 퇴색된다.

① 도둑나방 ② 깍지벌레
③ 온실가루이 ④ 총채벌레

▶ ④

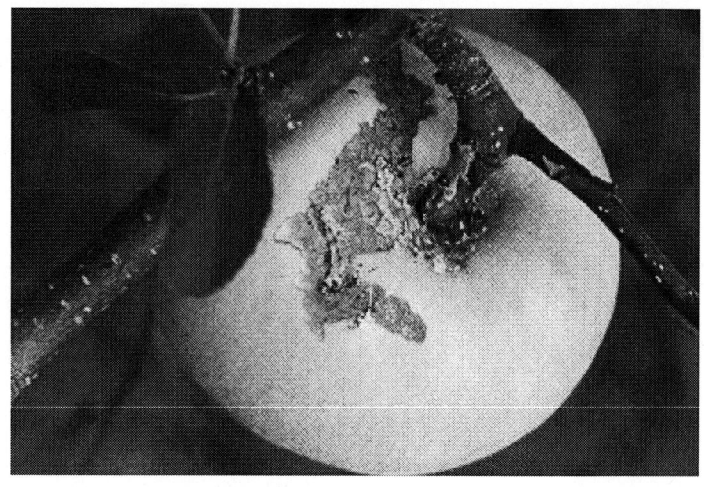

[사과 잎말이나방류 유충 가해 흔적]

(출처 : 농촌진흥청사이버홍보관)

2) 해충은 작물체의 조직에 해를 가함으로써
① 피해흔적을 남기고 조직을 파괴하며 식물체의 즙액을 빨아먹는 등
② 작물체에 2차 증세를 유발시켜 피해부위가 갈색, 황색 또는 백색으로 변하게 한다.
③ 그 중에서도 진딧물이나 멸구류, 매미충류의 곤충들은 각종 작물의 병원체를 옮겨서 간접적인 피해를 유발시킨다.

❸ 식물병의 발생요인과 성립요건

1) 식물에 병을 일으키는 생물적, 비생물적인 모든 요인을 병원이라 부르고 식물병에 직접적으로 관여하는 것을 주인(主因), 주인의 활동을 도와서 발병을 촉진시키는 환경요인을 유인(誘因), 기주식물의 병원에 대해 침해당하기 쉬운 성질을 소인(素因)이라 한다.
2) 작물의 병이 성립되려면
① 병을 일으킬 수 있는 병원체와
② 적당한 환경,

10회 기출문제

과수의 해충방제를 위한 친환경적 방법이 아닌 것은?

① 봉지씌우기
② 피로몬트랩
③ 천적곤충 활용
④ 생장억제제 처리

▶ ④

③ 감수성이 있는 기주식물들이 있어야 한다.

3) 감수성이란 식물이 어떤 병에 걸리기 쉬운 성질을 말하고 어떤 병에 고도로 감수성이거나 특이한 병징을 나타내는 식물을 지표식물이라고 하는데 감자바이러스에는 천일홍이, 뿌리혹선충에는 토마토와 봉선화가 지표식물이라고 할 수 있다.

4 병원균의 침입경로

(1) 기공 등(자연개구부)으로 침입

1) 병원균이 식물체의 자연개구부인 기공, 수공 등으로 침입하는 경우이다.
2) 이에 해당하는 병원균에는 노균병균, 갈색무늬병균, 녹병균의 여름포자 등이 있다.

(2) 각피로 침입

1) 식물체의 잎이나 줄기 등의 각피나 뿌리의 표피 등을 통해 침입하는 병원균이다.
2) 이의 특징은 먼저 잎·줄기·뿌리의 표면에 붙어 수분을 흡수한 뒤 형성된 발아관을 뻗어 체내로 침입하는 병원균이다.
3) 이에는 균핵병균, 흰가루병균, 도열병균, 녹병균 등이 있다.

(3) 상처로 침입

1) 식물체에 생긴 상처를 통해서 침입하는 것으로 주로 바이러스병원균이다.
2) 이에는 근두암종병균, 세균성무름병균 등이 있다.

5 원예작물과 병충해의 관계

원예작물은
1) 조직이 부드럽고 수분이 많아 병충해가 발생하기 쉽다.
2) 제철이 아닌 불량환경조건에서 재배가 이루어지는 경우가 많

참 고

● 병원균의 침입경로
  1) 개구부로 침입
     노균병균, 갈색무늬병균, 녹병균의 여름 포자
  2) 각피로 침입
     균핵병균, 흰가루병균, 도열병균, 녹병균 등
  3) 상처로 침입
     근두암종병균, 세균성무름병균 등

7회 기출문제

감자를 가해하여 감자바이러스Y(PVY)를 매개시키는 주요 곤충은?
① 복숭아혹진딧물
② 포도호랑하늘소
③ 이화명나방
④ 고자리파리

▶ ①

아 병충해가 발생하기 쉽다.
3) 병균과 해충에 대한 내성이 약하다.
4) 따라서 철저한 방제대책을 강구하지 않으면 안 된다.

⑥ 병해충의 방제방법

(1) 재배적 방제(경종적 방제)

1) 재배환경을 조절하거나 특정재배기술을 도입하여 병충해의 발생을 억제하는 방식으로 경종적 방제라고도 한다.
2) 재배적 방제에 의한 방제방법을 요약하면 다음과 같다.
   ① 윤작(토양전염성병의 피해 경감)
   ② 중간기주식물의 제거(배나무 적성병의 경우 향나무제거로 방제)
   ③ 적기에 파종(고온기에 발생하는 배추무름병 방제)
   ④ 적당량의 시비(질소과다로 발생하는 오이만할병 방제)
   ⑤ 산성토양의 개선(배추·무사마귀병 감소)
   ⑥ 생장점 배양(무병주 생산에 이용)
   ⑦ 내병성 대목에 접목

(2) 물리적 방제(기계적)

방제법 중 가장 오래된 역사를 가진 것으로
① 낙엽의 소각
② 밭토양의 담수
③ 나방유충의 포살 및 잎에 산란한 것을 채취 소각
④ 과수에 봉지씌우기
⑤ 건열처리 등이 이에 해당된다.

(3) 생물학적 방제법

1) 해충을 잡아 먹거나 해충에 기생하는 천적을 이용하는 해충 방제법을 말한다.
2) 천적곤충에는 칠레이리응애, 온실가루이좀벌, 무당벌레, 애꽃노린재, 굴파리좀벌, 마일스응애 등이 있다.
3) 최근에는 페르몬이라는 곤충분비물을 이용하여 해충을 유인

참고
- 배나무 주위의 향나무를 제거하여 적성병(赤星病)의 발생이 없어졌다면 그 방제법은?
경종적(재배적) 방제이다.

참고
- 과실에 봉지를 씌워서 병해충을 방제하는 것은?
물리적(기계적) 방제이다.

12회 기출문제

해충의 친환경적 방제에서 천적으로 이용되지 않는 것은?
① 칠레이리응애
② 온실가루이좀벌
③ 애꽃노린재
④ 굴파리

➡ ④

14회 기출문제

채소작물 재배 시 병해충의 경종적(耕種的) 방제법에 속하는 것은?
① 윤작   ② 천적 방사
③ 농약 살포 ④ 페로몬 트랩

➡ ①

5회 기출문제

재배 온실이나 과수원에서 페로몬 트랩으로 유인하여 방제할 수 있는 대상 생물은?
① 야생 조류   ② 곰팡이
③ 해충   ④ 박테리아

➡ ③

및 방제하는 방법이 이용되고 있다.

4) 페르몬은 곤충들이 냄새로 의사를 전달하는 신호물질로 보통 미교배 암놈이 방출하여 수놈을 유인하는 물질이어서 성페르몬을 이용하여 수놈의 대량방제가 가능하다.

(4) 화학적 방제법

농약을 살포해서 병해충을 방제하는 방법이다.

(5) 법적 방제법

식물방역법 등을 제정해서 식물검역을 실시하여 병균이나 해충의 국내침입과 전파를 막는 방법이다.

(6) 종합적 해충관리(IPM, Integrated Pest Management)

1) 유엔식량농업기구(FAO)는 IPM을 "모든 적절한 기술을 상호 모순되지 않게 사용하여 경제적 피해를 일으키는 수준 이하로 해충개체군을 감소시키고 유지하는 해충개체군 관리시스템"으로 정의하고 있다.

2) IPM은 반드시 완전방제를 목적으로 하지 않고 피해를 극소화할 수 있는 밀도로 억제하는 것으로
   ① 천적의 활동을 활발하게 하여 해충을 피해발생수준 이하로 억제한다.
   ② 방제가 불안정하여 천적의 능력 이상으로 해충이 발생했을 때 농약 등을 일시적으로 사용하여 피해를 줄이고
   ③ 해충의 밀도를 줄이는 종합적 방제수단을 총동원한다.

⑦ 해충의 발생 예찰

(1) 의 의

해충의 발생예찰이란 해충이 발생했던 시점, 발생한 작물의 종류와 생육상태를 토대로 해서 앞으로 발생할 해충의 종류와 발생시기, 피해량을 미리 추정하는 것을 말한다.

(2) 예찰의 목적

향후 해충의 발생시기, 발생작물, 발생량, 피해정도 등을 미리

8회 기출문제

다음 중 과수원에서 페로몬트랩으로 유인하여 방제할 수 있는 해충을 모두 고른 것은?

  ㄱ. 가루깍지벌레
  ㄴ. 뿌리혹선충
  ㄷ. 사과무늬잎말이나방
  ㄹ. 복숭아심식나방

① ㄱ, ㄴ
② ㄷ, ㄹ
③ ㄱ, ㄴ, ㄹ
④ ㄱ, ㄴ, ㄷ, ㄹ

▶ ②

참 고

● 보르도액
1) 황산구리와 수산화칼슘이 원료이다.
2) 조제 즉시 살포해야 한다.
3) 비오기 직전이나 비온 후에는 살포하지 않는다.
4) 예방을 목적으로 사용한다.

7회 기출문제

진딧물의 생물학적 방제에 이용하는 천적은?

① 진디혹파리, 칠레이리응애
② 무당벌레, 진디혹파리
③ 무당벌레, 애꽃노린재
④ 칠레이리응애, 애꽃노린재

▶ ②

추정하여 적절한 방제대책을 마련하는데 있다.

⑧ 농약

(1) 농약의 분류
1) 살균제 : 보호살균제(보르도액 등), 직접살균제(디포탄 등), 종자소독제(지오람수화제 등), 토양살균제(클로리피크릴 등) 등
2) 살충제 : 소화중독제, 접촉제, 훈증제, 침투성 살충제, 기피제, 불임제, 유인제, 보조제 등

(2) 농약의 형태
유제, 액제, 수화제, 분제, 입제 등의 형태로 되어 있다.

(3) 농약의 주요구비조건
① 살균·살충력이 강한 것
② 작물 및 인축에 해가 없는 것
③ 사용법이 간편할 것
④ 저장 중 변질되지 않는 것
⑤ 다른 약제와 혼용할 수 있는 것
⑥ 다량 생산할 수 있는 것

(4) 농약의 사용과 살포시기
1) 농약은
   ① 수화제는 수화제끼리 혼합하여 사용하는 것이 좋다.
   ② 혼합제의 경우는 3가지 이상을 혼합하지 않는 것이 좋다.
   ③ 4종 복합비와 혼용하여 살포하지 않아야 한다.
2) 살포시기는
   ① 나무가 허약할 때나 관수직전에는 살포하지 않는다.
   ② 차고 습기가 많은 날은 살포를 피한다.
   ③ 25℃를 넘는 기온에서는 살포하지 않는다.

(5) 농약 사용 형태
1) 살포법

1회 기출문제

과수재배시 병충해를 방제하기 위해 농약을 살포할 때 고려할 사항 중 틀린 것은?

① 수화제와 유제를 혼용하여 사용할 경우에는 특히 주의해야 한다.
② 고온시 유기인제는 저농도로 살포한다.
③ 유기인제와 니코제는 유과기에 살포한다.
④ 고온시에는 한 낮에 살포하지 않는다.

▶ ③

3회 기출문제

병해충방제를 위한 약제방제 요령으로 맞지 않은 것은?

① 4종복비와의 혼용은 권장사항이다.
② 수화제는 수화제끼리 혼합한다.
③ 차고 습기가 많은 날은 살포를 피한다.
④ 25℃를 넘는 기온에서는 살포하지 않는다.

▶ ①

농약을 물과 섞은 후 이 용액, 유탁액을 분무기를 사용하여 해당 작물에 안개와 같이 아주 미세하게 뿌리는 방법으로 입자가 클 경우 작물에 얼룩이 지고 또는 물방울 같이 땅에 굴러 떨어져 오히려 약해를 일으킬 수 있다.

2) 살분법

가루농약을 그대로 작물에 살포하는 방법으로 살포법에 비해서 간단하나 약제가 많이 들고 효과가 낮은 단점이 있다.

3) 연무법

농약을 연기처럼 작물체에 뿌리는 것으로 농약이 미세해서 공중에 떠다니면서 작물에 쉽게 부착한다.

4) 훈증법

약제를 기체상태로 기화시켜서 접촉시키는 방법으로 저장곡물, 종자, 과실 등의 병충해 방제에 사용하는 방법으로 효과가 좋다.

(6) 농약의 안전사용기준

1) 적용대상 농작물·병해충에 한하여 사용할 것
2) 사용시기와 횟수를 지켜 사용할 것

(7) 농약의 특성

1) 농약은 특성에 따라
   ① 맹독성(Ⅰ급)
   ② 고독성(Ⅱ급)
   ③ 보통독성(Ⅲ급)
   ④ 저독성(Ⅳ급)으로 구분된다.
2) 독성의 표시는 반수치사량 LD50으로 표시되는데 이는 농약 실험동물의 50%이상이 죽는 분량을 말한다.
3) 농약이 하천에 흘러들어가 어류에 영향을 끼치는 독성이 어독성인데 그에 따라 농약을 Ⅰ급, Ⅱ급, Ⅲ급으로 분류한다.

(8) 농약의 안전한 살포방법

1) 농약 살포자는 모자, 마스크, 방수복을 착용하고 살포한다.
2) 바람을 등지고 살포한다.
3) 바람이 강한 날에는 살포하지 않는다.
4) 기온이 높은 때는 서늘한 저녁 무렵에 살포한다.

참고

- **농약의 독성**
  1) Ⅰ급 : 맹독성
  2) Ⅱ급 : 고독성
  3) Ⅲ급 : 보통독성
  4) Ⅳ급 : 저독성

참고

- **반수치사량 LD50**

  실험동물에 약을 처리하였을 때 해당 동물 50% 이상이 죽는 약의 분량을 말한다.

MEMO

제4장 기출문제 연구

■■■ 기출문제

1회 기출

1. 다음 중 과채류를 온상에서 육묘를 하는 주된 목적은?

① 품질 향상
② 추대 촉진
③ 조기 생산
④ 발아 균일

정답 및 해설 ③

과채류는 조기에 육묘해서 이식하면 수확기가 빨라져서 조기생산에 도움이 된다.

3회 기출

2. 공정육묘용 200구 트레이 10판에 고추종자를 1구 1종자로 파종하여 발아율 90%, 성묘율 90%일 때의 유효묘수는?

① 1,600주
② 1,620주
③ 1,800주
④ 2,000주

정답 및 해설 ②

200구 × 10판 × 0.9 × 0.9 = 1,620

5회 기출

3. 공정 육묘(플러그 육묘)가 재래 육묘와 비교하여 얻을 수 있는 장점이 아닌 것은?

① 접목 묘 생산이 가능하다.
② 균일한 묘의 대량 생산이 용이하다.
③ 묘의 취급과 수송이 용이하다.

④ 육묘 작업을 체계화, 자동화하여 노동력을 줄일 수 있다.

정답 및 해설 ①

②,③,④는 공정육묘의 장점에 해당되지만 ①은 아니다.

2회 기출

4. 모종을 경화시킬 때 나타나는 현상이 아닌 것은?

① 엽육이 두꺼워진다.
② 건물량(乾物量)이 감소한다.
③ 지하부의 발달이 촉진된다.
④ 내한성이 증가한다.

정답 및 해설 ②

모종을 토양에 정식하기 전 외부환경에 적응할 수 있도록 모종을 굳히는 것을 경화라 하는데 모종을 경화시키면 ①③④ 뿐만 아니라 건물량이 증가하며 큐티클층이 발달하고 왁스피복이 증가한다.

1회 기출

5. 멀칭의 목적으로 바른 것은?

① 공기유통 촉진
② 병해충발생 촉진
③ 지온저하 촉진
④ 토양수분 유지

정답 및 해설 ④

멀칭의 목적은 ④ 토양수분 유지와 지온저하방지, 건조방지, 비료유실 방지, 토양유실 방지, 잡초발생 억제 등이다.

1회 기출

6. 다음 비료 중 생리적 염기성비료는?

① 황산칼륨
② 황산암모늄

③ 용성인비
④ 염화암모늄

정답 및 해설 ③

① 황산칼륨 ② 황산암모늄 ④ 염화암모늄은 중성비료이지만 염기성 비료에는 ③ 용성인비, 석회질소, 암몬아수비료 등이 있다.

5회 기출

7. 100m² 의 포장에 20kg의 질소를 시비하고자 할 때 필요한 복합 비료(20-10-20)의 양은?

① 20kg
② 50kg
③ 100kg
④ 200kg

정답 및 해설 ③

비료량 계산식은 비료량 × $\dfrac{100}{보증성분량(\%)}$ 이다.

따라서 20(kg) × $\dfrac{100}{20(\%)}$ = 100(kg)이다.

4회 기출

8. 비료의 이용률은 여러 가지 요인의 영향을 받는다. 다음 중에서 비료의 이용률에 직접 영향을 미치는 요인이 아닌 것은?

① 비료의 성분함량
② 작물의 종류 및 품종
③ 시비시기
④ 비료의 화학적 형태

정답 및 해설 ①

비료는 ②③④ 등의 요인에 의해서 이용률에 영향을 받지만 ①의 비료에 함유되어 있는 특정 성분의 함량은 비료의 이용률에 영향을 미치지 못한다.

4회 기출

9. 정부 우세성을 타파하여 곁눈의 생장을 촉진하는 생육 조절 방법은?

① 적심(摘心)
② 최아(催芽)
③ 일장 조절
④ 저온 처리

정답 및 해설 ①

적심이다.

6회 기출

10. 식물생장조절물질 중 옥신(auxin)의 농업적 사용목적이 아닌 것은?

① 제초제
② 증산억제제
③ 낙과방지제
④ 발근촉진제

정답 및 해설 ②

옥신의 농업적 사용목적에는 생장촉진, 굴광성 유도, 발근촉진, 이층형성억제하여 낙과방지, 제초제 이용, 개화촉진 등이다.

3회 기출

11. 다음 중 저온·장일의 조건이 화성에 필요한 식물에서 저온처리나 장일조건의 환경을 대신할 수 있는 것은?

① 지베렐린
② 옥 신
③ 시토키닌
④ 에세폰

정답 및 해설 ①

지베렐린은 저온이나 장일을 대체하여 화성을 유도·촉진하는 기능이 있다.

4회 기출

12. 사과, 배 등 주요 과수에서 나타나는 근두암종병의 원인균은?

① 진 균
② 바이러스
③ 세 균
④ 마이코플라스마

정답 및 해설 ③

근두암종병, 궤양병, 무좀병, 풋마름병, 세균성검은썩은병 등은 세균병해이다.

5회 기출

13. 식물 바이러스병으로 옳게 짝지은 것은?

① 위축병 – 모자이크병
② 탄저병 – 위축병
③ 모자이크병 – 근두암종병
④ 근두암종병 – 탄저병

정답 및 해설 ①

식물 바이러스병으로 맞게 짝지어진 것은 위축병 – 모자이크병이다.

6회 기출

14. 복숭아와 밤나무의 오갈병, 대추나무의 빗자루병을 일으키는 것은?

① 바이러스(virus)
② 곰팡이(fungi)
③ 박테리아(bacteria)
④ 마이코플라스마(mycoplasma)

정답 및 해설 ④

마이코플라스마 병해는 오갈병, 감자빗자루병, 대추나무·오동나무의 빗자루병 등이다.
따라서 ④가 정답이다.

| 원예작물학

3회 기출

15. 휘발성이 높은 화합물로 곤충의 조직에서 분비되어 동종의 다른 개체에 특유한 행동이나 발육분화를 일으키는 물질을 무엇이라 하는가?

① 생물농약
② 페르몬
③ 트 랩
④ 훈연가스제

정답 및 해설 ②

곤충들이 냄새로 의사를 전달하는 신호물질로 성페르몬, 집합페르몬 등이 있는데 이 성페르몬을 이용해서 곤충의 수놈을 대량방제가 가능하다.

5회 기출

16. 재배 온실이나 과수원에서 페로몬 트랩으로 유인하여 방제할 수 있는 대상 생물은?

① 야생 조류
② 곰팡이
③ 해충
④ 박테리아

정답 및 해설 ③

해충이다.

1회 기출

17. 과수재배시 병충해를 방제하기 위해 농약을 살포할 때 고려할 사항 중 틀린 것은?

① 수화제와 유제를 혼용하여 사용할 경우에는 특히 주의해야 한다.
② 고온시 유기인제는 저농도로 살포한다.
③ 유기인제와 니크제는 유과기에 살포한다.
④ 고온시에는 한 낮에 살포하지 않는다.

정답 및 해설 ③

③의 경우 살포하지 않아야 한다.

148 | 제 4장 재배기술

1회 기출

18. 병해충방제를 위한 약제방제 요령으로 맞지 않은 것은?

① 4종복비와의 혼용은 권장사항이다.
② 수화제는 수화제끼리 혼합한다.
③ 차고 습기가 많은 날은 살포를 피한다.
④ 25℃를 넘는 기온에서는 살포하지 않는다.

정답 및 해설 ①

병충해 방제를 위한 약제방제 요령은 ② 농약은 수화제를 수화제끼리 혼합하고 ③ 차고 습기가 많을 날의 살포는 피하고 ④ 기온이 높을 때는 서늘한 저녁에 살포하고 바람을 등지고 살포한다.

MEMO

농산물 품질관리사 대비

제 5장 | 원예식물의 품종·번식·육종

01 품 종(品種)

❶ 품종의 개념

(1) 의 의
1) 품종이란 작물의 재배 또는 이용상 동일한 특성을 나타내며 동일한 단위로 취급되는 개체군에 대하여 주어진 명칭이다.
2) 즉, 재배적 관점에서 볼 때 유전형질이 균일하면서 영속적인 개체들의 집단을 말한다.

(2) 특성과 형질
1) 어떤 품종을 다른 품종과 구별하는데 필요한 특징을 특성이라 하고 이 특성을 표현하기 위하여 측정의 대상이 되는 것 즉 키, 숙기, 꽃색깔 등을 형질이라 한다.
2) 키가 큰 품종을 예를 들면 "키"는 품종의 형질에 해당되고 "키가 큰 것"은 품종의 특성에 해당된다.
3) 형질은 양적 형질과 질적 형질로 구분할 수 있는데 재배상 중요한 형질은 양적 형질인 것이 많다.
   ① 양적 형질 : 길이, 크기 등
   ② 질적 형질 : 꽃의 색깔 등

❷ 계통(系統)

1) 유전형질이 균일한 품종이라도 돌연변이, 교잡 등에 의하여 유

전형질이 서로 다른 개체들이 섞여 있게 되는 일이 있는데 이런 상태의 집단을 다시 가려낸 것을 계통이라고 한다.
2) 그리고 유전적으로 순수한 계통을 순계라고 한다.

③ 우량품종

품종 중에서 재배적 특성이 우수한 것을 우량품종이라 한다.

(1) 우량품종의 조건

우량품종이 되려면 기본적으로 다음 조건을 구비하여야 한다.
1) 우수성
   재배적 특성이 다른 품종들보다 우수해야 한다.
2) 균일성
   품종 안의 모든 개체들의 특성과 유전질이 균일해야 한다.
3) 영속성
   균일하고 우수한 특성이 대대로 변하지 않고 지속해야 한다.
4) 광지역성
   어떤 특정지역에만 국한된 품종보다는 가능한 넓은 면적에 적응, 재배되는 성질이어야 한다.

(2) 품종의 퇴화

1) 의의
   우량한 신품종이라 하더라도 재배 세대가 경과하는 동안에 유전적·생리적·병리적요인으로 특수한 구조와 기능이 보다 퇴보하는 방향으로 변화하는 것을 말한다.
2) 퇴화의 종류
   ① 퇴화에는 자연교잡, 돌연변이 등에 의한 유전적 퇴화, 재배적 조건 등의 불량으로 생리적으로 열세화하여 품질이 저하되는 등의 생리적 퇴화, 병해나 바이러스병 등으로 퇴화하는 병리적 퇴화 등이 있다.
   ② 씨감자는 진딧물 바이러스병으로 인해 병리적으로 퇴화하는 것을 방지하기 위해 우량품종의 증식이 가능한 생장점

> **참 고**
>
> ● 우량품종의 조건
> 1) 우수성
> 2) 균일성
> 3) 영속성
> 4) 광지역성

배양이나 진딧물의 발생이 억제되는 고랭지 재배로 퇴화를 억제한다.

(4) 우량품종의 특성유지방법

품종의 퇴화를 방지하고 특성을 유지하는 방법이다.

1) 신품종·우량품종의 종자이용

육성된 신품종이나 기존 우량품종의 종자를 증식하기 위한 기본식물종자로 사용한다.

2) 영양번식

유전적 원인에 의한 퇴화를 방지하기위해서 잎, 줄기, 뿌리 등의 영양기관의 일부를 가지고 새로운 개체로 증식시키는 방법이다.

3) 격리재배

자연교잡의 방지를 위해서 격리재배를 한다.

4) 종자의 저온저장

새품종의 종자를 적당히 건조시켜 밀폐 냉장하여 두고 해마다 종자증식의 기본식물종자로 사용한다.

5) 종자갱신

농가에서 재배에 사용할 종자를 원종포나 채종포에서 채종한 종자로 바꿔서 사용하도록 하여 체계적으로 퇴화를 방지한다.

> **참 고**
>
> ● 품종의 퇴화를 방지하는 동시에 특성을 유지하는 방법
>
> 1) 영양번식
> 2) 종자의 저온저장
> 3) 종자갱신

02 번 식(繁殖)

식물의 번식방법으로는 종자번식(유성번식)과 영양번식(무성번식)이 있고 원예식물의 경우 재배를 위해서는 접목, 삽목 등의 영양번식을 이용하는 반면에 육종이나 대목생산 등에는 종자번식을 많이 한다.

❶ 종자번식(種子繁殖)

(1) 종자번식의 의의

종자번식은
1) 종자로 번식하는 방법으로 유성번식이라고도 한다.
2) 방법이 간단하고 한 번에 많은 개체를 얻을 수 있을 뿐만 아니라 저장수송이 간편하다.
3) 변이의 발생 위험이 있다.
4) 이용되는 채소 종자는 1대 잡종을 이용한다.

(2) 종자번식의 장단점

1) 장점
   ① 번식방법이 쉽고 일시에 다수의 묘를 생산할 수 있어 육묘비가 저렴하다.
   ② 우량종의 개발이 가능하다.
   ③ 영양번식에 비해서 발육이 왕성하고 수명이 길다.
   ④ 종자의 수송이 용이하다.
2) 단점
   ① 변이가 일어날 가능성이 크다.
   ② 불임성과 단위결과성 식물의 번식이 어렵다.
   ③ 목본류는 개화까지의 기간이 오래 걸린다.

> **참고**
>
> ● 변이(變異)
>
> 생물개체간에 나타나는 여러 가지 형질의 차이 즉, 키·색깔·열매의 모양 등의 차이를 말한다.

❷ 영양번식

(1) 의의

1) 종자로 번식하는 것이 아니라 식물체의 일부분인 잎, 줄기, 뿌리 등의 영양기관의 일부를 가지고 번식하는 방법이다.
2) 영양번식에는 접목, 삽목, 분주, 취목, 구근번식 등이 있다.

(2) 영양번식방법의 종류

1) 자연영양번식법
   고구마의 덩이뿌리나 감자의 덩이줄기처럼 모체에서 자연적으로 생성 분리된 영양기관을 번식에 이용하는 것이다.
2) 인공영양번식법
   포도, 사과 등과 같이 인공적으로 영양체를 분할해서 번식시키는 것으로 접목·삽목·분주·취목 등의 방법이 있다.

(3) 영양번식의 장단점

1) 장점
   ① 모체와 유전적으로 완전히 동일한 개체를 얻을 수 있다.
   ② 초기 생장이 좋고 조기 결과의 효과가 있다.
   ③ 종자번식이 불가능한 경우 즉, 마늘·무화과·바나나·감귤류 등의 유일한 번식수단이다.
2) 단점
   ① 바이러스에 감염되면 제거가 불가능하다.
   ② 종자번식 작물에 비해 저장·운반이 어렵고 증식률이 낮다.

12회 기출문제

일반적으로 종자번식에 비해 영양번식이 가지는 장점은?

① 대량 채종이 가능하다.
② 품종 개량을 목적으로 한다.
③ 취급이 간편하고 수송이 용이하다.
④ 유전적으로 동일한 개체를 얻는다.

➡ ④

1회 기출문제

과수가 초본작물에 비해 육종에 불리한 점이 아닌 것은?

① 대부분의 과수는 영양번식을 하기 때문이다.
② 대부분의 과수는 자가불화합성이기 때문이다.
③ 영년생 작물이기 때문이다.
④ 어떤 과수에서는 교배불친화성의 품종 및 품종군이 있기 때문이다.

➡ ①

15회 기출문제

종자번식과 비교할 때 영양번식의 장점이 아닌 것은?

① 모본의 유전적인 형질이 그대로 유지된다.
② 화목류의 경우 개화까지의 기간을 단축할 수 있다.
③ 번식재료의 원거리 수송과 장기저장이 용이하다.
④ 불임성이나 단위결과성 화훼류를 번식할 수 있다.

➡ ③

❸ 접목(接木)

(1) 접목의 의의

1) 접목이란 식물의 한 부분을 다른 식물에 삽입하여 그 조직이 유착되어 생리적으로 새로운 개체를 만드는 것으로
   ① 뿌리가 있는 바탕 부분을 대목,
   ② 장차 자라서 줄기와 가지가 될 지상부를 접수라 한다.
2) 접목은 대목과 접수의 특성을 근본적으로 잃어버린 것이 아니기 때문에 접수와 대목의 유전적 성질은 변하지 않는 것이 보통이다.

(2) 접수와 대목의 친화성

1) 접목은 대목과 접수의 형성층(부름켜)에서 형성된 유상조직에 의하여 서로 밀착하고 유관속으로 연결되어 완전한 식물체로 성장하게 된다.
2) 따라서 접목은 접수와 대목의 형성층(부름켜)이 서로 밀착하도록 접하여 유합조직이 생기고 서로 융합하는 것이 가장 중요하다.
3) 접수와 대목의 친화성은 동종간이 가장 좋고 다음 동속이품종간, 동과이속간의 순서이다.

(3) 접목의 적기

1) 대목의 활력
   접목을 할 때
   ① 대목이 왕성한 세포분열을 하고 있을 무렵이 좋다.
   ② 생장속도가 빠른 1년생의 가지에 접을 하는 것이 좋다.
2) 대목의 활동상태와 접수의 휴면상태
   대목은 수액이 움직이기 시작하고 접수는 아직 휴면상태인 때가 적기이다.
3) 계절별적기
   ① 대부분의 춘계접목수종은 하루 평균기온이 15℃ 전후로 대목의 새눈이 나오고 본엽이 2개가 되었을 때가 적기이다.
   ② 봄에는 나무의 눈이 싹트기 2~3주일 전인 3월 중순에서 4월 상순 사이가 적당하다.

> **참 고**
>
> • 접목을 할 때 접수와 대목이 밀착되어야 하는 부분은?
>
> 형성층(부름켜)이다.

> **참 고**
>
> • 접목
> 1) 대목과 접수의 형성층을 서로 맞추어야 접목이 잘 된다.
> 2) 접수는 휴면상태, 대목은 활동을 시작한 상태가 좋다.
> 3) 접수와 대목은 친화성이 높아야 접목이 잘 된다.

> **10회 기출문제**
>
> 왜성대목을 활용한 접붙이기에 관한 설명으로 옳지 않은 것은?
>
> ① 실생묘에 비해 수명이 길다.
> ② 결실연령을 단축시킬 수 있다.
> ③ 토양적응력이 약하여 생리장해가 발생할 수 있다.
> ④ 단위면적당 재식주수를 증가시켜 수량증대 효과를 꾀할 수 있다.
>
> ▶ ①

③ 사과, 배 등의 종류는 3월 중순경 감, 밤 등은 좀 늦게 4월 중하순에 한다.
④ 여름접은 8월 상순에서 9월 상순 사이에 한다.

(4) 접목방법

1) 지접(枝接, 가지접)
   ① 낙엽수는 1~몇 개의 눈을 붙인 휴면가지를 접수로 사용한다.
   ② 접목법으로는 절접이 주로 사용되며 할접, 설접, 안장접 등이 있고 특수한 방법으로는 접목과 삽목을 동시에 하는 접삽법이 있는데 접목한 삽수에 다시 접목하는 2중접, 주간이나 가지가 손상을 입어 상하부의 연결이 안 될 경우 상하부를 연결시켜 주는 교접(다리접)이 있다.
   ③ 상록수에는 통상 2엽 쯤의 잎을 붙인 가지를 접수로 한다.

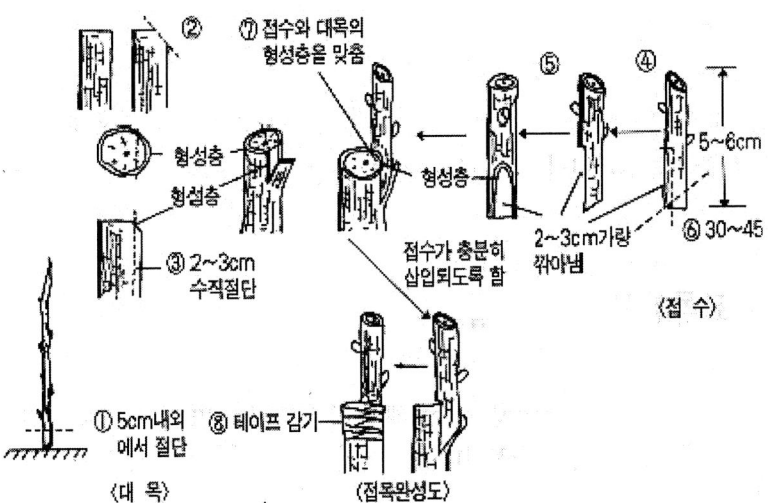

(출처 : 경상남도농업기술원)

2) 아접(芽接, 눈접)
   눈 하나를 분리시켜 대목에 삽입하여 새 가지를 발생시키는 방법으로 목질부를 붙이는 삭아접과 수피만을 떼어 내 접하는 T자형 눈접 등이 있다.

참 고

● 대목(臺木)
1) 접목시 접수를 꽂는 쪽의 나무를 말한다.
2) 일반적으로 접목에 있어서 대목은 내병해성, 내한성, 내건성 등이 강하고 생육이 왕성한 품종을 선택한다.

13회 기출문제

사과나무에서 접목 시 대목 목질부에 홈이 파이는 증상이 나타나는 고접병의 원인이 되는 것은?

① 진균
② 세균
③ 바이러스
④ 파이토플라즈마

▶ ③

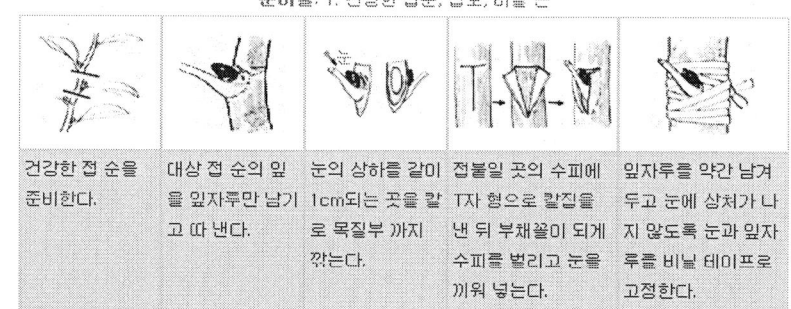

(출처 : 한국교육학술정보원)

3) 호접(呼接)

뿌리를 가진 접수와 대목을 접목하여 활착 후에는 접수 쪽의 뿌리 부분을 제거하는 방법으로 박피식 호접과 선단부를 잘라 삽입시키는 할접식 호접법이 있다.

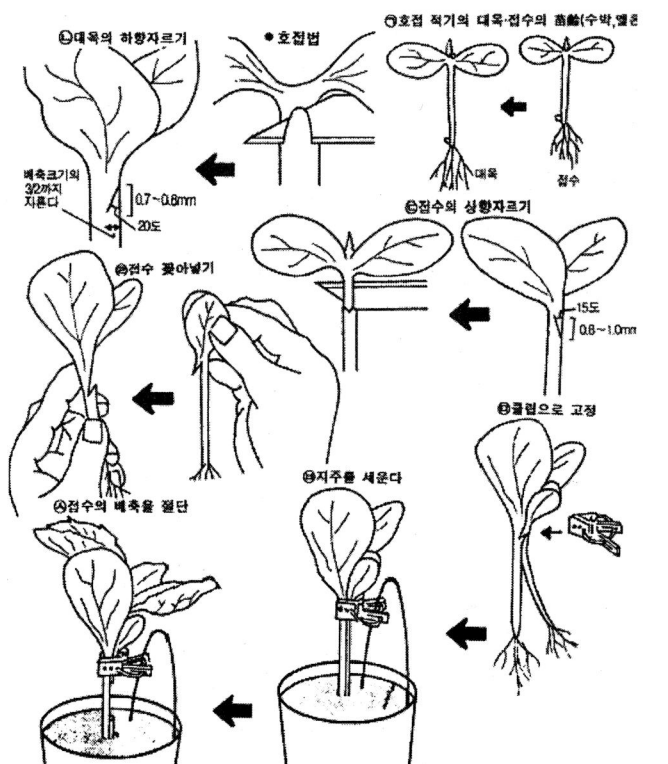

(출처 : (주)코레곤종묘)

4) 기타 뿌리에 접하는 근접, 새로 나온 줄기에 접하는 녹지접, 높은 위치에 접하는 고접, 가지나 줄기의 측면에 접하는 복접 등이 있다. 한편 대목을 굴취해서 접하는 경우 이를 양접이라 하고 뽑지 않고 그 자리에서 접하는 경우를 거접이라 한다.

(5) 접목의 효과

1) 새로운 품종을 빨리 증식시킬 수 있다.
2) 결과 연령을 앞당길 수 있다.
3) 병·해충에 대한 저항성을 높여 준다.
4) 고접으로 노목의 품종을 갱신할 수 있다.
5) 모수의 영양계 조직의 보존이 가능하다.
6) 수세를 조절하고 수형을 변화시킬 수 있다.

❹ 삽목(揷木, 꺾꽂이)

(1) 삽목의 의의

1) 삽목이란 식물체로부터 뿌리, 잎, 줄기 등 식물체의 일부분을 분리한 다음 이를 땅에 꽂아 하나의 독립개체를 만드는 것으로 꺾꽂이라고도 하는데 잘라서 번식에 이용할 일부분인 뿌리, 잎, 줄기를 삽수라 한다.
2) 쌍떡잎식물은 삽목으로 발근이 잘 되나 외떡잎식물은 발근이 어렵다.

(2) 삽목(꺾꽂이)의 장단점

1) 모수의 특성을 그대로 이어 받는다.
2) 결실이 불량한 수목의 번식에 적합하다.
3) 묘목의 양성기간이 단축된다.
4) 개화 결실이 빠르다.
5) 병충해에 대한 저항력이 강하다.
6) 수명이 짧고 삽목이 가능한 종류가 적다.

8회 기출문제

채소류 접목재배의 목적으로 옳지 않은 것은?

① 공기전염성 병해의 방제
② 불량환경에 대한 내성 증대
③ 흡비력의 증진
④ 품질향상 및 내병성 증진

➡ ①

9회 기출문제

채소에서 접목육묘의 목적이 아닌 것은?

① 흡비력 증진
② 묘 생산비 절감
③ 토양전염병 발생억제
④ 불량환경 내성증대

➡ ②

참 고

● 삽목
1) 개화 결실이 빠르다.
2) 병해충에 대한 저항력이 크다.
3) 결실이 불량한 수목의 번식에 적합하다.

11회 기출문제

삽목 번식의 장점으로 옳은 것은?

① 바이러스 감염을 줄일 수 있다.
② 품종 개량을 목적으로 한다.
③ 모본의 유전형질을 안정하게 유지할 수 있다.
④ 병해충의 저항성을 향상시킬 수 있다.

➡ ③

원예작물학

11회 기출문제

절화의 물 흡수를 원활하게 하기 위한 방법이 아닌 것은?

① 절단면을 경사지게 자른다.
② 물속에서 절단한다.
③ 살균제를 넣어준다.
④ 냉탕에 침지한다.

▶ ④

7회 기출문제

과수의 유년성과 성년성에 대한 설명으로 옳지 않은 것은?

① 유년성은 종에 따라 수십년간 지속되기도 하며, 그 기간 동안은 화아가 분화되지 않는다.
② 감귤나무는 유년성이 존재하는 동안 가시가 발달되기도 한다.
③ 사과나무의 경지삽에서 삽수의 성년성이 클수록 발근률이 높다.
④ 사과 교배실생을 왜성대목에 접목하면 성년성에 이르는 시기를 앞당길 수 있다.

▶ ③

참고

- **C/N율**

1) 식물체 내의 탄수화물과 질소화합물의 비율을 말한다.
2) C/N율이 높으면 개화를 유도하고 C/N율이 낮으면 영양생장이 계속된다.

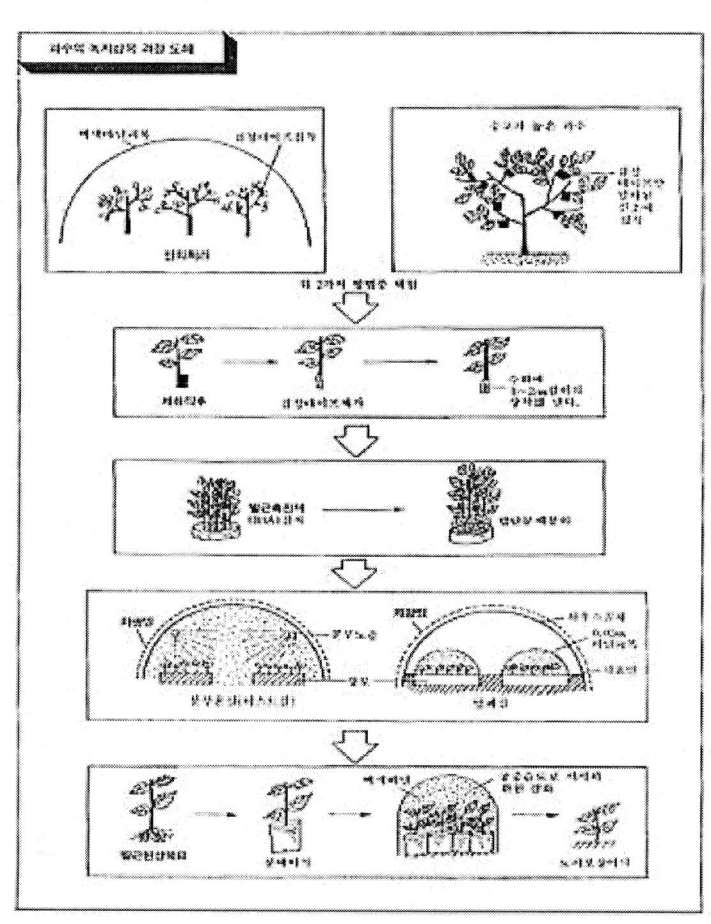

(출처 : 농촌진흥청사이버홍보관)

(3) 삽목의 시기

1) 공통적 시기

① 일반적으로 모수의 나이가 어리고 영양적으로 충실할수록 발근율이 높다.
② C/N율이 큰 것이 발근에 유리하다.
③ 삽목시 기온보다 지온이 다소 높은 것이 유리하고 공중습도는 높은 것이 좋다.

2) 품목별 시기

① 상록침엽수는 4월 중순 상록활엽수는 6월 하순에서 7월

상순 사이의 장마철이 적당하다.
② 포도나무 등 낙엽수는 3월 중순 아직 눈이 트기 시작하기 전이 적당하다.

❺ 기타영양번식

(1) 분주(分株, 포기나누기)

1) 지표면 가까이에 있는 어미나무의 뿌리나 줄기에서 생기는 새움을 뿌리와 함께 절취하여 새로운 개체를 만드는 방식으로 나무딸기, 앵두나무, 대추나무, 거베라, 꽃창포 등의 번식에 많이 쓰인다.
2) 분주는 자연발생적인 방법이며 분주에 알맞는 시기는 식물의 화아분화 및 개화시기에 따라 달라진다.

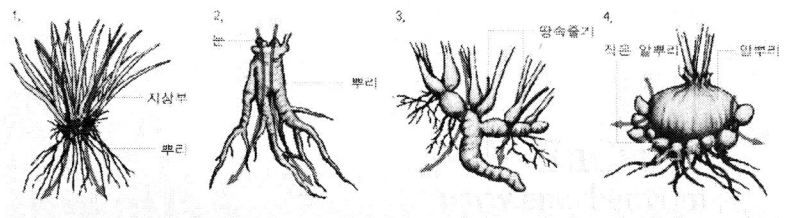

(출처 : 네이버)

(2) 취목(取木, 휘묻이)

1) 가지를 모체에서 분리시키지 않고 구부려 흙에 묻거나 그 밖에 적당한 조건을 주어서 발근시킨 후 잘라내어 독립적으로 번식시키는 방법이다.
2) 취목의 시기는 온실용 원예작물은 3~5월에, 노지용 원예작물은 봄철 발아 전이나 6~7월 장마철에 한다.

14회 기출문제

과수의 번식에 관한 설명으로 옳지 않은 것은?

① 분주, 조직배양은 영양번식에 해당한다.
② 취목은 실생번식에 비해 많은 개체를 얻을 수 있다.
③ 접목은 대목과 접수를 조직적으로 유합·접착시키는 번식법이다.
④ 발아가 어려운 종자의 파종전 처리방법에는 침지법, 약제처리법이 있다.

▶ ②

| 원 예 작 물 학

6회 기출문제

원예작물의 바이러스병 예방을 위한 번식 방법은?

① 분주(포기나누기)
② 삽목(꺾꽂이)
③ 약배양
④ 생장점배양

▶ ④

7회 기출문제

조직배양을 통한 무병주 생산이 산업적으로 이용되고 있는 작물은?

① 상추
② 옥수수
③ 딸기
④ 무

▶ ③

8회 기출문제

조직배양을 통한 무병주 생산이 산업화된 작물은?

① 상추, 딸기
② 감자, 딸기
③ 마늘, 무
④ 옥수수, 무

▶ ②

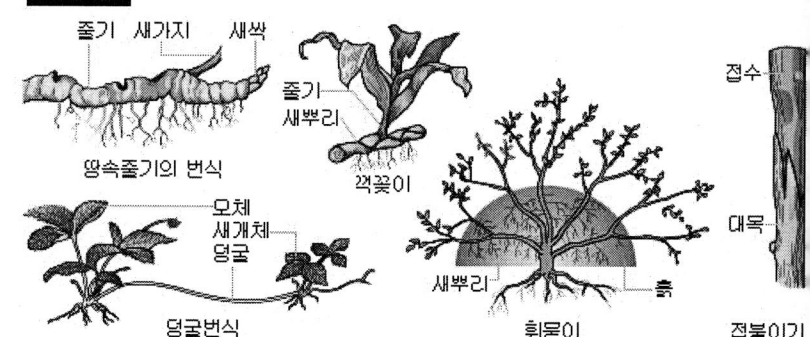

(출처 : 네이버)

(3) 구근번식

지하부에 비대한 영양기관이 있는 작물에서 생성되는 자구목자 등을 분리해서 번식하는 방법이다.

❻ 조직배양 등

(1) 조직배양

1) 식물의 일부 조직을 무균적으로 배양하여 조직 자체의 증식 생장이나 각종 조직 및 기관의 분화발달에 의해서 완전한 개체를 육성하는 방법이다.
2) 병균 특히 바이러스가 없는 개체를 얻을 수 있고 단시간 내에 급속한 증식을 이룰 수 있다.

(2) 생장점 배양

1) 새세포를 만들어내는 생장점을 배양하여 무병주개체를 만들어내는 방법이다.
2) 영양번식으로 증식하는 원예식물의 경우 바이러스병이 가장 문제가 된다.
3) 그런데 바이러스가 없거나 극히 적다고 할 수 있는 생장점 배양은 바이러스 무병주 생산에 효과적으로 이용할 수 있는 방법이다.

4) 전체형성능 : 조직배양을 이용할 경우 단세포 혹은 식물조직 일부분으로부터 완전한 식물체를 재생하려는 능력

> **참 고**
>
> • **육종의 효과**
>   · 신품종의 출현
>   · 경제적 효과
>   · 재배한계의 확대
>   · 품질의 개선
>   · 재배안전성의 증대
>   · 경영의 합리화

03 육 종(育種)

❶ 육종의 개요

(1) 육종의 개념

1) 육종이란 현재 재배되고 있는 작물의 유전적 소질을 개량하여 새로운 형을 만들어 내는 기술로서 품종개량이라고도 한다.
2) 즉, 그 생명체의 품질이 우수하고 생산성이 높으며 수익성과 이용가치가 더 높은 새로운 품종을 만들어 내는 것이다.

(2) 작물 육종의 목표

1) 수량을 늘리고 품질을 향상시킨다.
2) 내병충, 내재해성 등을 높여 수확의 안정성을 높인다.
3) 농업수입을 증대시킨다.
4) 친환경 육종을 하므로써 약제와 노력을 절감시킨다.

> **4회 기출문제**
>
> 저투입지속가능한 친환경농산물 생산을 위한 작물육종 방향이 아닌 것은?
>
> ① 다양한 숙기의 품종 개발
> ② 환경스트레스 저항성 증진
> ③ 생산물의 고기능성화
> ④ 다비(多肥)성 품종 육성
>
> ▶ ④

❷ 작물 육종 방법

(1) 도입육종법

1) 이미 외국에서 육성된 품종이나 육종 소재를 도입하여 그대로 품종이나 육종재료로 사용하는 방법이다.
2) 비용이 적게 들고 단시일 내에 신품종을 얻을 수 있는 장점, 식물방역에 주의해야 하는 단점이 있다.
3) 직접 재배에 제공할 것은 생태조건이 비슷한 지방으로부터

> **참고**
>
> - 식물육종법 중 유전적 조성이 다른 작물의 품종을 인위적으로 서로 교잡시켜서 유전형질이 다른 새로운 작물개체를 만들어 내는 방법은?
>
> 교잡육종법이다.

> **참고**
>
> - **여교잡육종법**
> 1) 어떤 품종이 소수의 유전자가 관여하는 우량형질을 가졌을 때 이것을 다른 우량품종에 도입하고자 할 경우 적용되는 방법이다.
> 2) 몇 개의 품종에 분산되어 있는 각종 형질을 전부 가지는 신품종을 육성하고자 할 경우에 적용되는 방법이다.
> 3) (A×B)×B 또는 (A×B)×A의 형식이다.

도입하여야 적응성이 크다.

(2) 분리육종법

1) 재래종 집단 내에서 원하는 우수한 개체들을 분리하고 고정하여 품종으로 만드는 방법으로 선발육종법이라고도 하는데 이 방법은 마늘과 같이 종자가 전혀 생산되지 않는 경우에 거의 유일한 품종개량방법이다.
2) 분리육종법은 순계분리법과 계통분리법으로 나눌 수 있다.
   ① 순계분리법
      기본집단에서 개체선발을 하여 우수한 순계를 가려내는 분리법으로 벼, 보리, 콩 등 자가 수정 작물에서 주로 이용된다.
   ② 계통분리법
      기본 집단에서 처음부터 집단적인 선발을 계속하여 우수한 계통을 분리하는 것으로서 주로 타가수정작물에서 이용되는데 순계분리법처럼 완전한 순계를 얻기는 힘들다.

(3) 교잡육종법

1) 의 의
   ① 비교적 가까운 다른 종이나 속중에 들어있는 유용한 유전자를 교배를 통해서 기존품종이 지니는 특성보다 우수한 품종을 창출해내는 방법으로 멘델의 유전법칙을 근거로 하는 가장 널리 이용되는 육종법이다.
   ② 계통육종법, 집단육종법, 여교잡법 등이 있는데 이 중에서 여교잡이 많이 쓰인다.
   ③ 이 방법은 적당한 교배친 즉, 교배될 암수배우자를 생산하는 각각의 양친 확보가 중요하다.
2) 여교잡법
   ① A품종과 B품종이 교배에 의해서 얻어진 잡종 제1세대(F1)를 그 양친 A, B중 어느 한 쪽과 다시 교배시키는 것을 말한다.
   ② 즉, A품종은 수량, 품질 등이 우수하나 특정 병에 약할 때 그 병에 강한 B품종을 찾아내어 A와 B를 교잡한 후 그 1대 잡종(F1)을 다시 B품종에 교잡하는 것이다.

$$(A \times B) \times B, (A \times B) \times A = 여교잡법$$

③ 몇 개의 품종에 분산되어 있는 각종 형질을 전부 가지는 신품종을 육성하고자 할 경우에 적용되는 방법이다.
④ 육종의 시간과 경비를 절약할 수 있고 비실용적인 품종의 우수형질을 실용적인 품종에 옮기는데 유리한 방법이다.

(4) 잡종강세 육종법

1) 의의

    잡종강세가 왕성하게 나타나는 1대 잡종(F1) 그 자체를 품종으로 이용하는 육종법이며 1대 잡종이용법이라고도 한다.

2) 1대 잡종종자의 선호 이유

    매년 구입해 사용해야 하므로 값이 비싸고 매년 바꾸어 써야 하는 단점이 있으나 다수확성, 균일성, 강건성, 강한내병성 등으로 많이 사용되고 있다. 1대 잡종에서 수확한 종자를 다시 심으면 변이가 심하게 일어나 품질의 균일성이 크게 떨어져 계속 사용이 불가능하므로 매년 구입하여 사용하여야 한다.

3) 잡종강세 육종법의 적용식물

    ① 인공교배이용 : 토마토, 오이, 가지, 수박 등
    ② 자가불화합성 이용 : 암술과 수술 모두 정상적인 기능을 가지고 있으나 자기꽃가루받이를 못하는 배추, 양배추, 무 등
    ③ 웅성 불임성 이용 : 암술은 건전하지만 수술이 불완전한 불임현상을 이용한 양파, 고추, 당근 등
    ④ 암수 다른 꽃 이용 : 오이, 수박, 옥수수 등
    ⑤ 암수 다른 포기 이용 : 시금치, 머위 등

4) 잡종강세 육종법의 종류

    ① 단교잡법

        유전적으로 다른 2품종을 교배하는 것으로 관여하는 계통이 2개 뿐이므로 우량한 조합의 선정이 용이하고 잡종강세 현상이 뚜렷하다. 각 형질이 균일하고 불량형질이 나타나는 일이 별로 없는 반면에 종자의 생산량이 적다는 단점이 있다.

    ② 복교잡법

7회 기출문제

원예작물의 잡종강세육종법에 대한 설명으로 옳지 않은 것은?

① 타식성 작물에서 많이 이용되며 농업발전에 공헌하였다.
② 생산된 F1 식물체를 재배에 이용하며, 양친보다 우수한 원예적 특성을 나타내도록 한다.
③ F1 고추종자의 대량생산에 웅성불임을 이용한 채종법이 사용된다.
④ 교배양친은 유전형질이 잡종화된 상태를 유지해야 한다.

▶ ④

3회 기출문제

배추과채소와 가지과채소의 일대교잡종(F_1종자)을 생산하기 위하여 이용되는 유전현상은?

① 형질전환   ② 잡종강세
③ 감수분열   ④ 돌연변이

▶ ②

2회 기출문제

원예작물에서 인공교배, 자가불화합성 또는 웅성불임성을 이용하여 교배종의 종자를 생산하고 있다. 다음에서 작물과 주로 이용하는 상업적 채종방식이 잘못 짝지어진 것은?

① 배추-자가불화합성
② 고추-인공교배
③ 양파-웅성불임성
④ 당근-웅성불임성

▶ ②

(A × B) × (C × D)와 같이 교잡하는 방법으로 단교잡보다 품질이 균일하지 않은 단점이 있으나 채종량이 많고 종자가 크다는 장점이 있다.

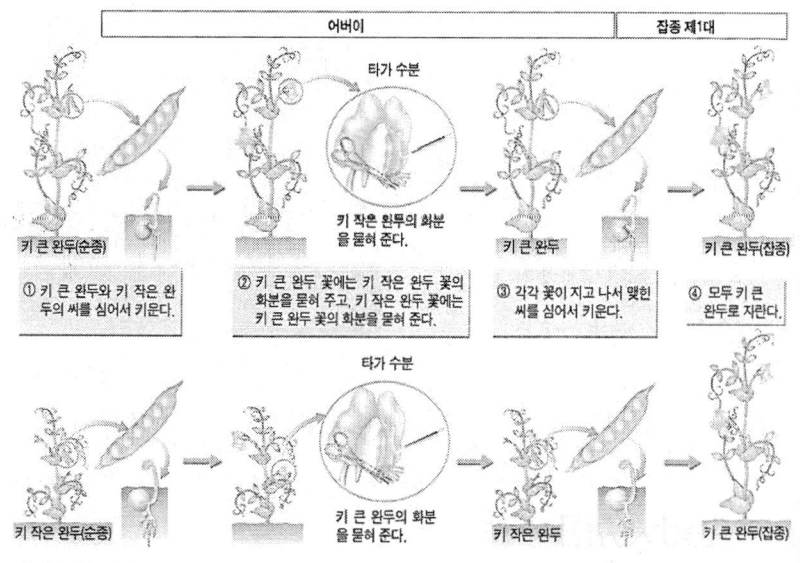

잡종 제1대 만들기

(출처 : 네이버)

(5) 배수체 육성법

1) 염색체 수를 늘리거나 줄여서 생겨나는 변이를 육종에 이용하여 우수한 품종을 새로 육성하는 방법이다.
2) 배수체를 늘리는데는 콜히친이라는 약제를 사용하는데 이는 방추사세포막의 형성억제에 의한 핵분열 교란을 통해
3) 2n=22인 수박의 염색체 수를 배가시켜 4n을 만들고 2n × 4n의 방법으로 3배체(3n)의 씨없는 수박을 만들기도 한다.

(6) 돌연변이 육종법

1) 돌연변이는 어버이 식물에 없던 형질이 유전자나 염색체 수의 변화에 의해 생겨난 것을 말하는데 자연적 돌연변이와 인위적 돌연변이가 있다.
  ① 자연적 돌연변이는 과수의 아조변이를 육종에 이용하는 육종방법으로 발생빈도는 낮다.
  ② 인위적 돌연변이는 유전자, 염색체 등에 X선, 감마선 등으

참고

- 배수체 육성에 주로 이용되는 것은?
콜히친 처리이다.

3회 기출문제

콜히친처리에 의해서 염색체들이 감수분열과정에서 양극으로 분리되지 않고 배수체가 만들어지는 이유는?
① 메타크세니아 영향
② 염색체의 변이
③ 방추사의 형성 저해
④ 대립형질의 발현

▶ ③

참고

- 아조변이 : 영양체의 일부인 눈(芽)에 돌연변이가 생긴 것

로 돌연변이를 유발시켜 새로운 품종으로 육성시키는 육종 방법이다.
2) 작물육종에 이용가능한 변이는 유전적 변이로 교잡변이, 돌연변이, 아조변이 등이 있다.

(7) 조직배양 : 전체 형성능 이용

❸ 종자의 증식과 보급

(1) 종자의 증식
우량종자를 종자갱신에 충족시키기 위해서는 종자 생산에 필요한 기본식물을 생산하여 종자의 퇴화가 방지되도록 증식체계를 수립해야 한다.

(2) 종자의 갱신
종자는 재배연수가 경과함에 따라 점점 퇴화되어 품종의 고유특성을 유지하지 못하고 생산성이 저하되므로 다음 주기 내에 종자를 갱신하여야 한다.
1) 감자, 옥수수 : 매년 갱신
2) 콩, 벼, 보리 : 4년

(3) 종자의 채종
1) 재배지(채종지)의 선정
   ① 채종재배를 위해서는 과도한 비옥지나 척박지는 피하고 적절한 집단 채종포의 선정이 필요하다.
   ② 씨감자는 고랭지에서 채종하고 옥수수, 십자화과 작물은 타가수정을 원칙으로 하는 작물이므로 섬이나 산간지 같은 지리적 격리지 등 인위적 격절(격리시켜 고립되게 하는 것)이 필요하다.
2) 종자선택 및 종자처리
   ① 채종재배에 쓰일 종자는 원종포에서 생산관리된 우량종자를 선택하고
   ② 우량종자선택 후에는 선종과 종자소독 등 필요한 처리를 한 후에 파종하여야 한다.

13회 기출문제

과수작물의 영양번식법 중에서 무병묘(virus-free stock) 생산에 적합한 방법은?
① 취목   ② 접목
③ 조직배양   ④ 삽목

▶ ③

2회 기출문제

염색체수와 관련된 내용에 대한 설명으로 잘못된 것은?
① 염색체수를 인위적으로 배가시킬 때에는 콜히친(colchicine)을 처리한다.
② 염색체를 반감시키는 방법은 약배양에 의해 가능하다.
③ 과수에서 2배체에 비하여 3배체 식물체의 수세는 약한 반면 4배체는 왕성하다.
④ 포도나무에서는 자연적인 염색체수의 배가가 가끔 일어난다.

▶ ③

> 참 고
>
> • 보급종을 생산하는 포장은?
>
> 채종포이다.

> 참 고
>
> • 채종적기
> 1) 곡류(화곡류 및 두류) : 황숙기
> 2) 십자화과 작물(채소류) : 갈숙기

4회 기출문제

우량품종을 육성하여 농가에 보급하는 육종단계를 바르게 나타낸 것은?

① 육종목표설정 → 우량계통선발 → 지역적응성검정 → 품종등록 → 증식 → 보급
② 육종목표설정 → 교잡육종 → 품종등록 → 변이유발 → 증식 → 보급
③ 육종목표설정 → 교잡육종 → 생산성검정 → 홍보 → 품종등록 → 보급
④ 육종목표설정 → 우량계통선발 → 품종등록 → 증식 → 지역적응성검정 → 보급

▶ ①

3) 주요 식량 작물의 4채종 체계

4) 재배법과 비배관리
   ① 채종재배는 종자를 충실하게 하기 위하여 질소과용을 피하고 인산·칼륨을 증시한다.
   ② 밀식을 피해서 수광태세를 좋게 하여야 한다.
   ③ 방제를 하여 생리적·병리적 퇴화를 방지한다.
   ④ 건실한 생육을 유도한다.
5) 이형주의 철저한 제거
   작물의 특성은 특정한 생육시기에 특정한 환경에서 발현되므로 생육초기에서부터 후기에 걸쳐 철저히 이형주의 도태를 실시하여야 한다.
6) 수확 및 조제
   ① 종자의 채종은 성숙단계(등숙단계)에서 채종되어야 하며
   ② 종자의 수확은 병충해의 발병과 저장양분의 축적 상태를 고려하여 수확해야 한다.
   ③ 종자의 탈곡 및 조제시에는 기계적 손상이 없도록 하여야 한다.
7) 육종의 농가 보급 과정
   ① 육종목표설정
   ② 우량계통선발
   ③ 지역적응성 검정
   ④ 품종등록
   ⑤ 증 식
   ⑥ 보 급

제5장 기출문제 연구

■■■ 기출문제

1회 기출
1. 과수가 초본 작물에 비해 육종에 불리한 점이 아닌 것은?

① 대부분의 과수는 영양번식을 하기 때문이다.
② 대부분의 과수는 자가불화합성이기 때문이다.
③ 영년생 작물이기 때문이다.
④ 어떤 과수에서는 교배불친화성의 품종 및 품종군이 있기 때문이다.

정답 및 해설 ①

식물의 번식방법 중 영양번식방법에는 접목, 삽목 등이 있는데 이는 과수의 주된 번식방법이다.

6회 기출
2. 원예작물의 바이러스병 예방을 위한 번식방법은?

① 분주(포기나누기)
② 삽목(꺾꽂이)
③ 약배양
④ 생장점배양

정답 및 해설 ④

바이러스병 예방을 위한 번식방법은 ④ 생장점 배양이다.

4회 기출
3. 저투입지속가능한 친환경농산물 생산을 위한 작물육종 방향이 아닌 것은?

① 다양한 숙기의 품종 개발
② 환경스트레스 저항성 증진
③ 생산물의 고기능성화
④ 다비(多肥)성 품종 육성

정답 및 해설 ④

저속투입가능한 친환경농산물 생산을 위한 작물육종 방향이 아닌 것은 ④이다.

3회 기출

4. 배추과채소와 가지과채소의 일대교잡종(F_1종자)을 생산하기 위하여 이용되는 유전현상은?

① 형질전환
② 잡종강세
③ 감수분열
④ 돌연변이

정답 및 해설 ②

배추과채소와 가지과채소의 일대교잡종 생산을 위하여 이용되는 유전현상은 ② 잡종강세이다.

2회 기출

5. 원예작물에서 인공교배, 자가불화합성 또는 웅성불임성을 이용하여 교배종의 종자를 생산하고 있다. 다음에서 작물과 주로 이용하는 상업적 채종방식이 잘못 짝지어진 것은?

① 배추 - 자가불화합성
② 고추 - 인공교배
③ 양파 - 웅성불임성
④ 당근 - 웅성불임성

정답 및 해설 ②

② 고추는 양파, 당근과 같이 웅성불임성을 이용하여 종자를 생산한다.

3회 기출

6. 콜히친처리에 의해서 염색체들이 감수분열과정에서 양극으로 분리되지 않고 배수체가 만들어지는 이유는?

① 메타크세니아 영향
② 염색체의 변이
③ 방추사의 형성 저해

④ 대립형질의 발현

<정답 및 해설> ③

③ 방추사의 형성저해이다.

<4회 기출>
7. 우량품종을 육성하여 농가에 보급하는 육종단계를 바르게 나타낸 것은?

① 육종목표설정 → 우량계통선발 → 지역적응성검정 → 품종등록 → 증식 → 보급
② 육종목표설정 → 교잡육종 → 품종등록 → 변이유발 → 증식 → 보급
③ 육종목표설정 → 교잡육종 → 생산성검정 → 홍보 → 품종등록 → 보급
④ 육종목표설정 → 우량계통선발 → 품종등록 → 증식 → 지역적응성검정 → 보급

<정답 및 해설> ①

우량품종을 육성하여 농가에 보급하는 육종단계는 육종목표설정 → 우량계통선발 → 지역적응성검정 → 품종등록 → 증식 → 보급이다.

MEMO

농산물 품질관리사 대비

제 6장 ｜ 특수원예

01 시설원예

❶ 시설원예의 의의

(1) 시설원예의 의의

시설원예란 하우스, 유리온실, 터널 등의 시설 내에서 채소, 과수, 화훼 등의 원예작물을 집약적으로 재배 생산하는 것을 말한다.

(2) 시설재배의 필요성과 수익성

1) 원예작물에 대한 수요는 특정 계절에 국한됨이 없이 일년내내 요구되는 사항이고 국민의 생활수준이 높아질수록 원예작물에 대한 수요는 증가되므로 일년내내 공급체계가 필요하다.
2) 이러한 주년적 공급체계는 시설재배와 밀접한 관련을 가지고 있다.
3) 시설원예는 노지원예와 달리 제철이 아닌 때의 생산이므로 생산물이 비싼 값으로 출하되어 노지원예에 비해 수익성이 높다.

❷ 시설의 입지조건

(1) 기상조건

일조량은 시설 내의 온도유지와 작물광합성에 결정적요인이므로 난방부하가 적은 온난지역이 좋다.

(2) 토양 및 수리조건

토양은 비옥하고 작목에 알맞은 토성이 좋고 수리조건은 지하수위와 배수가 양호한 곳으로 여러 환경조건에 맞는 곳이어야 한다.

(3) 위치조건

생산물 출하가 원활하게 이루어지고 수송비가 많이 들지 않는 곳이어야 한다.

③ 시설자재

(1) 골격자재

1) 목재, 경합금재, 강재 등이 있는데 요즘에는 목재는 거의 사용하지 않고 경합금재를 많이 사용한다.
2) 경합금재는 가볍고 내식성이 강하며 광투과율이 좋으나 가격이 비싸고 강도가 강재보다 떨어진다.

(2) 피복자재

1) 피복자재는 고정시설을 피복하여 계속 사용하는 유리나 플라스틱 필름 등의 기초 피복재와 보온·차광 등의 목적으로 사용하는 부직포, 거적 등의 추가 피복재가 있다.
2) 피복자재의 조건은
   ① 투광률은 높고 열선투과율은 낮아야 한다.
   ② 보온성이 커야 한다.
   ③ 열전도율이 낮아야 한다.
   ④ 내구성이 커야 한다.
   ⑤ 수축과 팽창이 작아야 한다.
   ⑥ 충격에 강해야 한다.
   ⑦ 가격이 저렴해야 한다.

참고

● 시설원예의 자재조건

1) 투광률은 높고 열선투과율은 낮아야 한다.
2) 보온성이 커야 한다.
3) 열전도율이 낮아야 한다.
4) 내구성이 커야 한다.
5) 수축과 팽창이 작아야 한다.
6) 충격에 강해야 한다.
7) 가격이 저렴해야 한다.

④ 시설의 구조

(1) 기본구조
시설은 고정하중과 적재하중, 특히 적설하중, 풍하중에 견딜 수 있는 구조적 조건이어야 한다.

(2) 지붕의 기울기
지붕의 기울기가 크면 바람저항이 많으나 적설에 강하고 지붕의 기울기가 작으면 바람저항은 적으나 빗물이나 적설에 약해진다.
1) 투광율 : 햇빛은 30° 정도가 지장이 없다.
2) 기울기 : 물방울이 흐르는 각도는 최소 26° 이상
3) 적설방지
    ① 적설이 많은 지대 : 32° 이상
    ② 채소·절화 재배용 온실 : 26.5~29° 정도

(3) 시설의 설치 방향
1) 단동(외지붕형과 3/4 지붕형) : 동서동이 유리하며 투광률이 10% 정도 높다.
2) 양지붕형 연동 : 남북동이 유리하며 벤로형은 동서동이 원칙이다.
3) 플라스틱 하우스 : 촉성재배는 동서동, 반촉성 재배는 남북동 설치가 바람직하다.

⑤ 시설의 종류

1) 시설의 종류는 시설자재에 따라 플라스틱하우스, 유리온실 등이 있고 시설의 모양에 따라
    ① 외지붕형
    ② 쓰리쿼터형
    ③ 둥근지붕형
    ④ 양쪽지붕형
    ⑤ 연동형

⑥ 벤로형 등이 있다.

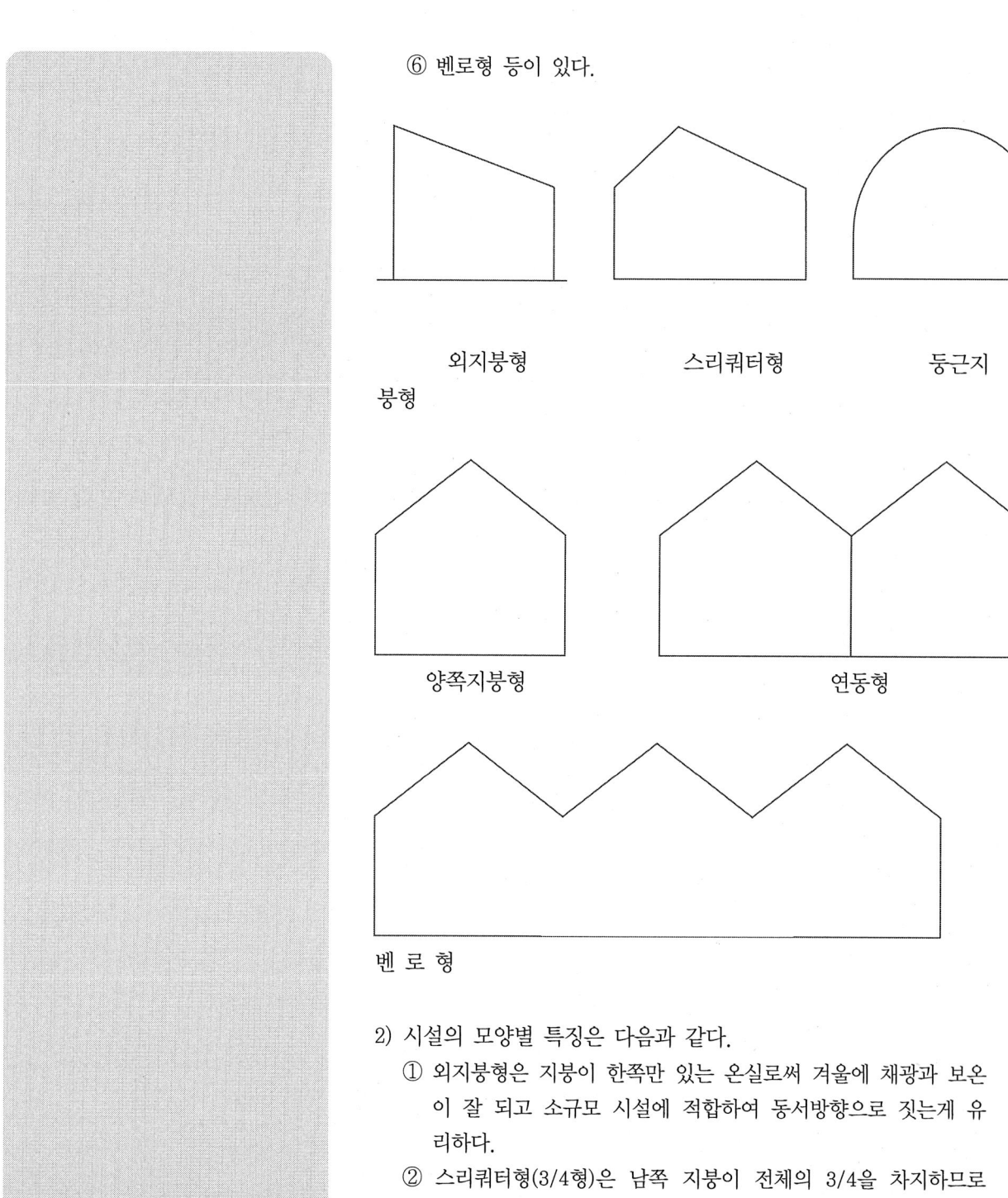

2) 시설의 모양별 특징은 다음과 같다.
  ① 외지붕형은 지붕이 한쪽만 있는 온실로써 겨울에 채광과 보온이 잘 되고 소규모 시설에 적합하여 동서방향으로 짓는게 유리하다.
  ② 스리쿼터형(3/4형)은 남쪽 지붕이 전체의 3/4을 차지하므로 붙여진 이름으로 외지붕과 같이 동서방향으로 짓는게 유리하다.

③ 양지붕형은 지붕 양쪽의 길이가 같은 온실로서 광선이 균일하게 입사하고 통풍이 잘 되는 장점이 있으며 남북방향으로 짓는게 유리하다.
④ 벤로형 온실은 폭이 좁은 양지붕형 온실을 연결한 것으로 골격률이 적어서 시설비가 적게 들고 투광률이 높은 장점이 있는데 동서방향으로 짓는게 유리하다.

6 온도관리

(1) 시설 내 온도의 특징

1) 시설 내의 열은 낮에는 피복재에 의한 방열차단효과로 시설 내에 계속 축적되어 온도가 높아지는 반면에 야간에 가온을 하지 않을 경우 외부기온과 거의 같은 수준으로 낮아져 온도 교차가 매우 커지게 된다.
2) 시설내면의 피복재에 접해있는 피복재의 온도는 실내기온보다 낮아서 시설 내에서는 대류현상이 일어나 시설 내의 기온은 위치에 따라 달라진다.
3) 시설 내의 기밀도에 따라 시설 밖의 바람의 영향으로 환류현상이 일어나 바람에 부딪히는 윗부분과 반대 쪽의 기온에 변화가 온다.

(2) 변온관리

1) 변온관리는 저장시설의 온도를 낮에는 높게, 밤에는 가급적 낮게 유지하여 온도를 관리하는 것을 말한다.
2) 변온관리는 낮에는 광합성을 촉진하고 야간에는 호흡작용을 억제하여 작물의 생육증가효과를 가져온다.
3) 변온관리는 항온관리에 비해 유류절감효과, 작물생육과 수량의 증가효과, 품질향상효과가 있다.

(3) 보온

1) 시설내의 열은 시설자재와 피복재의 관류작용에 의해서 외부로 빠져나가는데 이러한 열손실은 전체 열손실의 60%이상을 차지한다. 따라서 보온을 위해서는 이러한 전열에 의

> **참 고**
>
> • 변온관리
> 저장시설의 온도를 낮에는 높게, 밤에는 가급적 낮게 유지하여 온도를 관리하는 것을 말한다.

> **참 고**
>
> • 시설의 변온관리가 바람직한 이유는?
> 광합성을 촉진하고 야간의 호흡작용을 억제하기 때문에

| 3회 기출문제 |

보온의 기본원리를 잘 설명한 것은?

① 시설 내 대류전열(對流傳熱)의 촉진
② 시설 내 방사전열(放射傳熱)의 촉진
③ 자연에너지의 이용 억제
④ 환기전열(換氣傳熱)의 억제

➡ ④

| 12회 기출문제 |

비닐하우스 내 토양의 염류집적에 관한 개선방안이 아닌 것은?

① 연작 재배
② 객토 및 유기물 시용
③ 담수 처리
④ 제염작물 재배

➡ ①

| 참 고 |

- 보온비
  1) 포장면적/바닥면적
  2) 보온비가 작을수록 시설 내의 온도를 높게 유지할 수 있다.
  3) 시설의 바닥면적이 크고 표면적이 작아야 보온에 유리하다

한 열손실을 방지하여야 한다.
2) 시설내의 온도와 보온비는 밀접한 관계가 있는데 시설의 바닥면적이 크고 표면적이 작아야 보온에 유리하다.
3) 보온자재표면피복에 알루미늄필름, PVC, PE들을 이용한 보온 이중커튼 및 이중고정피복을 이용하면 보온에 효과가 있고 워터커튼을 이용하면 영하 10℃까지 내려가는 지역에서도 무가온 재배가 가능하다.

(4) 난 방

최악의 기상에서도 작물의 생육적온을 유지하기 위해서 난방을 하며 난방은 저온장해 발생을 방지해서 작물의 수량증대와 품질향상을 증대시킨다.

❼ 수분관리

(1) 시설 내 수분환경의 특이성

1) 시설 내는 수분공급이 없고 증산량이 많아 토양이 건조하기 쉬우므로 수분부족이 발생하지 않도록 관리한다.
2) 토양수분의 과습시에는 이랑을 높이고 암거배수시설을 이용한다.
3) 시설 내에서는 밀식으로 인하여 바깥보다 빨리 수분장해점에 도달하므로 수분을 공급하여야 한다.

(2) 시설 내 습도관리

시설 내의 공기습도가 낮아지면 수분흡수가 촉진되고 공기습도가 높으면 증산량 및 광합성이 감소하고 병해가 발생하게 되므로 항상 적정한 습도가 유지되도록 관리하여야 한다.

❽ 토양관리

1) 시설 내의 온도는 노지에 비해 높으며 비료성분이 용탈되지 않고 축적되고 염류집적현상이 발생하여 장해발생의 가능성

이 커진다.
2) 시설에서 재배되는 작물은 연작으로 인하여 병원성 미생물이나 해충의 생존밀도가 높아져 연작장해가 발생한다.
3) 집약적인 재배관리와 인공관수로 토양이 굳게 다져져 토양의 통기성 확보에 주력하여야 한다.
4) 시설 내의 토양에서는 미량요소의 결핍에 의한 작물생육장애가 발생하므로 부족된 미량요소를 공급해 주어야 한다.

⑨ 광관리

(1) 구조재에 의한 차광

구조재는 거의 불투명하므로 구조재의 비율이 커질수록 광선의 차단율은 커진다.

(2) 피복재에 의한 광투과량

1) 피복재에 의한 반사와 이에 부착되어 있는 먼지, 색소 등의 광흡수로 광투과량이 감소된다.
2) 광투과율이 높은 피복재라도 커튼이나 터널 등으로 2중피복하면 투과율이 40% 이상 감소한다.

(3) 시설의 방향과 투과량

1) 시설 내의 광량은 태양고도가 낮은 겨울에는 동서동의 광량이 더 많다.
2) 그러나 연동의 경우에는 동서동이 남북동보다 그림자가 심하게 나타나서 광분포의 불균일성이 크다.

(4) 반사광의 이용

태양고도가 낮을 때에는 동서동의 북측 벽에 반사판을 설치하여 광량 증대시킬 수 있으며 이때의 반사판은 알루미늄 포일이 적당하다.

9회 기출문제

시설원예에서 병해충 발생 억제방법이 아닌 것은?

① 토양 증기소독
② 건전묘 사용
③ 페로몬트랩 설치
④ 연작

▶ ④

8회 기출문제

토양의 염류집적을 방지하고 지력을 높이기 위한 방법으로 옳지 않은 것은?

① 유기물을 사용하여 양이온치환용량을 높인다.
② 토양진단에 근거하여 시비를 한다.
③ 경운 및 쇄토를 자주 하여 토양을 단립화시킨다.
④ 담수처리를 하거나 제염작물을 재배한다.

▶ ③

⑩ 이산화탄소(CO_2)관리

(1) 시설 내의 이산화탄소농도

1) 밤에는 CO_2가 계속 방출되어 실내의 CO_2농도가 높아지나 낮에는 시설 내의 농도가 빠른 속도로 감소한다.
2) CO_2의 농도는 해뜨기 직전에 가장 높고 아침에 해가 뜨고 광합성이 시작되면서 CO_2의 농도가 낮아진다.
3) 시설 내의 잎, 줄기가 무성한 부분에는 CO_2 농도가 낮고 움직이는 통로부분은 CO_2 농도가 높다.
4) CO_2가 부족하면 경엽의 신장이 불량하고 연약해지며 낙화와 낙과가 증가한다.

(2) 시설 내의 이산화탄소시비

1) 작물의 종류, 광량, 온도 등에 따라 합리적인 CO_2의 시비량과 시비시기를 결정하되 시설 내의 광도가 낮으면 CO_2 시비량을 줄이고 광도가 높으면 CO_2 시비량을 늘린다.
2) CO_2의 사용효과는 작물에 따라 차이가 있으나 대부분의 시설재배 작물에 효과가 있는 것으로 알려져 있다.
3) 해뜬 후 1시간 후부터 환기할 때까지 2~3시간이 광합성이 가장 왕성할 때이기 때문에 이 시간대에 시비하는 게 좋다.
4) 시비는 CO_2를 외부에서 직접 공급하는 방법과 퇴비가 분해될 때 발생하는 CO_2를 이용하는 간접적인 방법이 있다.

⑪ 시설 내의 생리장해

시설 내의 생리장해는 토양환경, 유해가스, 기상환경 등의 불량으로 발생한다.

(1) 토양 환경 불량

1) 염류집적
① 질소비료를 다량사용한 경우 토양 중의 염류농도를 높이고

참 고

• 태양고도가 낮을 때에는 동서동의 북쪽벽에 반사판을 설치하여 반사광을 실내로 유도함으로써 광량을 증대시킬 수 있다. 이 때 반사판으로 적당한 것은?
알루미늄포일이다.

1회 기출문제

시설재배에서 CO_2 시비에 대한 설명이 바르게 된 것은?
① CO_2 시비량이 증가할수록 광합성은 계속 증가한다.
② 밝은 날에 비해 흐린 날은 CO_2 시비를 증가시킨다.
③ CO_2 시비는 일반적으로 일몰직전에 실시한다.
④ 양액재배에서는 토양재배보다 CO_2 시비 농도를 높여야 한다.

➡ ④

8회 기출문제

원예작물의 시설재배에서 탄산가스를 시비하는 목적은?
① 병충해 방제
② 광합성 촉진
③ 연작장해회피
④ 수분·수정촉진

➡ ②

이로 인해서 토양양분 상호간의 흡수가 저해되어 특정원소의 결핍 증상을 일으킨다.

② 그리고 염류농도가 아주 높아지면 토양 중의 삼투압이 뿌리의 삼투압보다 높아져 뿌리의 양분과 수분의 흡수가 어려워 말라져 죽는다.

③ 예를 들면 토양의 과다한 질소나 칼륨이 석회의 부족을 야기시켜 토마토의 배꼽썩음병을 일으키는 것이다.

2) 토양의 산성화

질소질 비료의 분해과정에서 생성된 질산태질소에 의해 산성화한 토양은 인산과 칼륨의 흡수를 어렵게 해서 생육이 불량해진다.

3) 토양온도의 고저로 인한장해

지온이 높으면 호흡이 증가하여 산소부족과 칼슘흡수저해로 칼슘결핍증이 생기고 낮으면 생장이 억제되어 생육이 지장을 받는다.

(2) 유해가스의 집적

1) 유해가스에는 암모니아가스, 아질산가스, 아황산가스, 일산화탄소 등이 있다.

2) 많은 암모니아가스가 집적하면 잎둘레갈변 현상이 발생하고 아질산가스는 고추 등에 흰색점무늬를 생기게 하고 아황산가스는 광합성을 저하시켜 잎의 뒷면에 갈색점무늬가 나타난다.

(3) 시설 내의 병해충

1) 시설 내의 병해충의 특징

① 시설 내는 병원균이 침입하면 빠른 속도로 만연하기 쉽다.

② 시설 내에서는 약효가 오래 지속되나 식물이 연약하고 도장(웃자람)하기 때문에 쉽게 해를 입는다.

③ 시설은 해충의 침입을 억제하기도 하지만 침입한 해충은 짧은 기간에 증식된다.

④ 시설 내의 온도는 연중 생육적온이기 때문에 해충도 연중 발생한다.

⑤ 살충제에 대한 내성이 강하여 방제가 어렵다.

2) 시설재배에서 많이 발생하는 병해

참 고

- 시설재배지 토양에서 나타날 수 있는 문제점
  1) 염류집적
  2) 연작장해
  3) 양분의 불균형

1회 기출문제

원예작물 재배시 비교적 저온조건에서 발생하기 쉬운 병해는?

① 시들음병
② 풋마름병
③ 덩굴쪼김병
④ 노균병

▶ ④

역병, 균핵병, 잿빛곰팡이병, 흰가루병, 노균병, 검은별무늬병, 풋마름병, 배꼽썩은병이 많이 발생한다.

3) 저온·고온장해로 발생하는 병해

저온장해로 발생하는 병해는 노균병, 균핵병, 잿빛곰팡이병 등이 있고 고온장해로 발생하는 병해는 시드름병, 풋마름병, 탄저병, 덩굴쪼김병 등이 있다.

02 청정재배

시설재배의 한 형태로써 토양 대신 양액으로 작물을 재배하는 양액재배, 수경재배, 탱크농업 등이 있다.

① 수경재배의 특징

1) 연작장해없이 동일 장소에서 동일 작물을 반복해서 재배할 수 있다.
2) 미생물이나 중금속의 오염없이 청정재배가 가능하다.
3) 관리작업을 자동화할 수 있어 생력재배가 가능하다.
4) 생육이 빨라 생산량이 증가한다.
5) 농경지가 어려운 곳이나 토양이 오염돼도 재배가 가능하다.
6) 작물생육이 양분농도나 pH 변화에 영향을 받기 쉽다.
7) 시설과 장치 설치에 비용이 많이 소요된다.
8) 수경재배할 수 있는 작물의 종류가 제한되어 있다.

[수경재배]
(출처 : 농촌진흥청사이버홍보관)

8회 기출문제

원예작물을 수경재배할 때 고려해야 할 사항이 아닌 것은?

① 원수의 수질
② 급액의 EC와 pH
③ 배지의 종류
④ 급액탱크의 탄산가스 농도

➡ ④

13회 기출문제

고형 배지 없이 베드 내 배양액에 뿌리를 계속 잠기게 하여 재배하는 방법은?

① 분무경(aeroponics)
② 담액수경(deep flow technique)
③ 암면재배(rockwool culture)
④ 저면담배수식(ebb and flow)

➡ ②

❷ 청정재배와 NFT(식물공장)

NFT는 순환식 수경방식을 말하는데 이 방식은
1) 시설비가 저렴하고
2) 설치가 간단하며
3) 중량이 가벼워 세계적으로 가장 널리 보급되어 있는 양액재배용방식이다.
4) 산소부족이 없다.
5) 전자동 수경재배

❸ 청정재배의 성립요건

1) 특수 구조의 재배모판, 양액탱크, 양액공급장치 등의 시설이 필요하다.
2) 양질의 물을 다량 확보할 수 있어야 한다.
3) 폐양액과 소독액의 배수가 잘 되어야 한다.
4) 양호한 생육조건이 갖추어져야 한다.
5) 양액조제 및 관리에 대한 지식이 있어야 한다.

12회 기출문제

자연광 이용형 식물공장에 비해 인공광 이용형(완전제어형) 식물공장이 가지는 특징이 아닌 것은?

① 작물의 생장속도가 빨라 대량 생산이 가능하다.
② 재배관리에 에너지가 적게 들어 저비용 생산이 가능하다.
③ 생육과 생산량을 예측할 수 있어 계획 생산이 가능하다.
④ 장소와 계절에 관계없이 균일한 작물 생산이 가능하다.

▶ ②

제6장 기출문제 연구

■■■ 기출문제

3회 기출

1. 보온의 기본원리를 잘 설명한 것은?

① 시설 내 대류전열(對流傳熱)의 촉진
② 시설 내 방사전열(放射傳熱)의 촉진
③ 자연에너지의 이용 억제
④ 환기전열(換氣傳熱)의 억제

정답 및 해설 ④

④ 보온의 기본원리라 함은 환기에 의한 열이 빠져나가는 것을 억제하는 데 있다고 하겠다.

1회 기출

2. 시설재배에서 CO_2 시비에 대한 설명이 바르게 된 것은?

① CO_2 시비량이 증가할수록 광합성은 계속 증가한다.
② 밝은 날에 비해 흐린 날은 CO_2 시비를 증가시킨다.
③ CO_2 시비는 일반적으로 일몰직전에 실시한다.
④ 양액재배에서는 토양재배보다 CO_2 시비 농도를 높여야 한다.

정답 및 해설 ④

① CO_2 시비량이 증가하면 광합성이 증가하다가 어느 수준의 농도에 이르면 더 이상 증가하지 않는다.

② 맑은 날에 비해 흐린 날에는 CO_2 시비를 줄인다.

③ CO_2 시비는 일반적으로 해뜬 후 1시간 후부터 실시하는 것이 바람직하다.

1회 기출

3. 원예작물 재배시 비교적 저온조건에서 발생하기 쉬운 병해는?

① 시들음병
② 풋마름병

③ 덩굴쪼김병
④ 노균병

정답 및 해설 ④

부록 1
예상문제

MEMO

핵심 원예작물학 예상문제

■■■ 원예식물 서설

1. 원예식물의 특성으로 보기 어려운 것은?
① 인간에게 필수적인 비타민 A, C등의 제공원이다.
② 보건적인 효과가 있다.
③ 가격이 안정되어 있어 수익성이 크다.
④ 생활공간을 쾌적하게 만들어 심성을 순화시킨다.

정답 ③

원예식물은 기후의 영향, 수확 후 저장성, 유통구조의 문제 등으로 공급의 불안정한 요인을 가지고 있다.

2. 원예식물의 특색으로 옳지 않은 것은?
① 신선한 채소와 과일은 인체의 건전한 발육에 필수적인 비타민 A와 C, 칼슘, 철, 마그네슘 등을 공급한다.
② 채소와 과일은 주로 산성식품이다.
③ 원예식물은 다른 작물에 비해 집약적인 재배를 하고 있다.
④ 화훼와 관상수목은 우리들의 생활공간을 쾌적하게 해준다.

정답 ②

채소와 과일은 알칼리 식품으로 산성식품을 중화시켜 준다.

3. 원예치료의 의미를 가장 잘 설명한 것은?
① 원예식물의 병을 치료한다.
② 원예식물로 사람의 병을 치료한다.
③ 원예활동을 통하여 사람의 정신질환 등을 치료한다.
④ 식물병원에서 실시하는 치료를 말한다.

정답 ③

원예치료란 환자의 병후회복, 정신질환 환자나 범죄자의 정신이나 심리상태를 교정하기 위해 실시하는

예상문제 연구 | 189

원예활동이다.

4. 식품으로서의 채소의 중요성을 설명한 것으로 옳지 않은 것은?
① 비타민과 무기염류의 공급원이다.
② 알칼리성 식품으로 체액을 중화시켜 준다.
③ 열량이 높아 체력 증진에 중요하다.
④ 보건적 기능 및 약리 효능이 있다.

정답 ③

채소는 수분함량이 많고 열량이 낮기 때문에 주식으로 이용하기는 어렵다.

5. 우리나라 채소의 재배면적을 다음의 4가지 품목으로 분류하였다. 가장 넓은 재배면적을 차지하고 있는 것은?
① 근채류
② 엽채류
③ 과채류
④ 조미채소

정답 ④

조미채소＞과채류＞엽채류＞근채류의 순이며, 고추의 재배면적이 가장 넓다.

6. 다음 중 채소 분류의 기준이 되지 못하는 것은?
① 식용부위에 따른 분류
② 광성 적응성에 따른 분류
③ 수분요구도에 따른 분류
④ 온도적응성에 따른 분류

정답 ③

①: 엽경채류, 근채류, 과채류, ②: 양성채소, 음성채소, ④: 호온성채소, 호랭성채소

7. 다음 중 채소를 생태적 특성에 따라 분류한 것은?
① 엽채류, 근채류
② 호온성채소, 호랭성채소
③ 가지과채소, 박과채소
④ 인경채류, 양성채류

정답 ②

생태적 특성에 따른 분류는 온도, 광, 수분 등 환경요인에 대한 적응특성에 따라 분류하는 것이다.

8. 다음 중 잎이나 줄기를 이용하는 채소는?

① 시금치, 양파
② 고추, 옥수수
③ 무, 생강
④ 딸기, 마늘

정답 ①

잎이나 줄기를 이용하는 채소는 엽경채류이다.
※ 이용분위에 다른 채소의 분류
1. 엽경채류: 잎이나 줄기, 꽃을 이용하는 채소(① 엽채류: 배추, 시금치, 셀러리 ② 경채류: 아스파라거스, 죽순 ③ 인경채류: 양파, 파, 마늘, 부추 ④ 화채류: 콜리플라워, 브로콜리)
2. 근채류: 지하에서 발달하는 부위를 이용하는 채소(① 직근류: 무, 당근, 우엉 ② 괴근류: 고구마, 마 ③ 괴경류: 감자, 토란 ④ 근경류: 생강, 연근)
3. 과채류: 열매를 이용하는 채소(① 가지과: 토마토, 고추, 가지 ② 박과: 수박, 참외, 오이, 호박 ③ 기타: 딸기, 옥수수, 버섯 등)

9. 뿌리채소의 식용부분에 대한 설명 중 틀린 것은?

① 생육 후반기에 잎이 잘 자라도록 해주어야 좋다.
② 일종의 저장기관이다.
③ 비대 발육을 위해서는 생육 전반기에 엽면적의 확보가 중요하다.
④ 온도조건이 유리할 때 광합성이 최대가 되도록 비배관리해야 좋다.

정답 ①

생육 후반기에 잎이 무성하게 자라지 않도록 주의해야 한다.

10. 다음 중 다년생 채소끼리 짝지어진 것은?

① 미나리 – 아스파라거스
② 셀러리 – 파슬리
③ 양배추 – 근대
④ 고추 – 오크라

정답 ①

다년생 채소: 아스파라거스, 토당귀, 식용대황, 미나리 등

11. 호랭성채소가 호온성채소에 비하여 다른 점을 바르게 설명한 것은?
① 식물체가 크고 근군의 분포가 깊다.
② 저장온도가 비교적 높다.
③ 질소질 비료의 효과가 크다.
④ 수분의 요구량이 비교적 작다.

정답 ③

① 호온성채소: 25℃ 정도의 비교적 따뜻한 기후조건에서 생육이 잘 되는 채소로 대부분의 열매채소
② 호랭성채소: 17~20℃ 정도의 비교적 서늘한 기후조건에서 생육이 잘되는 채소로 대부분 영양기관을 이용하는 채소

12. 다음 채소 중 호랭성채소에 속하는 것은?
① 수박
② 딸기
③ 멜론
④ 토마토

정답 ②

열매채소는 대부분 호온성이나 열매채소 중 완두, 잠두, 딸기는 호랭성채소이다.

13. 과일을 보건식품이라고 칭하는 이유는?
① 향기와 단맛 때문이다.
② 신선하고 아름답기 때문이다.
③ 비타민과 무기염류가 많기 때문이다.
④ 수분과 탄수화물이 많기 때문이다.

정답 ③

대부분의 과일은 생체 중의 85% 정도가 수분이고 탄수화물은 10%정도이다. 또한 비타민과 무기염류가 다른 식품에 비해 많아 보건식품이라 부른다.

14. 과실의 구조에 의한 분류에 해당되지 않는 것은?
① 준인과류
② 핵과류
③ 장과류
④ 감귤류

정답 ④

※ 과수의 분류 방법
① 인과류: 사과, 배 ② 핵과류: 복숭아, 자두, 살구 ③ 각과류: 밤, 호두, 아몬드
④ 장과류: 포도, 무화과 ⑤ 준인과류: 감, 감귤

15. 인과류는 어느 부분이 비대하여 식용부가 되었는가?

① 씨방벽　　　　　　　　　　② 꽃받침
③ 내과피　　　　　　　　　　④ 중과피

정답 ②

인과류는 꽃받침이 비대하여 식용 부분이 된다.

16. 다음 과실 중 진과는?

① 사과　　　　　　　　　　② 복숭아
③ 배　　　　　　　　　　　④ 무화과

정답 ②

자방이 발육하여 자란 과실을 진과라 하며 감귤류, 복숭아, 포도, 살구, 밤 등이 속한다.

17. 다음 중 위과(거짓과실)에 대해 가장 잘 설명한 것은?

① 종자가 없는 과실이다.
② 자방만이 비대하여 형성된 과실이다.
③ 자방의 일부 또는 그 주변기관이 발달한 과실이다.
④ 꽃이 피지 않고 맺힌 과실이다.

정답 ③

자방의 일부 또는 그 주변기관이 발달하여 형성된 과실을 위과라 하며 딸기, 사과, 배 등이 속한다.

18. 추파 1년초의 특징이라고 할 수 없는 것은?

① 저온을 어느 정도 경과하여야 한다.
② 주로 온대나 아한대지방이 원산지이다.
③ 단일조건에서 개화가 잘 된다.

④ 서늘한 기후에서 잘 자란다.

정답 ③

추파 1년초는 장일조건에서 개화가 잘 된다.

19. 알뿌리화초 중 봄에 심는 것으로 짝지어진 것은?
① 튤립, 히야신스
② 수선화, 프리지어
③ 달리아, 수선화
④ 칸나, 아마릴리스

정답 ④

※ 알뿌리화초는 원산지와 내한성에 따라 심는 시기가 다르다.
① 봄에 심는 알뿌리화초: 칸나, 글라디올러스, 아마릴리스
② 가을에 심는 알뿌리화초: 튤립, 나리, 수선화, 히아신스찬성

20. 가을에 심는 알뿌리화초에 대한 설명으로 잘못된 것은?
① 반드시 가을에 심는다.
② 고온에서 휴면이 타파된다.
③ 내서성이 약하다.
④ 온도가 서늘할 때 잘 자란다.

정답 ②

튤립, 나리, 수선화, 히아신스 등이 이에 속하며 0~3℃의 저온에서 휴면이 타파된다.

21. 다음 알뿌리화초 중 비늘줄기를 가지고 있는 것은?
① 튤립
② 글라디올러스
③ 시클라멘
④ 칸나

정답 ①

비늘줄기(인경): 줄기가 짧고 잎이 비대한 인편 형태의 알뿌리를 가진 것. 글라디올러스는 구슬줄기, 시클라멘은 덩이줄기, 칸나는 뿌리줄기를 가지고 있다.

22. 다음 중 숙근초의 올바른 정의는?
① 생육 후 개화결실한 다음 지상부만 계속 살아남는 식물
② 생육 후 개화결실한 다음 지상부는 죽지만 지하부는 남아 생육을 계속하는 초본성 화훼
③ 계속 개화결실하는 나무
④ 영원치 죽지않는 화훼

정답 ②

숙근초는 삽목, 분주 등의 영양번식을 하며, 품종의 특성이 오래 유지된다.

■■■ 원예식물 생육

1. 다음 중 뿌리의 변형된 형태가 바르게 연결된 것은?
① 달리아: 괴근
② 고구마: 괴경
③ 감자: 주근이 비대
④ 당근: 측근이 비대

정답 ①

고구마는 괴근, 감자는 줄기가 비대, 당근은 주근이 비대한 것이다.

2. 포도의 덩굴손, 딸기의 포복경, 감자의 괴경 등은 모두 무엇이 변형된 것인가?
① 잎
② 줄기
③ 과실
④ 뿌리

정답 ②

줄기는 여러 가지 형태로 변해 각기 독특한 기능을 수행하고 있다.

3. 다음 중 꽃의 구조에 대한 설명으로 올바른 것은?
① 양성화는 암술과 수술이 딴 꽃에 있다.
② 단성화는 대부분 박과채소에서 발견된다.
③ 양성화는 작물에 관계없이 꽃잎의 수, 색, 모양 등이 같다.

④ 오이, 시금치는 양성화이다.

정답 ②

양성화는 암술과 수술이 한 꽃에 있고, 작물에 따라 꽃잎이 다양하다. 오이, 시금치는 단성화이다.

4. 다음 중 식물과 화기구조상의 특징을 짝지은 것으로 잘못된 것은?
① 배추: 자웅이주
② 오이: 자웅이화
③ 시금치: 자웅이주
④ 옥수수: 자웅이화

정답 ①

① 자웅동주 채소: 무, 배추, 양배추, 양파
② 자웅이화동주 채소: 오이, 호박, 참외, 수박 등
③ 자웅이주 채소: 시금치, 아스파라거스

5. 다음 중 잎이 변하여 생성된 기관이 아닌 것은?
① 감자의 괴경
② 선인장의 가시
③ 마늘의 인편
④ 양파의 인경

정답 ①

감자의 괴경은 줄기가 비대하여 생성된 기관이다.

6. 다음 중 바르게 설명된 것은?
① 생장은 질적 증가를 뜻한다.
② 발육은 세포들이 형태적·기능적으로 변하는 것을 뜻한다.
③ 생장과 발육은 상호 독립적인 현상이다.
④ 작물의 생육은 생장으로 완성된다.

정답 ②

생장은 양적 증가이며, 생장과 발육은 상호 연관성이 있고, 생육은 발육과 함께 완성된다.

7. 다음 영양생장 과정 중 가장 핵심인 것은?

① 잎의 분화 ② 줄기의 분화
③ 화아분화 ④ 종자의 발달

정답 ③

영양생장 과정의 핵심은 화아분화이며, 화아분화는 전환점으로 하여 영양생장에서 생식생장으로 전환한다.

8. 다음 중 세포분열이 활발한 곳이 아닌 것은?
① 생장점 ② 형성층
③ 절간분열조직 ④ 엽조직

정답 ④

세포분열이 활발한 곳은 분열조직이며, 분열조직에는 생장점, 형성층, 절간분열조직 등이 있다.

9. 수분과 수정이 완료된 후 자방내의 배주가 발달하여 형성된 것은?
① 꽃 ② 줄기
③ 과실 ④ 종자

정답 ④

과실은 수정 후 종자가 발달하면서 주위 부속기관이 함께 발달한 것이다.

10. 화분관이 자라 주공을 통해 배낭 속으로 들어가 극핵 및 난핵과 결합하는 과정을 무엇이라 하는가?
① 수분 ② 화분관 신장
③ 단위생식 ④ 수정

정답 ④

수정은 1개의 정핵이 난핵과 만나 배(2n)를 형성하고, 다른 1개의 정핵은 2개의 극핵과 만나 배유(3n)를 형성하는 것이다.

11. 식물의 수정에 필요한 정핵 및 난세포와 같은 생식세포는 어떤 분열과정을 거친 후 생성되는가?

① 감수분열　　　　　　　　　② 체세포분열
③ 영양생식　　　　　　　　　④ 단위생식

정답 ①

정핵 및 난세포와 같은 생식세포는 감수분열하여 핵상이 n 상태이다.

12. 피자식물이 가지는 중복수정에서 염색체의 조성은?

① 배 n, 배유 n　　　　　　　② 배 n, 배유 2n
③ 배 2n, 배유 3n　　　　　　④ 배 2n, 배유 2n

정답 ③

원예식물은 2회에 걸쳐 수정이 이루어지며, 이것을 중복수정이라고 한다.

13. 다음 중 반수체가 아닌 것은?

① 꽃가루　　　　　　　　　　② 배유
③ 정핵　　　　　　　　　　　④ 난핵

정답 ②

배유(배젖)은 3n이다.

14. 다음 중 가장 수명이 긴 종자는?

① 토마토　　　　　　　　　　② 콩
③ 양파　　　　　　　　　　　④ 고추

정답 ②

콩, 오이, 배추, 가지 등은 장명성종자이다.

15. 종자의 수명에 가장 영향을 적게 미치는 조건은?

① 종자의 수분함량　　　　　　② 저장습도

③ 저장온도 ④ 광선

정답 ④

종자의 수명에 영향을 미치는 요인: 내부요인, 상대습도와 온도, 종자내의 수분, 저장고내의가스, 유전적 요인, 기계적 손상

16. 저장 중인 종자가 수명을 잃는 주된 원인은?
① 원형질 구성 단백질의 응고
② 저장양분의 증가
③ 휴면온도
④ 종자의 산도 저하

정답 ①

저장 중인 종자가 수명을 잃는 주된 원인은 원형질 구성 단백질의 응고, 효소의 활력 저하, 저장양분의 소모 등이다.

17. 종자의 저장방법으로 가장 좋은 것은?
① 온도가 높고 건조한 상태로 저장한다.
② 온도가 낮고 건조한 상태로 저장한다.
③ 온도가 높고 다습한 상태로 저장한다.
④ 온도가 낮고 다습한 상태로 저장한다.

정답 ②

낮은온도와 건조상태 및 밀폐저장으로 저장 기간을 연장할 수 있다.

18. 다음에 열거한 화학물질 중 종자의 발아촉진과 가장 관계가 깊은 것은?
① 질산칼륨(KNO_3) ② 에틸렌
③ 수크로오스 ④ ABA

정답 ①

질산칼륨은 종자의 발아촉진에 널리 이용되고 있으며, 보통 0.1~1.0% 농도로 처리한다.

19. 다음 중 종자의 발아에 광이 필요한 것은?

① 상추, 셀러리
② 오이, 호박
③ 무, 양파
④ 고추, 토마토

정답 ①

* 호광성종자: 상추, 우엉, 담배, 셀러리, 베고니아, 진달래, 철쭉, 프리뮬러
* 혐광성종자: 오이, 호박, 토마토, 고추, 무, 양파, 백일홍, 시클라멘

20. 다음 중 물속에서도 발아가 잘 되는 종자는?

① 고추
② 상추
③ 가지
④ 콩

정답 ②

물속에서도 발아가 감퇴하지 않는 종자: 벼, 상추, 당근, 셀러리

21. 다음 중 광발아 종자인 것은?

① 호박
② 가지
③ 상추
④ 토마토

정답 ③

호광성종자는 광발아종자와 같은 의미이다.

22. 다음 중 고온에서 발아가 불량한 채소는?

① 시금치
② 토마토
③ 가지
④ 고추

정답 ①

① 저온성채소: 상추, 시금치, 셀러리, 부추
② 중온성채소: 파, 양파, 완두
③ 고온성채소: 박과채소, 토마토, 가지, 고추

23. 종자발아에 가장 크게 영향을 미치는 제일 중요한 환경 요인은?

① 수분   ② 공기
③ 바람   ④ 햇빛

정답 ①

종자가 물을 흡수하면 체내 호르몬과 효소가 활성되어 발아가 시작된다.

24. 종자의 발아에 관여하는 내적 요인이 아닌 것은?

① 유전성의 차이
② 온도
③ 육종에 의한 발아력의 향상
④ 종자의 성숙도

정답 ②

① 종자 발아의 내적 요인: 유전성의 차이, 육종에 의한 발아력 향상, 선발효과, 종자의 성숙도
② 종자발아의 외적요인: 수분, 공기, 온도, 광, 화학물질

25. 종자의 발아력 검정을 위한 TTC 테스트에서 활력이 있는 종자는 어떤 반응을 보이는가?

① 배가 적색으로 변한다.
② 종피가 갈색으로 변한다.
③ 배유가 청색으로 변한다.
④ 종자가 즉시 발아한다.

정답 ①

TTC(Triphenyl Tetrazolium Chloride) 종자의 배가 호흡에 의해 방출하는 수소이온과 결합하여 배를 적색으로 물들인다.

26. 다음 중 배추의 결구에 관여하는 가장 중요한 원인은?

① 일장   ② 수분
③ 양분   ④ 온도

정답 ④

배추, 양배추, 결구상추 등은 온도가 높으면 결구가 잘되지 않는다.

27. 다음 중 인경(비늘줄기)의 비대에 가장 중요한 요소는?
① 토양산도 ② 장일
③ 질소질비료 ④ 저온

정답 ②

인경의 비대에 가장 중요한 요소는 장일조건이다. 마늘 양파 등은 고온 장일조건에서 인경이 비대함과 동시에 휴면에 들어간다.

28. 고구마 괴근의 비대촉진에 관여하는 식물호르몬은?
① 옥신 ② IAA
③ 지베렐린 ④ ABA

정답 ②

고구마의 괴근은 IAA의 함량이 많아야 비대하고, 감자의 괴경은 IAA의 함량이 적어야 비대한다.

29. 무의 바람들이 현상이 생기는 시기는?
① 수확 직전부터 생긴다.
② 저장 중에 일어난다.
③ 추대하는 경우에 주로 일어난다.
④ 최대 생장시기 직후에 시작된다.

정답 ④

바람들이 현상은 뿌리의 비대가 왕성할 때나 수확기가 늦어져 동화양분인 탄수화물이 부족하여 세포가 텅 비고 세포막이 찢어지거나 구멍이 생기는 것이다. 알맞은 품종을 선택하고 지나친 밀식을 피하여 생육 후반기에 과습하지 않도록 관리하는 것이 중요하다.

30. 다음 중 식물의 영양생장기간은?
① 종자형성에서 발아까지
② 맹아에서 발아까지

③ 발아에서 화아분화 전까지
④ 발아에서 결실까지

정답 ③

화아분화는 영양생장에서 생식생장으로 전환되는 기점이다.

31. 다음 중 화아분화의 설명으로 잘못된 것은?

① 생육상의 전환이다.
② 생장점이나 엽액에서 꽃으로 될 원기가 생겨나는 현상이다.
③ 열매채소는 화아분화를 유도하면 경제적 가치가 크게 감소한다.
④ 뿌리채소의 화아분화는 바람직하지 못하다.

정답 ③

열매채소는 과실이 수확대상이므로 화아분화가 적극적으로 요구되는 반면 입줄기채소나 뿌리채소는 화아분화로 상품가치를 상실하게 된다.

32. 영양기관을 수확하고자 하는 엽·근채류에서 화아분화로 생겨나는 불리한 점이 아닌 것은?

① 엽채류는 큰 포기를 얻지 못한다.
② 근채류는 뿌리 비대에 불리하다.
③ 상품가치가 저하된다.
④ 종자를 얻을 수 있다.

정답 ④

종자를 얻으면 영양기관을 얻지 못한다.

33. 잎채소재배에 있어 화아분화 및 추대가 재배목적에 배치되는 가장 기본이 되는 이유는?

① 잎의 크기가 작아진다.
② 잎의 수가 늘지 않는다.
③ 잎의 품질이 나빠진다.
④ 쓴 맛이 생긴다.

정답 ②

화아분화가 시작되면 잎의 수가 늘지 않고 생장속도도 둔화된다.

34. 채소의 화아분화에 미치는 저온처리효과를 가장 잘 설명한 것은?
① 화아분화는 반드시 저온을 경과해야 이루어진다.
② 종자춘화형 채소는 종자 때부터 저온에 감응한다.
③ 작물의 저온 감응 부위는 새로 전개되는 잎이다.
④ 녹식물춘화형은 식물체의 크기에 관계없이 저온에 감응한다.

정답 ②

화아분화는 광 및 작물의 유전적인 요인과 관계가 있으며, 저온 감응부위는 생장점이다.
녹식물춘화형은 식물체가 일정한 크기에 달한 후에 저온에 감응한다.

35. 춘화처리(Vernalization)란 무슨 뜻인가?
① 작물의 종자를 일장처리를 함으로써 개화가 촉진된다는 뜻
② 작물의 종자를 고온처리를 함으로써 종자의 발아를 촉진시킨다는 뜻
③ 작물의 종자를 저온처리 함으로써 추파형이 춘파형으로 변한다는 뜻
④ 개화에 소요되는 기간을 단축시킨다는 뜻

정답 ③

※ 춘화처리
① 종자나 어린 식물에 일정한 저온을 처리하여 화성의 유도를 촉진시켜 개화를 빠르게 하는 것
② 개화촉진을 위하여 저온에서 식물의 감온성을 경과시키는 것
③ 어린 식물을 저온 처리하여 추파성을 춘파성으로 변화시키는 것

36. 화훼에서 춘화처리를 이용하는 주된 목적은?
① 개화조절에 이용한다.
② 주로 병·해충 방제에 이용한다.
③ 구근을 비대시키는 데 이용한다.
④ 관수를 합리적으로 이용한다.

정답 ①

종자를 저온처리하여 화아가 형성할 때까지의 과정을 촉진시킨다.

37. 식물체가 어느정도 커진 다음 저온에 감응하여 화아분화되는 채소는?
① 무   ② 순무
③ 배추   ④ 양배추

정답 ④

양배추, 꽃양배추, 파, 양파, 우엉, 당근 등은 식물체가 어느 정도 커진 다음에 저온에 감응하여

화아분화를 일으키는 녹식물춘화형채소이다.

38. 무, 배추 등에서 화아가 분화되고 화경이 길게 신장되는 현상은?
① 개화 ② 추대
③ 성숙 ④ 춘화

정답 ②

추대는 화아분화 이후 조건이 화경의 신장에 적당하면 화경이 빠른 속도로 자라나는 것이다.

39. 로제트(rossete)현상이란 무엇인가?
① 생장 조절제에 의해 키가 자라지 않는 현상
② 가지가 사방으로 퍼져서 둥그렇게 자라는 현상
③ 영양생장기간에 줄기의 자람이 멈추고 있는 현상
④ 휴면에 의해 발아가 늦어지는 현상

정답 ③

로제트현상은 줄기 부분, 즉 마디 사이가 극도로 단축되어 있는 것으로 배추, 상추, 무, 당근 등에서 볼 수 있다.

40. 엽채류의 결구와 추대는 서로 깊은 관계가 있는데 추대의 회피와 결구의 유도에 대한 설명 중 틀린 것은?
① 결구채소는 화아분화의 시작과 잎의 분화가 동시에 일어난다.
② 파종기가 늦어 엽수를 확보하지 못하면 결구하지 못한다.
③ 봄배추는 저온을 경과하면 추대한다.
④ 상추는 고온에 의해서 추대가 촉진된다.

정답 ①

엽채류는 화아분화 시작과 동시에 잎의 분화는 정지되므로 조기에 화아분화가 시작되면 결구하지 못하고 추대하게 된다.

41. 꽃눈 형성이나 추대현상 때문에 상품가치가 크게 떨어지는 채소는?
① 호박 ② 배추
③ 고추 ④ 수박

정답 ②

배추, 상추 등의 잎채소와 무, 당근 등의 뿌리채소는 꽃눈 형성이나 추대현상을 회피하는 것이 중요하다.

42. 상추의 화아분화 및 추대를 일으키는 데 영향이 가장 큰 환경조건은?
① 장일
② 단일
③ 고온
④ 저온

정답 ③

무, 배추, 양배추, 당근, 양파 등은 저온에 의해 화아분화 및 추대가 유기되지만 상추는 고온에 의한다.

43. 다음 중 휴면의 정의를 바르게 나타낸 것은?
① 작물이 화아분화를 위해서 필요로 하는 저온의 정도
② 작물이 일시적으로 생장활동을 멈추는 생리현상
③ 작물이 종자를 형성하고 고사하기까지의 상태
④ 종자가 형성된 후부터 발아까지의 생육정지 현상

정답 ②

원예식물은 대부분 휴면하며, 휴면은 식물 자신이 처한 불량환경의 극복수단이다.

44. 휴면을 하지 않는 과수종자는?
① 감귤류, 포도
② 사과, 배
③ 복숭아, 살구
④ 매실, 밤

정답 ①

① 휴면하지 않는 과수종자: 감귤류, 감, 포도
② 휴면하는 과수종자: 사과, 배, 복숭아, 자두, 매실, 밤

45. 종자 휴면의 원인으로 거리가 먼 것은?
① 종피의 산소흡수 저해
② 발아억제물질의 존재
③ 배의 미숙
④ 후숙

정답 ④

종자휴면의 원인: 종피의 불투과성, 발아억제물질의 존재, 배의 미성숙(후숙과정을 통해 종자가 성숙할 때까지 기다려야 함) 등

46. 다음 중 원예식물의 휴면을 잘못 설명하고 있는 것은?
① 포도나무는 가을이 되면 휴면에 들어간다.
② 감자는 수확 후 수주간 휴면이 들어가는 것이 보통이다.

③ 마늘은 겨울이 되면 깊은 휴면에 빠진다.
④ 딸기의 휴면시기는 포도와 비슷하다.

정답 ③

마늘, 양파, 튤립, 수선화 등은 여름이 될 때까지 구가 비대해지고 한여름이 되면 휴면에 들어가 고온을 극복하고 겨울에 저온을 경과하면 휴면이 타파된다.

47. 낙엽과수의 휴면에 대한 설명으로 바르지 못한 것은?
① 대부분 8월 중에 자발휴면에 들어간다.
② 자발휴면이 타파되면 환경이 나빠도 발아한다.
③ 과수에 따라 다르지만 발아하기까지 상당한 저온을 요구한다.
④ 과수의 부위에 따라 휴면시기가 다를 수 있다.

정답 ②

자발휴면이 끝나고 환경이 불량하면 다시 타발휴면을 하게 된다.

48. 다음 중 배휴면을 하는 종자의 휴면타파에 흔히 사용하는 방법은?
① 종피파상법　　　　　　　② 층적법
③ 종피제거법　　　　　　　④ 진탕법

정답 ②

층적법: 습한 모래나 이끼를 종자와 엇바꾸어 쌓아 올려 저온에 두는 방법

49. 종자에 황산이나 수산화칼륨 등을 처리하는 이유는?
① 종자소독　　　　　　　　② 휴면타파
③ 발아억제　　　　　　　　④ 춘화촉진

정답 ②

종자의 휴면타파법: 종피에 상처를 내는 방법, 화학약품(황산, 수산화칼륨) 처리 방법, 온도처리 방법 등

원예식물의 환경

1. 밤과 낮의 온도차이가 원예식물의 생육에 미치는 영향을 가장 잘 설명한 것은?

① 광합성 산물인 녹말의 체내 축적과 저장기관으로의 이동에 영향을 준다.
② 낮의 고온은 광합성을 억제하고 밤의 저온은 호흡을 촉진한다.
③ 식물은 밤과 낮의 온도차가 적어야 광합성 작용이 활발해진다.
④ 밤과 낮의 온도차이는 식물의 생육에 아무런 영향을 주지 않는다.

정답 ①

낮의 고온은 광합성을 촉진하고 밤의 저온은 호흡을 억제한다.

2. 채소의 생육과 온도환경과의 관계를 잘못 설명하고 있는 것은?

① 주야간의 변온이 작물의 결실에 유리하다.
② 생육적온은 생육단계별로 다르다.
③ 발아적온은 생육적온 보다 다소 높다.
④ 잎채소와 줄기채소는 주로 호온성채소에 속한다.

정답 ④

잎채소와 줄기채소는 주로 호랭성채소에 속한다.

3. 다음 중 내한성이 강한 채소가 아닌 것은?

① 시금치, 파
② 토마토, 고추
③ 마늘, 부추
④ 배추, 무

정답 ②

열대원산의 채소는 내서성이 강하다.

4. 채소의 내서성과 고온장해에 관한 설명 중 틀린 것은?

① 열대원산의 채소는 보통 내서성이 강하다.
② 채소의 지상부가 지하부 보다 내서성이 강하다.
③ 지상부는 꽃잎〉수술〉암술〉꽃받침〉잎〉줄기의 순으로 내서성이 강하다.
④ 기온이 너무 높으면 각종 생리장해와 병이 발생한다.

정답 ③

지상부에서 내서성에 강한 순서는 줄기〉잎〉꽃받침〉암술〉수술〉꽃잎 순이다.

5. 같은 과수 품종인데도 생산지에 따라 성숙시기가 다른 까닭은?

① 비배관기라 다르기 때문이다.
② 강수량의 차이 때문이다.
③ 일조량이 다르기 때문이다.
④ 적산온도가 다르기 때문이다.

정답 ④

적산온도: 작물이 발아할 때부터 성숙이 끝날 때까지의 기간 중에 소요되는 온도의 총량

6. 과수 재배시 내한성이 가장 약한 시기는?

① 발육기
② 휴면초기
③ 휴면중기
④ 휴면말기

정답 ①

대부분의 과수는 발유기에 내한성이 약하여 영하 1~4℃에서 피해를 입으나, 낙엽 후 휴면기가 되면 내한성이 강해진다.

7. 복숭아 재배시 저온의 피해가 가장 심한 시기는?

① 휴면기 때의 저온
② 가을 휴면에 들어가기 전 저온
③ 휴면이 끝난 후의 저온
④ 개화기 때의 서리 피해

정답 및 해설: ④

복숭아는 개화시기가 빠르기 때문에 늦서리의 피해가 자주 나타난다.

8. 주야간의 온도차이가 과실의 품질을 좋게 하는 까닭은?

① 동화물질의 축적이 많다.
② 수세가 좋아진다.
③ 야간 저온일 때 열매가 자극을 받아 크게 자란다.
④ 적산온도를 생각하면 야간 저온은 불리하다.

정답 ①

변온에서는 탄수화물의 축적이 촉진된다.

9. A 지방의 여름 온도가 B 지방 보다 더 높은데 B 지방의 사과가 먼저 익었다. 그 원인은 무엇인가?(같은 품종일 경우)

① B 지방이 인산질(P) 비료를 많이 주는 경향이 있다.
② A 지방이 대체로 다비재배를 하는 편이다.
③ 과수재배시 성숙최적온도 이상이 되면 오히려 성숙이 지연된다.
④ B 지방이 대체로 건조한 편이다.

정답 ③

과실의 성숙 최적온도는 27℃ 내외로 30℃ 이상이면 성숙이 늦어진다.

10. 가을에 심는 알뿌리화초의 촉성 재배시 알뿌리를 냉장처리하는 이유는?

① 휴면을 타파하여 개화를 조절하기 위하여
② 생육을 억제하기 위하여
③ 저장중 병·해충을 예방하기 위하여
④ 개화를 억제하기 위하여

정답 ①

가을에 심는 알뿌리화초를 다음해 봄에서 여름에 걸쳐 꽃피게 하려면 알뿌리를 냉장처리하여야 한다.

11. 외계조건의 변화에 따라 원예식물의 증산작용에 미치는 현상 중 틀린 것은?

① 낮에는 왕성해지고 밤이면 감소한다.
② 공기가 건조하면 증산은 촉진된다.
③ 기온이 높으면 증기압이 높아지므로 증산작용이 억제된다.
④ 바람이 불면 엽면의 증기압 부족으로 증산작용이 촉진된다.

정답 ③

기온이 높아지면 대기의 증기압 부족량이 증대되어 증산작용이 촉진된다.

12. 증산작용과 대기환경과의 관계를 옳게 설명한 것은?

① 광도는 약할수록, 습도는 낮을수록, 온도는 높을수록 증산작용은 왕성하다.
② 광도는 약할수록, 습도는 높을수록, 온도는 낮을수록 증산작용은 왕성하다.
③ 광도는 강할수록, 습도는 높을수록, 온도는 높을수록 증산작용은 왕성하다.
④ 광도는 강할수록, 습도는 낮을수록, 온도는 높을수록 증산작용은 왕성하다.

정답 ④

'④' 이외에 기공의 개폐가 빈번할수록, 기공이 크고 그 밀도가 높을수록, 어느 범위까지는 엽면적이

증가할수록 증산량이 많아진다.

13. 식물이 빛을 받아 광에너지 및 CO_2와 H_2O를 원료로 하여 동화물질을 합성하는 작용을 무엇이라 하는가?

① 광합성작용 ② 호흡작용
③ 분해작용 ④ 탈질작용

정답 ①

녹색식물이 태양의 복사에너지를 흡수하여 이산화탄소와 물을 재료로 탄수화물을 생성하는 작용을 광합성 또는 탄소동화작용이라고 한다.

14. 광합성에 유효한 광파장 범위는?

① 100~400nm ② 400~700nm
③ 700~1,000nm ④ 1,000~1,300nm

정답 ②

광합성에는 400~500nm의 청색부분과 650~700nm의 적색부분이 가장 유효하다.

15. 광합성에 있어서 가장 유효한 광선으로 짝지어진 것은?

① 적색광, 청색광 ② 적색광, 녹색광
③ 청색광, 녹색광 ④ 자외선, 녹색광

정답 ①

녹색, 황색, 주황색광은 대부분 투과 및 반사되어 광합성에 효과가 적다.

16. 다음 중 식물생육에 미치는 자외선의 영향을 바르게 설명한 것은?

① 식물의 키를 작게 한다.
② 광합성을 촉진한다.
③ 식물체온을 유지시킨다.
④ 특별한 작용이 없다.

정답 ①

식물의 생육과 관련이 깊은 광선은 가시광선이며 자외선은 생육을 억제하여 식물의 키를 작게 한다.

17. 하루 중 채소의 광합성이 가장 활발하게 이루어지는 시간은?

① 아침 해뜬 직후
② 오전 11시경
③ 오후 3시경
④ 저녁 해지기 직전

정답 ②

광합성작용은 보통 해가 뜨면서부터 시작되어 정오경 최고조에 달하고 그 뒤 점차로 떨어진다.

18. 광합성과 관련된 CO_2 농도를 잘못 설명한 것은?

① 대기 중의 CO_2 농도는 약 0.03%이다.
② 광합성이 활발할 때 잎 주위의 CO_2 농도는 대기 중의 CO_2 농도보다 조금 높다.
③ CO_2 농도를 높여주면 광합성을 어느 정도까지는 증가시킬 수 있다.
④ 시설재배에서 CO_2 시비를 하는 경우도 있다.

정답 ②

광합성이 활발하면 그 주위는 CO_2 농도가 낮아서 광합성 제한인자가 된다.

19. 일장이 채소의 생육에 미치는 영향에 관한 설명으로 잘못된 것은?

① 장일은 시금치의 추대를 촉진한다.
② 단일은 마늘의 2차생장을 증가시킨다.
③ 단일은 딸기의 화아분화를 촉진시킨다.
④ 단일은 양파의 인경비대를 촉진시킨다.

정답 ④

양파의 인경은 장일조건에서 촉진된다.

20. 다음 중 장일성 식물에 관한 설명으로 가장 올바른 것은?

① 낮의 길이가 한계일장보다 길어질 때 개화하는 식물
② 낮의 길이가 한계일장보다 짧아질 때 개화하는 식물
③ 낮의 길이에 상관없이 개화하는 식물
④ 낮의 길이가 10시간 이하일 때 개화하는 식물

정답 ①

'②'-단일성식물, '③'-중성식물

21. 다음 채소 중 단일성채소는?
① 무
② 양배추
③ 시금치
④ 강낭콩

정답 ④

① 단일성채소: 강낭콩, 옥수수, 딸기
② 중일성채소: 가지, 고추, 토마토
③ 장일성채소: 시금치, 상추, 무, 당근, 배추, 양배추, 감자

22. 국화를 7월 중순에 꺾꽂이 하여 12월 하순에 개화시켜 출하하려고 한다. 재배기간 중 어떤 처리과정이 필요한가?
① 고온처리
② 단일처리
③ 저온처리
④ 전조처리

정답 ④

국화의 전조재배: 인공적인 전등 조명으로 개화기를 늦추는 방법. 주로 단일성인 가을국화나 겨울국화를 장일상태로 만들어 개화를 억제시킨다.

23. 노지재배에서 10월에 개화하는 국화를 8월에 개화시키려면 어떤 조치가 필요한가?
① 단일처리
② 장일처리
③ 정지 및 정전
④ 지베렐린 살포

정답 ①

국화는 단일식물이고 한계일장이 12시간이다. 따라서 단일처리하면 개화를 앞당기고, 장일처리하면 개화를 늦출 수 있다.

24. 식물의 개화에 영향을 가장 크게 미치는 두 요인은?
① 온도와 일장
② 일장과 수분
③ 수분과 온도
④ 일장과 양분

정답 ①

식물의 개화에는 일장효과와 춘화작용(온도)이 중요하다.

25. 춘파일년초에는 조·중·만생종이 있다. 이러한 개화일의 차이가 일어나는 이유는?
① 개화유도 한계일장의 차이
② 기본영양생장기간의 차이

③ 감온정도의 차이
④ 생육적온의 차이

정답 ①

식물은 종류 및 품종에 따라 개화에 알맞은 일장이 다르다.

26. 일장에 감응하여 개화 유도물질을 생산하는 식물의 주된 부위는?
① 어린 눈
② 어린 잎
③ 성숙한 잎
④ 녹색의 어린 줄기

정답 및 해설: ③

일장에 감응하는 식물의 부위는 전개된 성숙한 잎이며 잎에서 감응하여 만들어진 꽃눈 형성물질이 생장점으로 이행하여 개화에 이르게 된다.

27. 식물의 춘화현상은 저온감응에 의해 나타난다. 이 때 저온에 감응하는 부위는?
① 꽃눈조직
② 동화조직
③ 형성층
④ 생장점조직

정답 ④

저온에 감응하는 부위는 생장점이며, 보통 0~10℃ 범위의 저온이 적당하다.

28. 과수에서 수분이 부족하면 어느 부위에서 가장 먼저 수분결핍 현상이 일어나는가?
① 과실
② 잎
③ 가지
④ 뿌리

정답 ①

수분이 부족하면 먼저 과실의 발육이 불량해지고, 이어서 가지의 신장마저 억제되어 잎이 시들게 된다.

29. 식물 생육에 대한 수분의 작용으로 거리가 먼 것은?
① 식물의 체온을 조절한다.
② 토양의 온도를 조절한다.
③ 광합성과 호흡작용에 관여한다.
④ 세포와 조직의 모양을 유지한다.

정답 ②

수분의 역할: 각종 영양원소와 물질의 운반매체이고, 각종 효소의 활성을 증대시켜 촉매작용을

촉진한다.

30. 수분공급의 부족으로 나타나는 현상이 아닌 것은?
① 세포의 비대억제　　　　　　② 세포벽의 생성촉진
③ 광합성률 저하　　　　　　　④ 근채류의 뿌리비대 저하

정답 ②

수분의 공급이 부족하면 단백질과 세포벽의 생성이 억제되어 잎이 작아진다.

31. 다음 중 원예식물이 흡수한 수분을 배출하는 가장 중요한 기관은?
① 잎 선단의 수공　　　　　　② 잎 표면의 기공
③ 잎의 통도조직　　　　　　　④ 잎줄기의 표피조적

정답 ②

원예식물은 체외로 배출하는 수분의 90% 이상을 잎의 기공을 통하여 배출한다.

32. pF 값은 무엇을 나타내는 단위인가?
① 토양용액의 산도　　　　　　② 토양염류의 농도
③ 토양수분장력　　　　　　　　④ 토양의 최대용수량

정답 ③

토양수분장력: pF(potential force) 값으로 나타내며, 토양수분의 측정에는 텐쇼미터가 많이 이용된다.

33. 원예 작물의 재배에 있어서 초기위조현상이 발생하는 pF 값은?
① 1.7　　　　　　　　　　　② 2.5
③ 3.9　　　　　　　　　　　④ 5.6

정답 ③

* 초기위조점(pF 3.9): 식물의 생육이 정지하고 하엽이 위조하기 시작하는 상태
* 영구위조점(pF 4.2): 포화습도의 공기 중에 24시간 정도 두어도 회복할 수 없는 상태

34. 식물이 가장 유용하게 이용하는 토양수분의 종류는?
① 중력수　　　　　　　　　　② 모관수
③ 흡습수　　　　　　　　　　④ 결합수

정답 ②

모관수 : 표면장력에 의하여 토양공극간에서 중력에 저항하여 남아있는 수분으로 지하수가 토양의 모관공극을 상승하여 공급된다. 식물이 주로 이용하는 수분이다.

35. 토양 유효수분의 범위는?
① 최대용수량과 포장용수량 사이
② 최대용수량과 최소용수량 사이
③ 포장용수량과 영구위조점 사이
④ 영구위조점과 흡습수 사이

정답 ③

작물이 생장할 수 있는 토양의 유효수분은 포장용수량에서부터 영구위조점까지의 범위이다.

36. 다음 열매채소 중에서 건조에 매우 약하여 토양수분이 부족하면 과실의 비대가 불량하고 쓴맛이 생기는 것은?
① 딸기   ② 참외
③ 수박   ④ 오이

정답 ④

오이는 건조에 매우 약한 채소로 토양수분이 부족하면 과실의 비대가 불량하고 쓴맛이 생기며, 과실 표면의 윤기가 없어지는 등 상품성이 떨어진다.

37. 토양 3상(고상:기상:액상)의 구성비로 옳은 것은?
① 40% : 30% : 30%   ② 50% : 25% : 25%
③ 60% : 20% : 20%   ④ 30% : 30% : 40%

정답 ②

원예작물이 자라는 데 알맞은 토양의 3상 구성은 고상 50%(무기물 45% + 유기물 5%), 기상 25%, 액상 25%이다.

38. 다음 중 조직이 치밀하고 단단한 저장 무 생산에 적합한 토양은?
① 질참흙   ② 모래참흙
③ 모래흙   ④ 참흙

정답 ①

질참흙에서 뿌리의 비대는 억제되지만 저장성과 품질이 좋은 무가 생산된다.

39. 다음 중 물주기가 어려운 지역의 사질토양에서 재배가 바람직한 작물은?
  ① 오이 ② 땅콩
  ③ 고추 ④ 토마토

  정답 ②

  물주기가 어려운 사질토양에는 내건성이 강한 땅콩, 고구마 등의 재배가 좋다.

40. 다음 중 과수재배에 가장 적당한 토양은?
  ① 사토 ② 점토
  ③ 사양토 ④ 암석토

  정답 ③

  사양토: 모래참흙이라고도 하며 과수의 뿌리가 토층 깊이 뻗어 나갈 수 있다.

41. 토양수분 과다로 인한 습해의 가장 큰 원인은?
  ① 입단파괴로 인한 토양구조의 불량
  ② 토양의 통기불량에 의한 산소부족
  ③ 식물체를 지지하는 뿌리의 부실
  ④ 세균의 수월한 번식과 침입

  정답 ②

  토양산소가 부족하면 작물의 생리작용이 저해되고 유해물질이 발생한다.

42. 다음 중 토양 침식이 비교적 적은 과수원은?
  ① 석회 시용이 적은 질흙
  ② 토층이 얕은 곳
  ③ 청경재배한 곳
  ④ 부초나 유기물 시용이 많은 곳

  정답 ④

  토양 침식의 방지법: 등고선 식재 또는 계단식 식재, 초생 또는 부초, 유기물의 시용

43. 토양의 입단화를 가장 좋게 하는 것은?
  ① 땅 밟기를 자주한다. ② 유기물을 시용한다.
  ③ 물대기를 자주한다. ④ 붕소를 시용한다.

① 토양 입단화 방법: 유기물과 석회의 시용, 콩과작물 재배, 토양개량제의 시용, 토양 피복
② 토양 입단화 파괴: 경운, 입단의 팽창 및 수축의 반복, 비와 바람, 나트륨이온의 첨가

정답 ②

44. 토양의 입단구조 발달에 좋은 영향을 주는 요소들이 바르게 짝지어진 것은?

① 유기물, 점토, 석회
② 유기물, 점토, 나트륨
③ 유기물, 석회, 나트륨
④ 점토, 나트륨, 석회

정답 ①

유기물이 분해될 때 미생물에 의하여 분비되는 점토물질에 의하여 분비되는 점토물질이 토양입자를 결합시키고 석회는 유기물의 분해를 촉진시키며 토양입자를 결합시키는 작용을 한다.

45. 토양을 입단구조로 만들기 위한 토양개량제는?

① OED
② 아크리소일
③ 엔티졸
④ 버미큘라이트

정답 ②

아크리소일, 크릴륨 등이 토양입단화에 유효하다.

46. 산성토양을 개량하는 옳은 방법은?

① 인분을 거름으로 충분히 준다.
② 밭갈이 때 석회를 토양에 섞어준다.
③ 이어짓기를 한다.
④ 물을 계속 준다.

정답 ②

산성토양은 석회나 유기물을 사용하여 개량한다.

47. 다음 중 채소밭이 산성화되는 원인이 아닌 것은?

① 황산암모늄을 많이 시비한다.
② 퇴비를 많이 사용한다.
③ 질소비료를 많이 사용한다.
④ 자주 관수한다.

정답 ②

'①', '③', '④'는 토양산성화의 원인이며, 자주 관수하면 염기가 물에 씻겨서 산성화를 촉진한다.

48. 다음 중 pH4.8~5.4인 산성토양에서 잘 견디며 생육하는 작물은?

① 당근, 시금치 ② 양배추, 오이
③ 양파, 꽃양배추 ④ 감자, 고구마

정답 ④

감자, 고구마, 수박 등은 산성토양에 강하고 아스파라거스, 시금치 등은 산성토양에 약하다.

49. 다음 중 토양산도가 pH6.0 이상에서만 경제적인 재배가 가능한 작물은?

① 배추 ② 시금치
③ 오이 ④ 우엉

정답 ②

시금치는 산성에 매우 약하므로 중성 내지 약한 알칼리성 토양에서 생육이 잘 된다.

50. 토양 산도에 따라 꽃색이 달라지는 것은?

① 동백 ② 철쭉
③ 장미 ④ 수국

정답 ④

수국은 산성토양에서 파란색의 꽃이 핀다.

51. 토양의 pH가 증가할수록 식물 영양분의 유효도가 감소하지 않는 것은?

① 몰리브덴(Mo) ② 철(Fe)
③ 망간(Mn) ④ 아연(Zn)

정답 ①

토양의 pH가 증가하면 미량원소의 용해도가 저하되어 Fe, Mn, Zn, Cu 등이 결핍되기 쉽다. 반대로 Mo은 낮은 pH에서 유효도가 떨어진다.

52. 과수원 토양관리에서 초생법의 문제점은?

① 양수분 쟁탈
② 토양 유실
③ 온도의 급변(하절기 온도상승)
④ 입단화 저해

정답 ①

초생법: 과수원 토양을 풀이나 목초로 피복하는 방법으로, 토양의 입단화가 촉진되고 토양침식이 방지되나 양수분의 경합이 증대된다.

53. 경사지 과수원의 장마철 토양관리법은?
① 청경법 실시   ② 초생법 실시
③ 제초법 실시   ④ 경운법 실시

정답 ②

경사지에서는 초생법을 실시한다. 토양침식은 물론 양수분의 손실을 최대한 막아준다.

54. 토양 침식을 방지하는 토양보존방법을 기술한 것으로 옳지 않은 것은?
① 나무를 등고선식 심기 또는 계단식 심기로 한다.
② 물 모임 도랑을 옆으로 돌려 튼튼한 배수로에 연결시켜 준다.
③ 청경법을 실시한다.
④ 심경을 한다.

정답 ③

청경법: 과수원 토양에 풀이 자라지 않도록 깨끗하게 김을 매주는 방법으로, 양수분의 손실 및 경재이 없고 병·해충의 잠복처를 제공하지 않는 등의 장점이 있으나, 토양의 입단화가 파괴되고 토양이 유실되는 단점이 있다.

55. 다음 중 토양입자에 가장 잘 흡착되는 질소의 형태는?
① 암모니아태   ② 질산태
③ 단백태   ④ 요소태

정답 ①

암모니아태 질소는 식물이 직접 흡수하여 이용할 수 있는 유효태로, 주로 토양의 콜로이드에 흡착되어 쉽게 용탈되지 않는다.

56. 비료 유실이 가장 많은 토양은?
① 유기물 함량이 낮은 사질토
② 유기물 함량이 높은 사질토
③ 유기물 함량이 낮은 식토
④ 유기물 함량이 높은 식토

정답 ①

유기물 함량이 낮을수록 토양의 모래함량이 많을수록 비료의 유실이 크다.

57. 토양의 완충작용에 대한 설명으로 옳지 않은 것은?

① 점토 함량이 많을수록 크다.
② 유기물 함량이 많을수록 크다.
③ 염기포화도가 클수록 크다.
④ 양이온 교환용량이 클수록 크다.

정답 ③

외부에서 토양에 산이나 염기성 물질을 가할 때 pH의 변화를 억제하는 작용을 토양의 완충작용이라고 한다. 토양의 완충능력은 양이온 교환용량이 클수록 유기물이나 점토의 함량이 클수록 커진다.

58. 토양속의 토양유기물의 작용효과가 아닌 것은?

① 토양 유용미생물을 감소시킨다.
② 수분함유량을 높인다.
③ 토양 pH를 높인다.
④ 양분유효도를 높인다.

정답 ①

토양유기물의 작용: 암석의 분해 촉진, 양분의 공급, 대기 중의 이산화탄소 공급, 입단의 형성, 보수 및 보비력이 증대, 완충능의 확대, 미생물의 번식 조장, 지온 상승 및 토양 보호

59. 식물생육에 영양원이 되는 무기성분 중 미량원소로만 묶어진 것은?

① 철(Fe), 망간(Mn), 붕소(B)
② 칼슘(Ca), 마그네슘(Mg), 붕소(B)
③ 몰리브덴(Mo), 인산(P), 칼슘(Ca)
④ 질소(N), 망간(Mn), 붕소(B)

정답 ①

※ 필수원소(16)
① 다량원소(9): 탄소, 수소, 산소, 질소, 인산, 칼륨, 칼슘, 마그네슘, 황
② 미량원소(7): 철, 망간, 구리, 아연, 붕소, 몰리브덴, 염소

60. 채소의 전생육기간 중 가장 많이 흡수하는 원소는?

① 질소(N)   ② 인산(P)

③ 칼륨(K) ④ 석회(Ca)

정답 ③

채소의 전생육기간을 통한 흡수총량은 칼륨〉칼슘〉질소〉인산〉마그네슘의 순이다.

61. 다음 중 식물에 흡수되는 질소의 형태는?

① N, N_2
② N_2, NH_4^+
③ NH_4^+, NO_3^-
④ NH_4^+, N_2

정답 ③

질소는 질산태(NO_3^-)와 암모니아태(NH_4^+) 형태로 식물에 흡수된다.

62. 다음 중 병의 발생을 특히 많게 하는 것은?

① 규산(Si)
② 칼륨(Ca)
③ 질소(N)
④ 인산(P)

정답 ③

질소가 과다하면 작물체는 수분함량이 많아지고 세포벽이 얇아지며 병해충에 대한 저항성이 떨어진다.

63. 잎색이 진하고 과실의 착색이 지연되는 현상이 나타났다면 어느 성분의 과다인가?

① 질소(N)
② 인산(P)
③ 칼륨(K)
④ 석회(Ca)

정답 ①

질소가 과다하면 잎색이 진해지고 과실의 착색이 지연된다.

64. 다음 비료성분 중 식물의 뿌리발달 촉진과 가장 관계가 깊은 것은?

① 질소(N)
② 인산(P)
③ 칼륨(K)
④ 석회(Ca)

정답 ②

인산은 뿌리의 발육을 촉진하며, 부족하면 뿌리의 성장이 정지하게 된다.

65. 인산질 비료가 질소나 칼륨질보다 이용률이 떨어지는 주된 이유는?

① 빗물에 의하여 쉽게 유실되므로
② 수용성 성분이 적으므로
③ 탈질되기 쉬워서
④ 철이나 알루미늄과 결합하여 고정되므로

정답 ④

인산은 토양 중의 철, 알루미늄과 잘 결합한다.

66. 고구마 덩이뿌리의 비대에 가장 영향이 큰 성분은?
① 질소(N) ② 인산(P)
③ 칼륨(K) ④ 붕소(B)

정답 ③

칼륨이 부족하면 고구마의 덩이뿌리 비대가 불량해진다.

67. 다음의 영양 성분 중에서 과실의 비대 생장에 가장 크게 관여하는 것은?
① 인산(P) ② 마그네슘(Mg)
③ 칼륨(K) ④ 칼슘(Ca)

정답 ③

칼륨이 부족하면 과실의 비대가 불량할 뿐만 아니라 형상과 품질이 나빠진다.

68. 식물 체내에서 이동이 잘 안되는 원소는?
① 질소(N) ② 칼륨(K)
③ 칼슘(Ca) ④ 마그네슘(Mg)

정답 ③

칼슘은 보통 식물의 잎에 함유량이 많으며 종자나 과실에는 적고 체내의 이동성이 매우 낮다.

69. 마그네슘 결핍증상과 거리가 먼 증상은?
① 늙은 잎에서 먼저 나타난다.
② 칼륨질 비료의 시용이 지나치게 많을 경우 나타난다.
③ 잎맥 사이의 색이 누렇게 변한다.
④ 잎의 끝과 둘레가 갈색으로 변한다.

정답 ④

'④'는 칼륨 결핍증상으로 칼륨이 부족하면 식물의 생장점이 말라 죽으며 잎의 끝과 둘레가 황화 또는 갈색으로 변한다.

70. 아래 설명에 해당하는 무기양분은?
* 세포벽의 목질화와 관계가 있다.
* 당의 수송과 관련이 깊다.
* 무에서 이 성분이 결핍되면 뿌리 내부가 흑색으로 변한다.
① 망간(Mn)   ② 아연(Zn)
③ 붕소(B)   ④ 구리(Cu)

정답 ③

재배기술

1. 다음 중 파종 전에 해야 될 사항은?
① 이랑만들기, 종자소독   ② 종자소독, 복토
③ 정지 및 파종상 준비   ④ 복토, 관수

정답 ①

파종 전에 해야 될 사항: 이랑만들기, 종자, 선택, 종자소독

2. 다음 중 파종기를 결정하게 하는 요인은?
① 재배방식, 종자의 크기
② 종자의 크기, 기후조건
③ 품종의 특성, 정식 및 출하기
④ 출하기, 종자의 크기

정답 ③

파종기 결정 요인: 품종의 특성, 기후조건, 재배방식, 토양환경조건, 정식 및 출하기

3. 다음 중 파종량의 결정에 고려될 사항은?
① 작물의 종류 및 품종, 종자의 색
② 기후 및 토양조건, 종자의 가격

③ 작물의 종류 및 품종, 토양의 색
④ 작물의 종류, 종자의 발아력

정답 ④

파종량의 결정에 고려될 사항: 작물의 종류 및 품종, 기후 및 토양조건, 종자의 발아력, 파종기 등의 재배조건, 파종방법, 종자의 크기, 재식거리

4. 종자 파종시 점파하고 깊게 복토하는 것이 좋은 종자는?

① 대립종자   ② 소립종자
③ 미세종자   ④ 중립종자

정답 ①

점파하고 깊게 복토하는 것은 대립종자의 파종방법이다.

5. 일반적으로 종자를 파종할 때 알맞은 흙덮기의 기준은?

① 종자 두께의 0.5~1배   ② 종자 두께의 1~1.5배
③ 종자 두께의 2~3배   ④ 종자 두께의 4~5배

정답 ③

흙덮기(복토)의 기준은 종자의 크기, 발아습성, 토양조건에 따라 달라지나 보통종자의 경우 종자 두께의 2~3배 정도로 한다.

6. 다음 중 미세종자의 파종방법으로 좋은 것은?

① 모래와 섞어 체로 쳐서 파종한다.
② 상자에 줄뿌림을 한다.
③ 샤레에서 발아시킨 후 파종한다.
④ 버미큘라이트에 뿌린 후 얇게 복토한다.

정답 ①

미세종자의 파종순서: 종자를 모래와 섞는다 → 체로 쳐서 파종 한다 → 파종 후 저면관수 한다.

7. 채소를 육묘해서 심는 목적이 아닌 것은?

① 수확을 빨리한다.
② 추대를 촉진한다.
③ 여러 재해를 막을 수 있다.

④ 품질향상과 수량증대가 가능하다.

정답 ②

육묘의 목적: 조기수확, 추대방지, 토지이용도의 증대, 종자절약

8. 야간에 상온을 낮게 하는 것을 야랭육묘라 한다. 야랭육묘를 하는 이유가 아닌 것은?
① 모의 도장을 방지한다.
② 탄수화물의 소모를 촉진한다.
③ 열매채소의 화아를 발달시킨다.
④ 건묘를 육성한다.

정답 ②

야간의 고온은 모를 도장시키며, 호흡작용이 심해져서 탄수화물을 많이 소모해 버리므로 모가 충실하게 자라지 못한다.

9. 상토의 재료로 부적당한 것은?
① 식물이 생육할 수 있는 여러 양분이 함유되어야 한다.
② 보수가 양호하고 통기성이 좋아야 한다.
③ 흙과 퇴비의 혼합률은 1 : 2로 표토가 굳어야 한다.
④ 흙이 점토질일 때는 모래를 혼합한다.

정답 ③

※상토의 구비조건
① 배수가 잘 되고 보수력이 있으며 공기의 유통이 좋아야 한다.
② 부식질을 많이 함유하며 비옥해야 한다.
③ 유효미생물이 많이 번식하며 무병, 무충의 조건이어야 한다.

10. 상토를 조제할 때 알맞은 조성은?
① 밭의 겉흙, 완숙 퇴비, 강 모래
② 논흙, 완숙 퇴비, 강 모래
③ 밭의 겉흙, 미숙 퇴비, 바다 모래
④ 논흙, 미숙 퇴비, 바다 모래

정답 ②

상토의 조제에는 논흙, 완숙 퇴비, 강 모래와 약간의 비료가 필요하다.

11. 공정육묘용 상토 제조시 통기성과 배수성이 좋아 가장 많이 사용하는 재료는?

① 논흙
② 모래
③ 피트모스
④ 왕겨

정답 ③

피트모스는 기존의 화학비료를 대신할 뿐만 아니라 조경원예 및 농업분야의 보수 및 보비력을 강화시켜 주고 토양을 개량하는 데 큰 효과가 있다.
※ 피트모스(Peat Moss)란? 초탄 또는 이탄이라고도 하며 수천~수만년 전 늪지대에서 생성된 유기광물로 이끼, 수초 또는 수목질의 유체가 분지에 퇴적되어 생화학적으로 분해, 변질된 천연 유기질이다.

12. 접목육묘의 장점만을 나타낸 것은?

① 토양전염성병 예방, 활착력 지연
② 양수분의 흡수력 증대, 토질개선
③ 저온신장성 강화, 이식성 향상
④ 이식성 향상, 저온신장성 억제

정답 ③

접목육묘의 장점: 토양전염성병 예방, 초세 강화, 재배기간의 연장, 저온신장성 강화

13. 수박을 접목 육묘하는 가장 큰 목적은?

① 수확을 빨리 하기 위해서
② 과실을 크게 하기 위해서
③ 수박의 품질을 좋게 하기 위해서
④ 병을 막기 위해서

정답 ④

수박의 접목육묘는 덩굴쪼김병(만할병)을 막기 위해 실시한다.

14. 여름철 오이 재배의 접목용 대목으로 가장 적당한 것은?

① 박
② 신토좌호박
③ 백국자호박
④ 흑종호박

정답 ②

오이를 호박 종류의 대목에 접목하는 이유: 덩굴쪼김병 방지, 저온기 생장력 증대, 뿌리의 활력 강화

15. 다음 중 양액육묘의 장점으로 볼 수 없는 것은?
① 연작장해를 심하게 받는다.
② 청정재배가 가능하다.
③ 관리작업을 대폭적으로 자동화할 수 있다.
④ 생육이 빨라 연간 생산량이 많다.

정답 ①

양액육묘는 병에 걸리지 않은 균일한 모를 대량으로 생산할 수 있다.

16. 육묘상에 가식을 하는 이유로서 가장 타당한 것은?
① 병·해충을 방지하기 위하여
② 토지 이용률을 높이기 위하여
③ 노력을 절감하기 위하여
④ 도장을 방지하기 위하여

정답 ④

가식의 목적: 모종의 웃자람 방지, 이식성 종대, 불량모종 도태 및 균일한 모종 생산

17. 육묘 중에 모종의 자리바꿈을 실시하는 이유는?
① 이식성을 향상시키기 위하여
② 밀식에 의한 도장을 방지하기 위하여
③ 내병충성을 강화하기 위하여
④ 생육기간을 단축시키기 위하여

정답 ①

모종의 자리바꿈 이유: 마지막 가식으로부터 정식할 때까지의 기간이 길면 모종이 너무 커질 뿐만 아니라 뿌리가 길게 뻗어나가 정식할 때 뿌리가 많이 끊어져서 활착이 더디기 때문이다.

18. 모종 굳히기에 알맞은 조건은?
① 저온, 건조, 약광선　　　　　② 고온, 다습, 강광선
③ 고온, 건조, 약광선　　　　　④ 저온, 건조, 강광선

정답 ④

모종의 경화: 포장에 정식하기 전에 외부 환경에 견딜 수 있도록 모종을 굳히는 것으로, 관수량을 줄이고 온도를 낮추어 서서히 직사광선을 받게 한다.

19. 모종을 경화시킬 때 나타나는 현상이 아닌 것은?

① 엽육이 두꺼워진다.
② 건물량이 감소한다.
③ 지하부의 발달이 촉진된다.
④ 내한성이 증가한다.

정답 ②

모종을 경화시키면 건물량이 증가하며 큐티클층이 발달하고 왁스피복이 증가한다.

20. 정식할 때의 유의점으로 옳은 것은?

① 미리 플라스틱 멀칭을 하여 적정온도를 확보한다.
② 지온을 낮춘 후에 정식한다.
③ 묘상은 물을 빼고 건조시켜 둔다.
④ 모 뿌리의 흙을 깨끗이 제거한다.

정답 ①

정식 후의 몸살을 방지하려면 지온을 높이고 충분히 관수한 다음 흙을 많이 붙여서 정식한다.

21. 오이의 정식시 새 뿌리를 가장 빨리 내리게 하려면?

① 분육묘를 한다.
② 정식시기를 빨리 한다.
③ 정식시기를 늦게 한다.
④ 정식을 오전에 한다.

정답 ①

오이는 떡잎이 완전히 전개된 다음 플라스틱분, 종이분 등에 이식하여야 정식 후의 활착이 빠르다.

22. 다음 중 이랑을 만드는 이유가 아닌 것은?

① 관리의 편리
② 배수 양호
③ 작토층을 두껍게 한다.
④ 지온 하강과 통기 향상

정답 ④

이랑을 만들면 지온상승의 효과가 있다.

23. 다음 중 배토와 거리가 먼 채소는?

① 파 ② 토란
③ 양파 ④ 당근

정답 ③

파: 연백효과, 토란: 구의 비대 촉진, 당근: 머리부분의 착색 방지

24. 파를 재배할 때 이랑사이의 흙을 그루에 모아주는 가장 큰 이유는?
① 줄기를 연백시키기 위하여
② 도복을 방지하기 위하여
③ 잎의 비대를 촉진하기 위하여
④ 줄기의 착색을 촉진하기 위하여

정답 ①

배토의 효과: 연백 효과, 도복의 경감, 생육 촉진, 중수 효과, 괴경 발달 촉진, 제초

25. 연작의 피해가 비교적 적은 채소는?
① 감자 ② 고구마
③ 참외 ④ 토란

정답 ②

연작: 동일한 포장에 같은 종류의 식물을 연속해서 재배하는 것을 연작이라 하며, 연작시 식물의 생육이 뚜렷이 나빠지는 현상을 기지라 한다.
① 연작의 해가 적은 식물: 고구마, 무, 당근, 양파
② 2~3년간 휴작이 필요한 식물: 감자, 오이, 참외, 토란
③ 5~7년간 휴작이 필요한 식물: 수박, 가지, 고추, 토마토

26. 다음 중 연작의 해가 가장 큰 채소는?
① 무 ② 배추
③ 파 ④ 수박

정답 ④

수박은 연작장해의 원인인 덩굴쪼김병을 방지하기 위해 접목재배를 한다.

27. 중경의 효과가 아닌 것은?
① 토양 중으로 산소 투입 ② 유해가스의 방출
③ 잡초 방제 ④ 병·해충 방제

중경의 효과: 토양의 통기성 촉진 및 유해물질 방출, 잡초 제거, 뿌리의 양수분 흡수효과 증대, 토양 중의 산소 투입

정답 ④

28. 윤작의 원리에 알맞지 않은 것은?
    ① 주작물은 지역의 사정에 따라서 다양하게 변하고 있다.
    ② 토지의 이용도를 높이기 위하여 여름작물이나 겨울작물 중 한가지로 통일한다.
    ③ 지력유지를 위해 콩과작물이나 녹비작물이 포함된다.
    ④ 잡초의 경감을 위해서 중경작물이나 피복작물이 포함된다.

정답 ②

토지의 이용도를 높이기 위해서는 여름작물과 겨울작물이 결합되어야 한다.
윤작의 효과: 지력의 유지 및 증진, 연작의 피해 회비, 병해충 및 잡초의 경감, 토지 이용도의 향상, 수량 및 생산성의 증대, 노력분배의 합리화, 토양보호

29. 다음 중 멀칭의 효과와 직접적인 관계가 없는 것은?
    ① 지온상승   ② 지온하강 억제
    ③ 유기물 공급   ④ 토양수분 유지

정답 ③

멀칭의 효과: 토양의 건조 방지, 지온의 조절, 토양의 침식 방지, 잡초의 발생 억제

30. 흑색필름으로 멀칭 했을 때 나타나는 효과와 가장 거리가 먼 것은?
    ① 땅의 온도를 높여 준다.
    ② 수분의 증발을 막아 준다.
    ③ 토양의 침식을 막아 준다.
    ④ 잡초의 발생을 억제시켜 준다.

정답 ①

잡초의 발생을 억제하거나 지온상승의 효과는 적다.

31. 낮에 지온을 높이는 데 가장 효과적인 방법은?
    ① 지면을 긁어 준다.   ② 그대로 둔다.
    ③ 짚을 덮는다.   ④ 투명필름으로 덮는다.

정답 ④

투명필름: 지온상승의 효과는 크나 잡초의 발생이 많아진다.

32. 다음 중 배추를 고온기에 육묘할 때 망사로 피복하는 이유는?
① 지온을 상승시키기 위하여
② 바이러스병을 막기 위하여
③ 거세미의 침입을 막기 위하여
④ 배추 흰나방을 막기 위하여

정답 ②

망사로 피복하면 지온이 낮아져 생육이 좋아지며, 진딧물이 침입하지 못하므로 바이러스병을 예방할 수 있다.

33. 다음 중 관수할 때 적정한 수온은?
① 재배하는 곳의 기온보다 낮아야 한다.
② 재배하는 곳의 기온보다 높아야 한다.
③ 재배하는 곳의 토양온도와 비슷해야 한다.
④ 지온이나 기온과는 별 상관없다.

정답 ③

수온은 대체로 재배하는 고장의 기온이나 토양의 온도와 별 차이가 없는 것이 좋다.

34. 다음 중 관수를 해 주어야 하는 때는?
① 유효수분의 30~50%가 소모되었을 때
② 유효수분의 90% 이상이 소모되었을 때
③ 유효수분의 50~85%가 소모되었을 때
④ 위조점이 왔을 때

정답 ③

유효수분의 50~85%가 소모되었을 때 관수해 주어야 하며, 위조점에 가까워지면 수분의 흡수속도가 느려지기 때문에 대개 위조점보다 높게 수분함량을 유지해야 한다.

35. 다음 중 저면관수법에 대한 설명이 잘못된 것은?
① 대립종자를 파종한 경우에 유리한 방법이다.
② 토양유실, 표토의 경화를 방지할 수 있다.

③ 토양에 의한 오염, 토양병해를 방지할 수 있다.
④ 양액재배, 분화재배에서 이용하고 있다.

정답 ①

저면관수법은 배수구멍을 물에 잠기게 하여 물이 스며들어 위로 올라가게 하는 방법으로, 토양에 의한 오염, 토양 병해를 방지하고, 미세종자 파종상자와 양액재배, 분화재배에 이용한다.

36. 물을 천천히 조금씩 흘러나오게 하여 필요한 부위에 집중적으로 관수하는 방법은?

① 전면관수　　　　　　　　　　② 분수관수
③ 점적관수　　　　　　　　　　④ 살수관수

정답 ③

※ 점적관수의 장점
① 표토가 굳어지지 않고 토양의 유실이 없다.
② 유수량이 적어 높은 수압을 요구하지 않는다.
③ 넓은 면적에 균일하게 관수할 수 있다.

37. 다음 중 수분을 가장 많이 절약할 수 있는 관수방법은?

① 고랑관수　　　　　　　　　　② 살수관수
③ 지중관수　　　　　　　　　　④ 점적관수

정답 ④

점적관수는 물이 방울방울 흘러나와 천천히 뿌리를 적시는 수분절약형 관수방법이다.

38. 분갈이의 시기를 가장 알맞게 설명한 것은?

① 식물이 누렇게 변할 때
② 식물의 뿌리가 화분안에 꽉차기 시작할 때
③ 화분의 배수구멍 밑으로 뿌리가 나올 때
④ 잎이 시들 때

정답 ③

분갈이의 시기: 화분에 뿌리가 가득 차서 바닥으로 뿌리가 나오거나 아랫잎이 변색된 경우, 토양 표면으로 뿌리가 심하게 나왔을 때, 토양 표면에 이끼나 잡초가 끼여 뿌리의 호흡을 방해할 때

39. 다음 중 속효성비료에 속하지 않는 것은?

① 요소　　　　　　　　　　　　② 퇴비

③ 유안   ④ 염화칼륨

정답 ②

① 속효성비료: 요소, 유안, 과석, 염화칼륨
② 지효성비료: 퇴비, 구비

40. 비료의 효과가 오랫동안 지속적으로 나타나는 것이 좋은 경우가 아닌 것은?
① 생육기간이 긴 경우
② 초세를 계속 유지시킬 경우
③ 멀칭재배할 경우
④ 식물을 빨리 수확해야 하는 경우

정답 ④

멀칭재배를 하면 생육 중에 시비가 어려워 한 번 시비한 비료가 서서히 분해되어 전 생육기간에 걸쳐 지속적으로 효과를 나타내는 것이 좋다.

41. 다음 중 전량을 기비로 줄 수 없는 것은?
① 퇴비   ② 석회
③ 인산질비료   ④ 화학비료

정답 ④

퇴비, 석회, 인산질비료는 전량을 기비로 주고, 화학비료는 일부는 기비, 나머지는 추비로 준다.

42. 다음 중 과수와 화목의 시비를 잘못 설명한 것은?
① 12~3월의 휴면기간에 기비를 사용한다.
② 추비는 새순의 생장이 왕성한 5~6월에 사용한다.
③ 나무의 수세를 회복시키기 위해 추비를 사용한다.
④ 수확 전에 추비를 사용한다.

정답 ④

추비는 수확 후 내한성을 증대시키기 위해 사용한다.

43. 엽면시비가 효과적인 경우는?
① 특정성분이 지나치게 많이 흡수되었을 때
② 초세를 천천히 증가시킬 때

③ 뿌리의 흡수기능이 불량할 때
④ 토양의 수분이 적당할 때

정답 ③

엽면시비가 효과적인 경우: 식물에 미량원소 결핍증이 나타났을 경우, 식물의 영양상태를 급속히 회복시켜야 할 경우, 토양시비로서 뿌리흡수가 곤란한 경우

44. 식물의 엽면시비에 대한 설명으로 적합지 않은 것은?

① 살포된 무기양분은 주로 기공을 통해 흡수된다.
② 엽면시비에 이용되는 양분은 전부 미량원소이다.
③ 엽면시비는 토양시비의 보조수단으로 이용된다.
④ 영양부족상태를 신속히 회복시키고자 할 때 이용한다.

정답 ②

엽면시비의 살포액은 마량원소뿐만 아니라 질소, 인산, 칼륨 및 농약과의 혼용도 가능하다.

45. 다음 중 요소의 엽면시비에 대한 설명으로 틀린 것은?

① 잎의 표면보다는 뒷면에서 더욱 잘 흡수된다.
② 살포액은 보통 약알칼리성 상태에서 가장 잘 흡수된다.
③ 일반 노지식물은 0.5~2%의 농도로 살포한다.
④ 피해가 나타나지 않는 범위내에서는 살포액의 농도가 높을 때 흡수가 빠르다.

정답 ②

엽면흡수에 적당한 살포액의 pH는 식물의 종류에 따라 다르기는 하지만 보통 약산성 상태에서 가장 잘 흡수된다.

46. 과수에서 주로 봄심기를 하는 경우는?

① 따뜻한 남부지방의 경우
② 내한성이 강한 품종일 때
③ 추운 중북부 내륙지방의 경우
④ 싹을 빨리 틔우기 위해

정답 ③

※ 묘목 심는 시기
① 낙엽과수: 가을심기하는 것이 이듬해 생장이 빨라 유리하나 추운 지방에서는 동해의 우려가 있어 봄심기를 하는 것이 안전하다.
② 상록과수: 발아 직전에 봄심기하는 것이 일반적이다.

47. 다음은 묘목의 처리와 손질에 관한 것이다. 가장 옳지 않은 것은?
① 병해에 감염되어 있는 것은 소독 후 심는다.
② 먼 곳에서 수송해온 묘목은 물에 담갔다가 심는다.
③ 뿌리와 줄기의 균형이 맞게 자른다.
④ 굵은 뿌리 또는 잔뿌리라 하더라도 꼭 잘라서 심는다.

정답 ④

굵은 뿌리는 양분의 저장기관이고, 잔뿌리는 양분과 수분의 흡수기관이므로 가능하면 자르지 않는 것이 좋다.

48. 다음 중 1년생 가지에서 결실하는 과수는?
① 사과, 배
② 복숭아, 매실
③ 자두, 살구
④ 포도, 감귤

정답 ④

※ 과수의 결과습성
① 1년생 가지: 포도, 감귤, 무화과
② 2년생 가지: 복숭아, 자두, 매실
③ 3년생 가지: 사과, 배

49. 다음 중 3년생 가지 위에 열매 맺는 것은?
① 자두
② 앵두
③ 복숭아
④ 사과

정답 ④

사과와 배는 새순이 자라 그 새순 위에 열매가 맺기까지 3년이 걸린다(단, 사과의 홍옥, 배의 장십랑 품종은 2년째에 꽃이 피어 열매를 잘 맺는다).

50. 다음 중 결과모지가 곧 열매가지인 것은?
① 포도
② 사과
③ 배
④ 복숭아

정답 ①

포도와 같이 당년생 가지에서 결실하는 과수는 결과모지를 열매가지라 한다.
① 결과모지: 열매가지가 나오게 하는 가지
② 열매가지: 열매를 맺는 가지

51. 다음 중 순정꽃눈을 가진 대표적인 과수는?
  ① 사과　　　　　　　　　② 감
  ③ 복숭아　　　　　　　　④ 포도

　　　　　　　　　　　　　　　　　　　　　　　　　정답 ③

꽃눈에서 잎이나 새 가지가 전혀 나오지 않고 꽃만 피는 눈으로 복숭아, 자두 등의 꽃눈이 순정꽃눈에 해당한다.

52. 다음 중 웨이크만식으로 수형을 만드는 과수는?
  ① 사과　　　　　　　　　② 배
  ③ 포도　　　　　　　　　④ 복숭아

　　　　　　　　　　　　　　　　　　　　　　　　　정답 ③

덩굴성과수의 수형: 평덕식(포도), 울타리식(니핀식 · 웨이크만식: 포도)

53. 다음 중 변칙주간형에 대한 설명으로 옳은 것은?
  ① 나무의 자연성을 많이 변형시킨 형이다.
  ② 주간 연장지상의 심을 제거한다.
  ③ 수관내부는 폐쇄되므로 결실성이 낮아진다.
  ④ 수세가 약하고 수령이 짧다.

　　　　　　　　　　　　　　　　　　　　　　　　　정답 ②

변칙주간형은 나무의 자연성을 최대로 살리면서 수세유지와 함께 결실성을 높인다. 또한 수세가 강하고 직립성이며 수령이 비교적 길다.

54. 배상형과 자연형의 장점을 따서 만든 수형은?
  ① 변칙주간형　　　　　　② 개심자연형
  ③ 방추형　　　　　　　　④ 니핀식

　　　　　　　　　　　　　　　　　　　　　　　　　정답 ①

사과, 감, 밤, 양앵두 등에 적합하고 원줄기를 주축으로 3~4개의 원가지를 키운다.

55. 왜성 사과나무의 알맞은 수형은 어느 것인가?
  ① 배상형　　　　　　　　② 방추형
  ③ 울타리형　　　　　　　④ 변칙주간형

정답 ②

밀식재배를 하므로 광의 투과가 좋은 수형을 선택하여야 한다.

56. 다음 중 남부지방에서 배나무에 평덕식 지주를 가설하는 이유는?

① 내풍성이 약하기 때문
② 내비성이 약하기 때문
③ 내수성이 약하기 때문
④ 내건성이 약하기 때문

정답 ①

배는 과실이 크고 열매자루가 길어 풍해로 인한 낙과가 심하기 때문에 지역에 따라 여러 가지 다른 수형으로 재배되고 있다.

57. 다음 중 정지와 전정의 원칙을 바르게 설명한 것은?

① 간장은 가급적 높게 한다.
② 자연성을 최대한 살린다.
③ 분지의 각도를 좁게 한다.
④ 바퀴살가지를 형성한다.

정답 ②

※ 정지와 전정의 원칙
① 항상 나무의 자연성을 최대한 살려야 한다.
② 간장은 가급적 낮게 한다.
③ 분지의 각도는 50~60°로 넓게 한다.
④ 가지는 굵기의 차이를 두고 키운다.

58. 다음 중 전정의 목적이 아닌 것은?

① 나무의 뼈대를 조화 있게 만든다.
② 나무의 세력을 조절한다.
③ 관리가 편리하도록 나무의 모양을 조절한다.
④ 나무의 수명을 연장하고 해거리를 조장한다.

정답 ④

해거리는 어떤 해에 개화·결실량이 너무 많아 나무의 영양이 과다하게 소모되어 그 다음해의 결실이 불량해지는 것으로 전정으로 개화·결실량을 조절할 수 있다.

59. 전정의 효과로 옳은 것은?

① 결실량의 조절이 가능하다.
② 유목에 약전정을 하면 결실을 늦추어 준다.
③ 노목에서의 강전정은 수세를 약화시킨다.
④ 병·충해의 피해가 있을 경우 강전정은 피해를 가중시킨다.

정답 ①

일반적으로 유목의 약전정은 결실을 앞당기고, 노목은 강전정하여 나무의 세력과 결실을 조절한다. 병·해충의 피해를 입은 가지는 전정하여 그 자리를 다른 가지로 채워준다.

60. 다음 중 작년에 결실이 적게 되었던 나무의 전정으로 알맞은 것은?

① 엽면적 확보를 위해 약전정을 한다.
② 결실 과다를 막기 위하여 강전정을 한다.
③ 화아분화를 좋게 하도록 뿌리를 끊어 T/R률을 높인다.
④ 수세유지를 위하여 도장지만 잘라준다.

정답 ②

해거리를 한 다음해는 화아분화가 많이 되므로 전정을 강하게 하여 결실을 조절한다.

61. 다음 중 겨울전정의 알맞은 시기는?

① 낙엽 후에서 발아 전까지
② 월평균 기온이 가장 낮은 1월
③ 수액이 이동하기 직전
④ 낙엽 후부터 수액의 이동 전까지

정답 ④

① 겨울전정 : 나무의 모양이나 가지의 생장 및 열매맺힘을 조절하기 위한 전정으로 휴면기전정이라고 하며 대부분의 전정이 이에 속한다. 보통 낙엽 후부터 수액이 이동하기 전인 이른 봄까지 실시하며, 혹한기 이전에 전정하면 포도 등은 동해를 받을 우려가 있다.
② 여름전정 : 잎이 달려있는 동안 전정하는 것으로 눈따기, 순집기, 환상박피 등이 있다.

62. 다음 중 전정의 방법으로 옳지 않은 것은?

① 가지의 끝쪽은 넓게, 밑쪽은 뾰족하게 전정한다.
② 전정은 높은 곳에서 아래로 잘라 내려온다.
③ 큰 가지를 자를 때는 가지 밑동을 남기지 말고 바짝 자른다.

④ 잔가지를 자를 때는 눈의 위치보다 다소 위쪽을 자른다.

정답 ①

가지의 끝쪽은 뾰족하게, 밑쪽은 넓게 전정한다.

63. 열매 맺는 부위의 상승을 방지하기 위하여 예비지전정을 하는 대표적인 과수는?

① 사과 ② 배
③ 복숭아 ④ 감귤

정답 ③

복숭아나무는 열매 맺는 부위가 상승하기 쉬우므로 이를 막기 위하여 예비지를 두어야 한다. 예비지는 세력이 왕성한 가지를 택하여 기부에 2~3개의 눈만 남기고 짧게 자르며, 이 가지에는 과실이 달리지 않도록 한다.

64. T/R률의 설명으로 부적당한 것은?

① 지상부와 지하부의 비율이다.
② T/R률이 1 이상이 되면 지상부 전정이 필요하다.
③ 지상부의 생육이 지하부보다 더 중요하다.
④ 1 이하가 되면 비옥도가 낮다는 증거이다.

정답 ③

T/R률(top/root ratio) : 식물의 지하부 생장량에 대한 지상부 생장량의 비율

65. 작물이나 과수에 순지르기의 영향이 아닌 것은?

① 생장을 억제시킨다.
② 측지의 발생을 많게 한다.
③ 개화나 착과 수를 적게 한다.
④ 목화나 두류에서도 효과가 크다.

정답 ③

※ 순지르기(적심)의 목적
① 개화 결실을 촉진한다.
② 측지의 발육을 촉진시킨다.
③ 고사한 부분과 병·해충에 감염된 부분을 제거하여 식물체를 보호한다.

66. 적화와 적과에 대한 설명으로 옳은 것은?

① 적화는 꽃의 상태일 때 불필요한 것을 제거하는 작업이다.
② 적과란 수정이 되지 않은 상태에서 솎아주는 작업을 말한다.
③ 적과는 수확기에 가까워졌을 때 실시하는 것이 좋다.
④ 적화를 하면 남은 꽃들이 제대로 결실을 하지 못했을 때도 충분한 수확량을 확보할 수 있는 장점이 있다.

정답 ①

적과는 수정 후 어린 열매를 솎아주는 작업이며 일찍 실시할수록 좋다. 적화는 양분 경제적인 면에서는 바람직하나 남은 과실이 제대로 결실 못하면 충분한 수확량을 확보할 수 없다.

67. 과수의 적과시기로 가장 적당한 것은?

① 개화 직전
② 개화 직후
③ 생리적 낙과 후
④ 후기 낙과 후

정답 ③

① 적과의 시기: 조기낙과 기간에 예비 적과를 하고, 생리적 낙과 후 착과가 안정되고 양분의 소모가 적은 시기에 마지막 적과를 한다.
② 적과(열매솎기)의 효과: 과실의 크기를 크고 고르게 한다. 과실의 착색을 돕고 품질을 높여준다. 꽃눈의 분화 발달을 좋게 하고 해거리를 방지한다. 병·해충 피해를 입은 과실이나 모양이 나쁜 것을 제거한다.

68. 다음 중 착과촉진제로 쓰이는 토마토톤에 대한 설명으로 옳지 않은 것은?

① 토마토, 호박, 참외 등 열매채소의 착과촉진을 위해 사용된다.
② 보통 100~150배액을 사용한다.
③ 화방 중의 두 번째 꽃이 피었을 때 화방 전체에 분무한다.
④ 기온이 낮을 때는 농도를 조금 낮게 하여 살포한다.

정답 ④

기온이 낮을 때는 농도를 조금 진하게 하면 효과적이나, 농도가 너무 진하면 공동과가 발생할 우려가 있다.

69. 다음 중 단위결과성 과실의 가장 중요한 특징은?

① 과실비대에 종자가 반드시 필요하다.
② 체내의 옥신함량이 상대적으로 높다.
③ 수정이 반드시 이루어져야 과실이 맺힌다.
④ 재배 중에 반드시 착과제를 사용해야 한다.

정답 ②

단위결과성 과실의 체내에는 옥신의 함량이 높으며, 종류에 따라서는 착과제가 불필요한 과실도 있다.
　　　※ 단위결과: 정상적인 수분이나 수정 과정이 없어도 과실이 비대발육하는 현상

70. 다음 중 생리적 낙과의 원인으로 볼 수 없는 것은?
　① 생식기관의 발육이 불완전한 경우
　② 수정이 되지 않았을 경우
　③ 단위결과성이 강한 품종일 경우
　④ 질소, 탄수화물, 수분이 과하거나 부족한 경우

정답 ③

단위결과성이 약한 품종은 비교적 과실이 작고, 생리적 낙과가 많다.

71. 다음 중 생리적 낙과의 방지법이 아닌 것은?
　① 생장호르몬의 살포
　② 수분수 혼식
　③ 전정으로 수광상태 향상
　④ 살균제의 살포

정답 ④

※ 생리적 낙과의 방지법
① 꽃눈을 충실하게 키운다.
② 수정이 잘 되게 한다.
③ 과실 내의 양수분 공급을 순조롭게 한다.
④ 낙과방지용 생장호르몬을 살포한다.

72. 과실 조기낙과(June drop)의 원인과 관계 깊은 것은?
　① 병·해충의 침해를 받았을 때
　② 수정 후 강우가 있을 때
　③ 배의 발육이 정지되었을 때
　④ 급속한 온도의 상승이 있을 때

정답 ③

조기낙과의 원인: 생식기관의 발육이 불완전한 경우, 배의 발육이 멈추었을 경우, 단위결과 성질이 약한 품종의 경우, 질소나 탄수화물이 너무 많거나 적은 경우

73. 다음 중 과수에 인공수분이 필요한 때는?

① 결실이 과다할 때
② 수분수가 없을 때
③ 개화가 만발했을 때
④ 벌과 기타 매개곤충이 많이 올 때

정답 ②

대부분의 과수들은 타가수분을 하므로 수분수가 없을 때는 반드시 인공수분이 필요하다.

74. 사과나 배에서 수분수의 재식비율은 대개 몇 %가 적당한가?

① 25%
② 40%
③ 60%
④ 80%

정답 ①

수분수의 재식비율은 주품종 75~80%에 수분수 품종 20~25%가 알맞다.

75. 사과 봉지씌우기 재배에서 적합하지 않은 효과는?

① 착색 증진
② 병·해충 방제
③ 동록 방지
④ 저장력 증진

정답 ④

과실에 봉지를 씌우지 않고 재배하는 것을 무대재배라 하며, 무대재배한 과실은 영양가도 높고 저장력과 수송력도 증가한다.
※ 봉지씌우기의 목적: 병·해충 방제, 착색 증진, 과실의 상품가치 증진, 열과 방지, 숙기 조절

76. 다음 중 과실에 봉지를 씌우는 시기로 알맞은 것은?

① 꽃피기 직전
② 꽃핀 직후
③ 수확 전 낙과 후
④ 조기 낙과 후

정답 ④

보통 조기낙과가 끝나고 열매솎기가 모든 끝난 후에 봉지를 씌우나, 동록을 방지하기 위해서는 낙과 후 즉시 즉, 과실이 아주 어릴 때에 실시하는 것이 좋다.

77. 다음 중 사과 동록의 효과적인 방지대책은?

① 낙과 후 10일 내에 봉지를 씌운다.

② 유과기에 보르도액이나 구리수화제만 살포한다.
③ 중심과에 잘 생기므로 다발 품종은 측과를 남기고 중심과를 적과한다.
④ 병균에 의한 것이기 때문에 낙화 직후 약제 살포를 철저히 한다.

정답 ①

사과 동록: 과실의 표피세포가 큐티클 층 밖으로 튀어나와 거칠거칠하게 되어 과피에 코르크 조직을 형성하는 것으로, 중심과보다 측과에 많이 발생하고 약해, 병해, 저온, 질소 과다 등이 원인이다.

78. 원예식물의 화학조절을 가장 잘 설명하고 있는 것은?
① 농약의 올바른 사용으로 저공해 농산물을 생산하는 것
② 생장조절제를 이용하여 생육을 조절하는 것
③ 각종 화학물질로 잡초를 방제하는 것
④ 환경조절로 원예식물내의 화학반응을 조절하는 것

정답 ②

인위적으로 합성된 식물호르몬 또는 그와 유사한 화학물질을 이용하여 식물의 생육을 조절하는 것

79. 다음 중 식물체내에서 합성되는 천연호르몬 옥신은?
① NAA
② 2.4-D
③ IAA
④ IPA

정답 ③

NAA, 2.4-D 인공적으로 합성한 옥신류이며 IPA는 천연 시토키닌류의 호르몬이다.

80. 다음 중 옥신의 재배적 이용과 거리가 먼 것은?
① 발근촉진
② 과실의 비대와 성숙 촉진
③ 정아우세현상의 타파
④ 단위결과의 유도

정답 ③

옥신의 재배적 이용: 발근 및 개화 촉진, 낙과 방지, 과실의 비대와 성숙 촉진, 가지의 굴곡 및 단위결과 유도 등에 효과가 있다.

81. 지베렐린의 생리작용이 아닌 것은?

① 꽃눈 형성 및 개화를 억제한다.
② 포도의 단위결과를 촉진한다.
③ 종자의 휴면을 타파하고 발아를 촉진한다.
④ 신장의 생장을 촉진한다.

정답 ①

지베렐린은 꽃눈 형성 및 개화를 촉진한다.

82. 다음 중 씨 없는 포도(델라웨어 품종)를 만들기 위한 지베렐린의 처리시기로 알맞은 것은?
① 발아 후 13~14일 1차처리, 개화 10일 전 2차처리
② 만개 13~14일 전 1차처리, 만개 10일 후 2차처리
③ 만개 13~14일 전 1차처리, 수확 25일 전 2차처리
④ 개화 10일 후 1차처리, 수확 25일 전 2차처리

정답 ②

지베렐린의 1차처리는 씨를 없애기 위해, 2차처리는 포도알의 비대 및 성숙촉진을 위해 보통 100ppm의 농도로 실시한다.

83. 식물의 세포분열을 촉진하는 호르몬은?
① 옥신
② 비베렐린
③ 사이토키닌
④ ABA

정답 ③

사이토키닌은 세포분열 촉진, 내한성 증대, 노화방지, 저장 중 신선도 증진의 효과가 있다.

84. 세포분열을 촉진하고 노화억제 효과가 있는 사이토키닌은 주로 어디에서 합성되는가?
① 생장점
② 잎
③ 줄기
④ 뿌리

정답 ④

사이토키닌은 주로 뿌리에서 합성되어 물관을 통해 지상부의 다른 기관으로 전류된다.

85. 식물호르몬 가운데 불량환경이나 스트레스조건에서 많이 생성되는 것은 어느 것인가?
① 옥신
② 지베렐린

③ 사이토키닌 ④ ABA

정답 ④

ABA는 식물체가 스트레스를 받는 상태(건조, 무가양분의 부족) 또는 식물체가 노쇠하거나 생육이 지연 혹은 혹은 정지되는 과정에서 많이 생성된다.

86. 식물호르몬 ABA의 생리적 작용이 아닌 것은?

① 휴면의 유도 및 유지 ② 노화 및 탈리 촉진
③ 수분대사 조절 ④ 신장생장 촉진

정답 ④

ABA(abscisic acid): 대표적인 생장억제물질로 잎의 노화, 휴면 유도, 낙엽 촉진, 발아 억제 등의 효과가 있다.

87. 식물 생장에 있어서 바람이나 물리적 접촉 자극을 주면 신장이 억제되는데, 다음 중 어느 호르몬과 관련되는가?

① 지베렐린 ② 옥신
③ ABA ④ 에틸렌

정답 ④

식물체는 마찰이나 압력 등 기계적 자극이나 병·해충의 피해를 받으면 에틸렌이 생성이 증가되어 식물체의 길이가 짧아지고 굵어지는 형태적인 변화가 나타난다.

88. 다음 중 고추에 에세폰을 처리하는 이유로 맞는 것은?

① 개화 촉진 ② 착색 촉진
③ 착과 촉진 ④ 수량 증가

정답 ②

에세폰: 에틸렌을 발생시키는 생장조절제로 오이, 호박의 암꽃 증가, 고추 미숙과의 착색 촉진, 토마토의 착색 및 성숙 촉진의 효과가 있다.

89. 다음 중 암상태에서도 발아촉진 효과를 보일 수 있는 식물호르몬 조합은?

① 옥신, 지베렐린 ② 옥신, 사이토키닌
③ 지베렐린, 사이토키닌 ④ 사이토키닌, 에틸렌

정답 ③

지베렐린과 사이토키닌은 호광성종자의 발아를 촉진한다.

90. 옥신 계통인 IAA의 생성을 억제하는 생장억제제는?

① B-9 ② MH
③ CCC ④ Phosfon-D

정답 ②

① Antiauxin: MH
② Antigibberellin: B-9, CCC, Phosfon-D

91. 바이러스병의 진단에 흔히 이용되는 식물을 무엇이라고 하는가?

① 지표식물 ② 표적식물
③ 진단식물 ④ 실험식물

정답 ①

지표식물: 어떤 병에 대하여 고도로 감수성이거나 특이한 병징을 나타내는 식물 ※ 감자바이러스에는 천일홍이, 뿌리혹선충에는 토마토와 봉선화, 과수근두암종병에는 감나무묘목이 지표식물이다.

92. 물에 의해 전반되는 식물 병원체가 아닌 것은?

① 세균 ② 난균
③ 곰팡이 ④ 바이러스

정답 ④

전반은 병원체가 기주로 옮겨지는 것으로, 바이러스는 주로 접목, 종자, 토양, 매개곤충 등에 의해 전반된다.

93. 식물이 어떤 병에 걸리기 쉬운 성질은?

① 감수성 ② 면역성
③ 회피성 ④ 내병성

정답 ①

② 면역성: 식물이 전혀 어떤 병에 걸리지 않는 것
③ 회피성: 적극적 또는 소극적으로 식물 병원체의 활동기를 피하여 병에 걸리는 성질
④ 내병성: 감염되어도 기주가 실질적인 피해를 적게 받는 경우

94. 질소비료를 과용하면 여러 가지 병의 발병을 촉진한다. 질소비료 과용이 발병에 미치는 역할은?

① 병원(病原) ② 원인(原因)

③ 주인(主因) ④ 유인(誘因)

정답 ④

① 병원: 식물에 병을 일으키는 생물적·비생물적인 모든 요인
③ 주인: 식물병에 직접적으로 관여하는 것
④ 유인: 주인의 활동을 도와서 발병을 촉진시키는 환경요인

95. 다음 중 비전염성인 병은?

① 선충에 의한 병 ② 영양결핍에 의한 병
③ 세균에 의한 병 ④ 바이러스에 의한 병

정답 ②

① 비전염성병: 토양, 기상조건, 농기구, 영양결핍, 수송, 저장 등에 의한 병
② 전염성병: 식물(세균, 진균, 점균), 동물(곤충, 선충, 응애), 바이러스, 마이코플라즈마 등에 의한 병

96. 석회 부족이 직접적인 원인이 되어 발생하는 토마토의 생리장해는?

① 배꼽썩음병 ② 탄저병
③ 시들음병   ④ 둥근무늬병

정답 ①

토마토 배꼽썩음병은 열매의 비대과정에서 꽃이 떨어진 부분이 죽어서 검게 변색되는 증상

97. 다음 중 생리장해에 의한 증상이 아닌 것은?

① 고추의 역병   ② 토마토의 공동과
③ 토마토 배꼽썩음병 ④ 오이 등의 순멎이 현상

정답 ①

① 고추의 역병: 잎, 줄기, 열매에 암갈색 또는 암록색 병반을 형성하며, 뿌리는 부분적으로 갈변, 부패하여 죽는다. 병원균은 토양이나 피해 작물체에서 월동한 후 온도와 습도가 알맞으면 발병한다.
② 토마토 공동과: 고온시 착과촉진제의 과농도 처리, 과습하고 질소질비료의 과사용시 발생
③ 토마토 배꼽썩음병: 석회 부족시 발생
④ 오이 등의 순멎이 현상: 육묘시에 지나친 저온으로 발생

98. 다음 중 포도의 꽃떨이 현상을 유발하는 원인은?

① 질소 부족 ② 붕소 부족
③ 망간 부족 ④ 마그네슘 부족

정답 ②

꽃이 잘 피지 않거나 꽃봉오리가 말라 죽어 착립 상태가 나빠 포도알이 드문드문 달리는 현상으로 질소 과용, 붕소 결핍 등이 원인이다.

99. 오이 순멎이 현상의 주된 원인이 되는 것은?

① 육묘기에 광선량이 많기 때문이다.
② 관수 시간이 오후이기 때문이다.
③ 육묘기 온도가 고온이기 때문이다.
④ 육묘기 온도가 너무 저온이기 때문이다.

정답 ④

오이의 순멎이 현상은 생장점 부근에 많은 암꽃이 맺히면서 덩굴이 뻗어나가지 못하고 멈추는 것으로 저온이 원인이다.

100. 병원균이 생물이 아니므로 전염성이 없는 병해는?

① 맥류 흰가루병
② 토마토 배꼽썩음병
③ 감자 탄저병
④ 벼 도열병

정답 ②

토마토 배꼽썩음병은 토양 중 석회의 부족 및 토양의 건조나 비료의 과용으로 석회가 흡수되지 않을 때 발생하는 생리장해이다.

101. 다음 배나무 붉은별무늬병(적성병)에 관한 설명 중 틀린 것은?

① 4월 하순~5월경 비가 자주 오는 해에 많이 발생한다.
② 4~5월경에 비가 오면 향나무에 형성된 겨울포자가 발아하여 소생자를 형성하며 바람에 의해 배나무로 옮겨진다.
③ 서양배는 이 병에 대하여 저항성이며 일본배는 감수성이다.
④ 중산기주인 향나무가 배나무와 100m 이상 떨어져 있으면 안전하다.

정답 ④

과수원으로부터 1.6km 이내에 향나무가 있으면 감염률이 높다.

102. 바이러스병의 매개충은?

① 멸구
② 메뚜기
③ 나비
④ 진딧물

예상문제 연구 | 249

정답 ④

바이러스병의 매개충은 진딧물이 대표적이다.

103. 바이러스병의 일반적인 증상은?
① 위축 모자이크
② 갈색의 반점
③ 혹의 형성
④ 줄기의 쪼개짐

정답 ①

바이러스병의 일반적인 증상은 위축 모자이크, 줄무늬, 괴저, 기형 등이다.

104. 다음 중 바이러스병은 어느 것인가?
① 벼 잎집무늬마름병
② 채소의 무름병
③ 배나무 붉은별무늬병
④ 사과나무 고접병

정답 ④

'①', '③'는 진균에 의한 병, '②'는 세균에 의한 병

105. 씨감자를 고랭지에서 생산하는 이유는?
① 감자의 수확이 늦어 알이 굵어지기 때문
② 감자역병의 발생이 적은 환경이기 때문
③ 토양이 비옥하고 여름온도가 낮기 때문
④ 바이러스 병에 걸리지 않는 씨감자를 생산하기에 알맞은 환경이기 때문

정답 ④

바이러스병을 매개하는 진딧물의 수가 적기 때문이다.

106. 딸기 바이러스병의 방제법으로 잘못된 것은?
① 진딧물을 구제한다.
② 살균제를 사용한다.
③ 감염이 안된 포기를 모주로 한다.
④ 러너는 초세가 왕성한 것을 고른다.

정답 ②

바이러스병은 진딧물의 구제가 우선이다.

107. 식물병 중 세균에 의하여 발생하는 병의 일반적인 병징은 어느 것인가?
① 황화 증상
② 무름 증상
③ 모자이크 증상
④ 빗자루 증상

정답 ②

세균병의 일반적인 병징은 무름, 점무늬, 시들음, 기관의 고사 등

108. 외국으로부터 날아오는 해충끼리 묶어진 것은?
① 애멸구 – 벼멸구
② 벼멸구 – 번개매미충
③ 벼멸구 – 흰등멸구
④ 번개매미충 – 이화명나방

정답 ③

벼멸구와 흰등멸구는 우리나라에서 월동하지 못하고 매년 기류를 타고 날아와 농작물에 큰 피해를 준다.

109. 다음 중 해충의 천적이 점차 없어지는 가장 주요한 이유는?
① 이상기후
② 품종의 내충력 약화
③ 재배면적의 확대
④ 농약의 살포

정답 ④

천적의 이용은 생물적 방제에 해당하며, 농약으로 인해 그 수가 많이 줄어들고 있다.

110. 다음 중 병·해충을 재배적으로 방제하기 위한 방법이 아닌 것은?
① 환경조건을 바꾸어준다.
② 내병성, 내충성 품종을 선택한다.
③ 병·해충의 가해시기를 회피하여 재배한다.
④ 천적을 이용한다.

정답 ④

① 물리적 방제법: 봉지씌우기, 불빛에 유인, 좋아하는 먹이를 이용 유인, 잠복장소 유살, 손으로 잡기
② 생물적 방제: 천적의 이용
③ 화학적 방제: 농약의 살포

111. 곤충이 냄새로 의사를 전달하기 위해 분비하는 물질로 최근 해충을 유인하여 방제하기 위해 사용되는 것은?

① 왁스
② 실크
③ 페로몬
④ 엑디손

정답 ③

페로몬은 곤충이 냄새로 의사를 전달하는 신호물질로 성페로몬, 집합페로몬 등이 있다.

112. 농약의 구비조건 중 적당치 않은 것은?

① 농작물에 피해가 없을 것
② 물리적 성질이 양호한 것
③ 혼용범위가 넓을 것
④ 효력은 부정확하더라도 사용법이 간편한 것

정답 ④

농약의 구비조건: 살균 및 살충력이 강할 것, 작물 및 인축에 해가 없을 것, 물리적 성질이 양호한 것, 사용법이 간편한 것, 다른 약제와 혼용이 가능할 것, 값이 쌀 것

113. 농약 살포 중의 중독사고를 방지하기 위한 예방책이 아닌 것은?

① 다량의 약제를 흡입하거나 몸에 부착되지 않도록 한다.
② 노출이 작은 작업복을 착용한다.
③ 마스크, 보호안경 등을 착용한다.
④ 풍향을 고려하여 바람을 안고 살포한다.

정답 ④

바람을 등지고 살포한다.

114. 농약의 습전성에 대한 설명이 올바른 것은?

① 약제의 미립자가 용액 중에서 균일하게 분산되는 성질
② 약제가 식물체나 충체에 스며드는 성질
③ 살포한 농약이 식물체나 충체의 표면을 적시는 성질
④ 살포한 약액이 식물체나 충체에 잘 부착되는 성질

정답 ③

'①'- 유화성, '②'- 침투성, '④'- 부착성

115. 농약 살포액의 조제시 고려사항 중 가장 중요한 것은?
① 농약독성　　　　　　　　② 농약잔류성
③ 희석배수　　　　　　　　④ 환경독성

정답 ③

희석배수는 농약을 희석하는 배율로 희석을 잘못하면 약해가 생기거나 효과가 저해된다. 보통 희석배수가 100배액이면 농약 1에 물 99를 희석한 것이다.

116. 과수나 정원수의 해충을 방제하기 위해서 나무줄기 등에 처리하여 사용되는 농약 사용방법은?
① 관주법　　　　　　　　② 침지법
③ 도포법　　　　　　　　④ 도말법

정답 ③

① 관주법: 농약을 토양 중에 시용하는 것
② 침지법: 종자나 모를 농약에 일정시간 침지하여 소독하는 것
④ 도말법: 농약으로 종자를 코팅하는 것

117. 급성 독성 정도에 따른 농약의 구분이 아닌 것은?
① 중독성　　　　　　　　② 맹독성
③ 고독성　　　　　　　　④ 보통독성

정답 ①

급성 독성 정도에 따른 농약의 구분은 맹독성, 고독성, 보통독성, 저독성이다.

118. 농약의 독성은 무엇을 기준으로 하는가?
① 매독성　　　　　　　　② 고독성
③ 반수치사량　　　　　　④ 농약의 증기압

정답 ③

농약의 독성은 반수치사량 LD_{50}을 기준으로 한다.

119. 작물과 잡초와의 경합해로 나타나는 작물의 증상은?
① 작물의 엽면적이 커진다.
② 광합성량이 줄어든다.

③ 건물중은 많아진다.
④ 분열수도 많아진다.

정답 ②

작물은 잡초와 양분, 수분, 광 등을 경합하기 때문에 체적이나 광합성량이 줄고 수확물의 감수를 가져온다.

120. 종합적 잡초 방제법이란?
① 완전방제를 위한 잡초방제체계
② 제초제를 전생육기에 처리하는 방안
③ 주어진 잡초를 방제하기 위해 방제법을 2종 이상 혼합 사용하는 방제법
④ 잡초에만 도입된 기초 방제법

정답 ③

종합적 방제법: 기계적 방제, 경종적 방제, 생물적 방제, 화학적 방제 등에서 몇 가지 방제법을 상호 협력적인 조건에서 연계하여 수행해가는 방제법

■■■ 원예식물의 품종·번식·육종

1. 다음 중 1년초는 어느 방법으로 번식하는가?
① 삽목번식
② 접목번식
③ 종자번식
④ 휘묻이 번식

정답 ③

종자번식은 1~2년생 화훼에 이용된다.

2. 다음 중 자가수정을 주로 하는 식물은?
① 토마토, 상추
② 무, 배추
③ 파, 양파
④ 수박, 참외

정답 ①

종자로 번식하는 식물에는 한 꽃 안에서 수정이 되는 자가수정식물과 다른 개체에 있는 꽃가루에 의해 수정이 되는 타가수정식물이 있다.
① 자가수정식물: 토마토, 상추, 완두, 강낭콩
② 타가수정식물: 배추, 무, 파, 양파, 당근, 시금치

3. 영양번식의 특징을 잘못 설명한 것은?
   ① 어버이의 형질이 그대로 보존된다.
   ② 동일품종의 증식이 가능하다.
   ③ 개화, 결과기가 단축된다.
   ④ 접목, 꺾꽂이, 포기나누기 방법 등이 있다.

   정답 ③

   영양번식의 단점: 바이러스에 감염되면 제거가 불가능하다. 저장과 운반이 어렵다. 고도의 기술이 필요하다. 종자와 비교해 증식률이 낮다.

4. 다음 중 무성번식을 설명하고 있는 것은?
   ① 영양기관을 이용하여 독립적인 모를 생산한다.
   ② 주로 종자를 이용하여 모를 생산한다.
   ③ 포자를 이용하여 모를 생산한다.
   ④ 뿌리나 잎을 이용하지 않는다.

   정답 ①

   무성번식은 영양번식을 의미한다.

5. 다음 중 접목의 적기가 바르게 설명된 것은?
   ① 봄에는 나무의 눈이 싹튼 후 2~3주일 뒤에 한다.
   ② 대목은 수액이 정지된 상태에서 한다.
   ③ 접수는 휴면상태일 때 한다.
   ④ 여름접은 6월에서 7월 사이에 실시한다.

   정답 ③

   ① 봄에는 나무의 눈이 싹트기 2~3주일 전에 한다.
   ② 대목은 수액이 움직이기 시작하고 접수는 아직 휴면인 상태가 적기이다.
   ④ 여름접은 8월 상순에서 9월 상순 사이에 한다.

6. 깍기접에 사용되는 접수의 채취시기로 가장 적당한 것은?
   ① 낙엽 직후   ② 발아 직후
   ③ 낙엽 직전   ④ 접목할 때

   정답 ①

   낙엽 직후에 채취한 충실한 가지를 비닐로 싸서 3~5℃에 저장한 다음 접수로 사용하면 활착이 좋다.

7. 과수의 접붙이기 효과 중 틀린 내용은?
  ① 열매 맺는 연령을 늦추어준다.
  ② 어미나무의 특성을 갖는 묘목을 일시에 대량 양성할 수 있다.
  ③ 병·해충에 대한 저항성을 높여준다.
  ④ 대목의 선택에 따라 나무세력이 왜화 또는 교목이 되기도 한다.

  정답 ①
  과수의 접목은 열매 맺는 연령을 앞당겨주는 효과가 있다.

8. 접목 활착률을 높이려고 할 때 제일 먼저 고려해야 할 사항은?
  ① 접목시기와 온도   ② 접수와 대목의 굵기
  ③ 접목방법   ④ 접수와 대목의 친화성

  정답 ④
  접목 친화성 : 접수와 대목이 접합된 다음 생리작용의 교류가 원만하게 이루어져서 발육과 결실이 좋은 것

9. 다음 중 대목과 접수의 친화력이 가장 큰 것은?
  ① 동종간   ② 동속이종간
  ③ 동과이속간   ④ 이과간

  정답 ①
  대목과 접수가 식물분류상 가까울수록 친화력이 높다.

10. 다음 중 접수를 1~5℃로 유지하는 까닭은 무엇인가?
  ① 휴면상태 유지
  ② 저장 양분의 손실방지
  ③ 상대습도를 높이기 위하여
  ④ 접수 내에 있는 호르몬의 활성을 증가시키기 위하여

  정답 ①
  접수는 저장 중 온도가 높으면 발아한다.

11. 깎기접 번식을 할 때 가장 중요시해야 할 점은?
  ① 대목과 접순의 굵기

② 비닐끈으로 조르는 힘
③ 대목과 접수의 형성층(부름켜) 일치
④ 발코트의 도포 여부

정답 ③

대목과 접수의 형성층이 서로 가능한한 많이 맞닿게 맞춘 후 비닐테이프나 짚으로 묶은 다음 발코트를 발라준다.

12. 다음 중 노목의 품종갱신으로 적합한 방법은?

① 복접　　　　　　　　　　　　② 근접
③ 고접　　　　　　　　　　　　④ 근투접

정답 ③

고접은 가지나 줄기의 높은 곳에 접붙이는 방법으로 노목의 품종갱신에 알맞다.

13. 사과의 성목원에서 수분수를 필요로 할 때 가장 빨리 대처할 수 있고 경제적인 방법은?

① 노목을 심는다.
② 유목을 심는다.
③ 수분수를 고접한다.
④ 개화 초기의 나무를 중간중간 식재한다.

정답 ③

수분수 품종을 고접하면 2~3년 이내에 개화가 가능하다.

14. 다음 중 꺾꽂이에 대한 설명으로 옳은 것은?

① 잎으로만 할 수 있다.
② 줄기로만 할 수 있다.
③ 뿌리로만 할 수 있다.
④ 줄기, 잎, 뿌리 어느 것으로도 할 수 있다.

정답 ④

꺾꽂이는 줄기, 잎, 뿌리 등의 영양기관을 모본으로부터 잘라내어 번식시키는 것이다.

15. 식물의 번식방법 가운데 바이러스에 감염되지 않은 개체 증식방법의 수단으로 이용되는 것은?

① 종자번식 ② 무균번식
③ 영양체번식 ④ 조직배양번식

정답 ④

조직배양번식은 인공적인 배지에 식물조직체인 줄기나 뿌리의 생장점을 배양하여 새로운 식물체를 만드는 번식방법이다.

16. 조직배양을 이용할 수 있는 것은 식물의 어떤 능력 때문인가?
① 세포분화능력 ② 기관분화능력
③ 탈분화능력 ④ 전체형성능력

정답 ④

전체형성능(totipotency) : 하나의 기관이나 조직 또는 세포 하나로 완전한 식물체로 발달할 수 있는 능력

17. 조직배양의 기본적인 작업순서를 바르게 나타낸 것은?
① 작물선정 → 배양방법 및 배지 결정 → 살균 → 치상 → 배양 → 경화 → 이식
② 작물선정 → 배양방법 및 배지 결정 → 경화 → 치상 → 배양 → 살균 → 이식
③ 작물선정 → 배양방법 및 배지 결정 → 살균 → 이식 → 배양 → 치상 → 경화
④ 작물선정 → 배양방법 및 배지 결정 → 배양 → 살균 → 치상 → 이식 → 경화

정답 ①

조직배양의 구체적인 작업순서는 매우 다양하나 증식을 목적으로 하는 경우는 '①'과 같다.

18. 반수체의 식물을 얻은 후 여기에 콜히친을 처리하여 염색체수를 배가시켜 유전적으로 순수한 계통을 얻으려면 취해야 할 방법은?
① 약(葯)이나 소포자 배양을 한다.
② 엽세포를 배양한다.
③ 배 배양을 한다.
④ 배유를 배양한다.

정답 ①

약이나 소포자 배양을 통하여 반수체식물을 획득한다.

19. 식물 조직배양이 원예적 측면에서 유용한 이유에 해당하지 않는 것은?

① 무병주 생산　　　　　　　　② 원예식물 품종의 일률화
③ 급속 대량증식　　　　　　　④ 2차 산물의 생산

정답 ②

그 밖에 육종에의 응용, 학문연구의 수단으로도 유용하다.

20. 카네이션, 국화, 거베라 등의 화훼를 생장점 배양하는 주된 이유는?
　① 역병을 방제하기 위해서
　② 바이러스병을 방제하기 위해서
　③ 뿌리썩음병을 방제하기 위해서
　④ 탄저병을 방제하기 위해서

정답 ②

생장점 배양으로 바이러스에 감염되지 않은 모를 얻을 수 있는 이유는 생장점에는 바이러스가 없거나 극히 적기 때문이다.

21. 현재 재배되고 있는 품종보다 수익성과 이용가치가 더 높은 품종을 새로 만들어내는 것을 무엇이라고 하는가?
　① 선별　　　　　　　　　　　② 육종
　③ 도입　　　　　　　　　　　④ 순화

정답 ②

육종의 주된 성과는 증수, 품질향상, 재배지역이나 계절의 확대, 생산의 안정, 농업경영의 합리화 등이다.

22. 다음 중 내병성 품종의 육종 성과는?
　① 증수는 되나 품질이 나빠진다.
　② 품질은 향상되나 수량이 떨어진다.
　③ 농약살포를 줄일 수 있으나 그만큼 낮은 가격을 받는다.
　④ 증수와 품질향상, 환경오염을 방지한다.

정답 ④

내병성 품종은 농약살포가 줄어드는 유기농재배가 가능하여 높은 가격을 받는다.

23. 다음 중 염색체 수가 같은 것끼리 짝지어진 것은?

① 무, 양배추　　　　　　　　　② 배추, 무
③ 오이, 배추　　　　　　　　　④ 오이, 수박

정답 ①

무:2n=18, 양배추 2n=18, 배추 2n=20, 오이: 2n=24, 토마토: 2n=24, 수박: 2n=22

24. 보통 수박의 염색체 수는 22개이다. 씨 없는 수박의 염색체 수는 몇 개인가?
① 11개　　　　　　　　　　　② 22개
③ 33개　　　　　　　　　　　④ 44개

정답 ③

수박의 염색체는 2n이고, 씨 없는 수박의 염색체는 3n이다.

25. 다음 중 품종에 대한 설명으로 옳지 않은 것은?
① 자가수정식물에서의 품종은 순계를 말한다.
② 타가수정식물에서의 품종은 유전자형이 타집단과 구별되거나 유전자 빈도를 달리한다.
③ 1대 잡종(F1)은 유전적으로 모두 헤테로 상태이므로 품종이라고 할 수 없다.
④ 새로운 품종은 유전적으로 우수하고 균등성과 영속성을 구비하여야 한다.

정답 ③

모든 1대 잡종은 완전 헤테로이지만 그 유전조성이 균일하여 품종으로 취급할 수 있다.

26. 다음 중 주로 타가수정식물에만 적용하는 육종방법은?
① 계통분리법　　　　　　　　② 인공교배법
③ 도입육종법　　　　　　　　④ 단위생식이용법

정답 ①

계통분리법: 개체 또는 계통의 집단을 대상으로 하여 선발을 거듭하는 방법으로 타가수정식물에는 주로 집단선발법이 이용된다.

27. 두 품종을 교잡하여 그 후대에 좋은 형질을 가진 개체를 분리 선발하여 고정시키는 육종 방법은?
① 분리육종법　　　　　　　　② 선발육종법
③ 계통육종법　　　　　　　　④ 교잡육종법

정답 ④

자가수정식물의 개량에 많이 쓰이며 여교잡법이 이용된다.

※ 여교잡법: A 품종은 수량, 품질 등이 우수하나 특정 병에 약할 때 그 병에 강한 B 품종을 찾아내어 A와 B를 교잡한 후 그 F1을 다시 B 품종에 교잡하는 것으로 육종의 시간과 경비를 절약할 수 있다.

28. 내병성 품종의 육성이나 유전자의 분리 및 연쇄관계를 밝히는 방법으로 흔히 쓰이는 것은?

① 단교잡법 ② 복교잡법
③ 여교잡법 ④ 삼원교잡법

정답 ③

여교잡법은 재배품종이 가지고 있는 소수형질을 개량할 때 많이 쓰인다. 즉 우수한 특성이 있으나 한두가지의 결점(내병성 등)이 발견된 품종을 비교적 짧은 세대 동안에 개량하여 육종할 수 있다.

29. 1대 잡종을 이용하는 육종에서 구비되어야 할 조건이 아닌 것은?

① 1회 교잡으로 다량의 종자를 생산할 수 있어야 한다.
② 교잡 조작이 용이해야 한다.
③ 단위면적당 재배에 소요되는 종자량이 많아야 한다.
④ F1의 실용가치가 커야 한다.

정답 ③

단위면적당 재배에 소요되는 종자량이 적어야 한다.

30. 옥수수, 토마토 등 많은 식물에서 1대 잡종종자를 이용하는 이유로 볼 수 없는 것은?

① 높은 생산량을 얻는 데 있다.
② 병·해충에 대한 저항성이 있다.
③ 생산성은 낮으나 양질성에 있다.
④ 내비성, 내도복성에 있다.

정답 ③

1대 잡종 종자는 값이 비싸고 매년 바꾸어 써야 하는 단점이 있으나 다수확성, 균일성, 강건성, 강한 내병성으로 많이 사용하고 있다.

31. 1대 잡종을 많이 이용하는 식물은?

① 벼 ② 콩

예상문제 연구 | **261**

③ 보리   ④ 옥수수

정답 ④

옥수수의 잡종강세 발견으로 세계의 농업생산성이 크게 향상되었다.

※ 채소류의 1대 잡종 이용방법
① 인공교배 이용: 토마토, 오이, 가지, 수박
② 자가불화합성 이용: 배추, 양배추, 무
③ 웅성불임성 이용: 양파, 고추, 당근
④ 암수 다른 꽃 이용: 오이, 수박, 옥수수
⑤ 암수 다른 포기 이용: 시금치

32. 채소육종에서 웅성불임성을 이용하는 식물은?
① 오이   ② 배추
③ 양파   ④ 시금치

정답 ③

웅성불임성을 이용하는 채소는 양파, 고추, 당근 등이다.

33. 다음 중 잡종강세현상을 옳게 설명한 것은?
① F1에서만 나타나며, 양친보다 우수한 생육·수량을 보이는 현상이다.
② 자가수정식물에서 주로 이용되며 F1 잡종의 강세현상은 영속적인 유전을 한다.
③ 잡종강세란 F1 잡종개체의 자식을 뜻하며, 모든 형질은 우수하고 영속성을 가진다.
④ F1 잡종의 육종법은 주로 벼, 콩 등 타가수정식물에서 이용되는 특수육종법이다.

정답 ①

잡종강세는 옥수수, 토마토, 오이 등 타가수정식물에서 이용되는 육종법이며 매년 F1 잡종을 만들어서 재배해야 한다.

34. F1 품종이 갖고 있는 유전 특성은?
① 잡종강세   ② 근교약세
③ 원연교잡   ④ 자식열세

정답 ①

잡종강세: 다른 품종 또는 다른 계통간 교잡시 잡종 제1대가 양친의 어느 것 보다 왕성한 생활양상을 나타내는 것

35. 잡종강세가 크게 나타나는 F1 종자를 채종하기 위하여 이용할 수 있는 현상은?

① 웅성불임성, 역도태
② 자가불화합성, 자식약세
③ 웅성불임성, 자가불화합성
④ 자식약세, 역도태

정답 ③

1대 잡종 이용방법은 인공교배, 자가불화합성, 웅성불임성 등이 있다.

36. 잡종강세가 가장 큰 교잡종은?
① 단교잡종 ② 변형 단교잡종
③ 삼계잡종 ④ 복교잡종

정답 ④

단교잡: 관여하는 계통이 2개뿐이므로 우량한 조합의 선정이 용이하고 잡종강세현상이 뚜렷하다. 각 형질이 균일하고 불량형질이 나타나는 일이 별로 없다.

37. 단교잡의 장점과 단점은?
① 잡종강세가 발현되나 종자생산이 적다.
② 균일성이 발현되나 종자생산이 없다.
③ 종자생산은 극히 많으나 균일성이 저하된다.
④ 수량이 많으나 병해에 약하다.

정답 ①

단교잡의 단점: 생육이 빈약한 자식계통을 직접 양친으로 사용하기 때문에 종자의 생산량이 적고, 종자의 발아력이 약해 대량의 종사를 필요로 하는 경우에는 적합하지 않다.

38. 다음 중 1대 잡종을 만들기에 알맞은 어버이로서 갖추어야 할 조건이 아닌 것은?
① 자가불화합성을 가진 것
② 영양 번식이 쉬운 것
③ 되도록 순계에 가까운 것
④ 가루받이가 어려운 것

정답 ④

가루받이가 쉬워야 한다.

39. 생식기관이 암수 모두 형태적 또는 기능적으로 완전하나 어떤 특정한 것들과 교배될 경

우에는 수정이 이루어지지 않아 종자가 형성되지 못하는 불임은?

① 웅성불임성　　　　　　　　② 자성불임성
③ 생리적 불임성　　　　　　　④ 불화합성

정답 ④

A가 B, C, D와 교배되었을 때 AB, AC 조합에서는 종자를 형성하는데, AD 조합에서는 종자를 형성하지 못할 때 A와 D는 불화합성이라고 한다.

40. 콜히친 처리에 의한 씨 없는 수박 종자의 배수성은?

① 2배체(2n)　　　　　　　　② 3배체(3n)
③ 4배체(4n)　　　　　　　　④ 6배체(6n)

정답 ②

씨 없는 수박은 4배체와 2배체를 교잡해서 3배체를 얻는 것이다.
※ 배수체육종법: 염색체 수를 늘이거나 줄여서 생겨나는 변이를 육종에 이용하는 것으로 배수체를 늘이는 데는 콜히친이라는 약제를 사용한다.

41. 다음 유전형질에 대한 내용 중 질적 형질에 대한 것은?

① 초장　　　　　　　　　　　② 꽃의 색깔
③ 개화기　　　　　　　　　　④ 분열수

정답 ②

① 질적 형질: 꽃의 색깔과 같이 형질의 특성이 몇 가지 종류로 뚜렷하게 구분되는 형질
② 양적 형질: 초장이나 수량과 같이 계측이나 계량할 수 있는 형질

42. 배추의 자가불화합성 개체에서 자식 종자를 얻을 수 있는 가장 효과적인 방법은?

① 타가수분　　　　　　　　　② 개화수분
③ 뇌수분　　　　　　　　　　④ 말기수분

정답 ③

뇌수분: 자가불화합성을 타파하기 위해 꽃봉오리 때 수분하는 방법으로 무, 배추 등의 십자화과에서 많이 이용된다.

43. 재래종의 육종상 중요한 의의는?

① 재배지역의 기상생태형에 적합한 인자를 다수 보유한다.
② 각종 저항성이 신품종 보다 크다.

③ 수량과 품질이 우수하다.
④ 종자를 확보하기 쉽다.

정답 ①

재래종은 재배지역의 여러 특성을 갖추었다는 장점이 있다.

44. 작물육종에 이용하기 부적당한 변이는?

① 교잡변이　　　　　　　　　② 돌연변이
③ 환경변이　　　　　　　　　④ 아조변이

정답 ③

작물육종에 이용가능한 변이는 유전적변이로 교잡변이, 돌연변이, 아조변이 등이 있다.

45. 다음 중 우량종자의 구비조건에 해당하지 않는 것은?

① 유전적인 면에서 그 품종 고유의 특성을 고루 갖추어야 한다.
② 생리적인 면에서 생명력과 활력이 높아야 한다.
③ 효율적인 면에서 여러 대에 걸쳐 종자를 얻을 수 있어야 한다.
④ 병리적인 면에서 병·해충에 감염되지 않아야 한다.

정답 ③

1대 잡종 종자는 당대에만 이용할 수 있다.

46. 1대 잡종의 채종에서 중요시되는 사항이 아닌 것은?

① 양친 계통을 유지할 때 자식열세를 최소화한다.
② 계통의 유전적 순수성을 유지한다.
③ 시판용 종자 생산시에는 순수한 계통간에 교잡이 일어나야 한다.
④ 시판종자 생산시에 교잡 비용을 최대화한다.

정답 ④

시판종자 생산시에 교잡 비용을 최소화하여 목적하는 화분 이외의 다른 화분에 의한 오염수분을 방지한다.

47. 다음 중 교배시 양친식물들이 갖추어야 할 조건으로 가장 중요한 것은?

① 개화기의 일치　　　　　　　② 초장의 일치
③ 꽃 크기의 일치　　　　　　　④ 휴면기간의 일치

정답 ①

두 식물의 개화기가 일치되어야 교배할 수 있으며, 일치하지 않을 때는 인위적으로 조절하여 일치시켜야 한다.

48. 우량품종의 구비조건으로 볼 수 없는 것은?
① 균등성　　　　　　　　　② 변이성
③ 우수성　　　　　　　　　④ 영속성

정답 ②

우량품종의 구비조건: 균등성, 우수성, 영속성, 광지역성

49. 품종의 퇴화를 유전적 퇴화와 생리적 퇴화로 나눌 때 생리적 퇴화에 속하는 것은?
① 토양적 퇴화　　　　　　② 돌연변이 퇴화
③ 자연교잡 퇴화　　　　　④ 이형 유전자형의 분리

정답 ①

유전적 퇴화: 이형 유전자형의 분리, 자연교잡, 돌연변이, 이형종자의 기계적 혼입 ② 생리적 퇴화: 토양, 기상

50. 종자를 갱신하기 위한 채종과정 중 원원종포에서 생산된 종자는?
① 원종　　　　　　　　　　② 원원종
③ 보급종　　　　　　　　　④ 기본종

정답 ②

기본식물포 → 원원종포 → 원종포 → 채종포 → 농가포장
　　↑　　　　　↑　　　　　↑　　　　　↑
기본식물종자　원원종　　원종　　보급종

51. 다음 중 채종하기에 가장 좋은 장소는?
① 평지　　　　　　　　　　② 농작물 재배지
③ 도시 외곽지　　　　　　④ 지리적 격리지

정답 ④

다른 품종과의 자연교잡을 방지하기 위해 섬, 산간지 등의 지리적 격리지를 채종에 이용한다.

52. 채종포 관리시 반드시 개화 전에 해야 할 일로서 잘못하면 종자사고의 염려가 있는 것은?

① 병·해충 방제 ② 이형주 제거
③ 매개충의 관리 ④ 비배 관리

정답 ②

진정한 개체와 이형주를 구별하기 위해서는 오랜 경험과 예리한 관찰력이 필요하다.

■■■ 특수원예

1. 우리나라의 시설재배 면적 중 가장 많은 재배면적을 차지하는 채소는?

① 근채류 ② 조미채소류
③ 과채류 ④ 엽채류

정답 ③

과채류〉엽채류〉근채류〉조미채소류 순이다.

2. 우리나라에 가장 많이 보급되어 있는 시설의 형태는?

① 양지붕형 ② 반지붕형
③ 벤로형 ④ 아치형

정답 ④

아치형이 가장 많이 보급되어 있다.

3. 아치형 하우스에 관한 내용 중에서 잘못 표현된 것은?

① 광선: 시설내 광분포가 균일함
② 보온: 방열면적이 넓고 보온성이 떨어짐
③ 습도: 상부에 물방울이 생겨 다습해짐
④ 환기: 천창 환기하지 않으면 환기능률이 떨어짐

정답 ②

아치형 하우스는 방열면적이 좁고 양호하다.

4. 플라스틱필름 아치형 하우스의 장점은?

① 천창 환기가 쉽다.
② 눈이 많이 오는 지역에 효과적이다.
③ 상부에 물방울이 생기지 않는다.
④ 실내 광분포가 균일하다.

정답 ④

①, ②, ③은 지붕형 하우스의 장점이다.

5. 개량 아치연동형 하우스(1-2w형)의 기본시설에 해당되는 장치는?
① 측면 개폐장치　　　　　　　② 탄산가스 발생장치
③ 강제 팬 환기장치　　　　　　④ 종합 콘트롤장치

정답 ①

개량 아치연동형 하우스: 아치형 하우스의 문제점을 개선하기 위하여 설계된 것으로, 농가보급용 표준형에는 기본시설과 부대시설이 있다.
　① 기본시설: 구조 및 피복, 곡부 1·2종 개폐장치, 측면 개폐장치, 수평커튼장치, 관수장치
　② 부대시설: 난방시설, 탄산가스 발생기시설, 방제시설, 강제 환기시설, 종합 콘트롤장치

6. 양지붕 연동형 온실의 장점이 아닌 것은?
① 토지의 이용률이 높다.
② 환기가 잘 된다.
③ 난방 효율이 높다.
④ 단위 면적당 건축비가 싸다.

정답 ②

양지붕 연동형 온실의 단점: 광분포가 불균일하다. 환기가 잘 안된다. 적설의 피해를 입기 쉽다.

7. 단동형보다 연동형 하우스가 보온비가 더 큰 이유는?
① 연동형의 외표면적이 크기 때문이다.
② 연동형의 기밀도가 상대적으로 작기 때문이다.
③ 연동형의 방열면적이 작기 때문이다.
④ 연동형이 외표면적에 대한 바닥면적 비율이 크기 때문이다.

정답 ④

바닥면적이 증가한 연동형이 보온에 더 유리하다.

8. 다음 중 온실의 기울기를 가장 크게 해야 될 경우는?

① 바람이 많이 부는 곳에 설치되는 온실
② 강우량이 많은 곳에 설치되는 온실
③ 일사량이 적은 곳에 설치되는 온실
④ 적설량이 많은 곳에 설치되는 온실

정답 ④

온실의 기울기가 60° 이상에서는 눈이 쌓이지 않고, 30~40°에서는 50% 정도 쌓인다.

9. 온실자재 알루미늄의 특징을 잘못 표현한 것은?

① 가벼워 다루기가 용이하다.
② 부식에 강하여 오래 쓸 수 있다.
③ 성형이 쉬워 복잡한 단면가공이 가능하다.
④ 강도가 강하여 많은 부재로 이용된다.

정답 ④

알루미늄은 철강보다 강도가 떨어지며, 내식성 알루미늄의 경우 값이 비싸 경제성의 문제가 생긴다.

10. 다음 중 피복자재의 구비조건으로 잘못된 것은?

① 저렴해야 한다.
② 높은 광투과율을 지녀야 한다.
③ 열전도율이 높을수록 좋다.
④ 내구성이 크고 팽창 및 수축이 적어야 한다.

정답 ③

열전도율이 낮으면 보온력이 높다.

11. 우리나라에서 가장 많이 사용되고 있는 피복자재는?

① 염화비닐(PVC)필름
② 아세트산비닐(EVA)필름
③ 폴리에틸렌(PE)필름
④ 유리

정답 ③

PE필름은 우리나라 하우스 외피복재의 70% 이상을 차지하고 있다.

12. 다음 중 염화비닐필름의 성질을 설명한 것으로 적당치 않은 것은?

① 장파 복사열의 차단효과가 있다.
② 가소제가 표면으로 용출되어 먼지가 잘 달라 붙는다.
③ 필름끼리 서로 달라 붙는다.
④ 광선 투과율이 낮다.

정답 ④

※ 염화비닐필름의 성질
① 광선 투과율이 높다.
② 장파투과율과 열전도율이 낮아 보온력이 뛰어나다.
③ 비료, 농약 등에 내성이 크다.
④ 연질이라 사용이 편리하다.
⑤ 하우스의 외피복재로 가장 적합하나 값이 비싸 보급률이 낮다.

13. 지면 피복용으로 사용되는 자재 중 산광효과를 동시에 얻을 수 있는 것은?

① 부직포
② 연질필름
③ 반사필름
④ 기포매트

정답 ③

반사필름은 시설의 보광이나 반사광 이용에 사용되며, 이 필름으로 커튼피복하면 열절감률이 높아진다.

14. 다음 중 외피복용 피복자재로만 짝지어진 것은?

① 유리, 반사필름
② FRA판, 한랭사
③ FRA판, PVC필름
④ PE필름, 반사필름

정답 ③

반사필름은 주로 반사 및 보광에, 한랭사는 차광에 이용된다.

15. 시설 내의 온도 상승을 억제하고 잎이 타는 현상을 막기 위하여 사용되는 피복재는?

① 유리
② 한랭사
③ PE필름
④ PVC필름

정답 ②

한랭사는 시설의 차광피복재 또는 서리를 막기 위한 피복자재로 많이 쓰인다.

16. 다음의 피복자재 중 경질피복(경질판 포함) 자재가 아닌 것은?

① FRP(유리섬유강화아크릴)판
② PET(폴리에스테르)필름
③ EVA(아세트산비닐)필름
④ PC(폴리카보네이트)판

정답 ③

① 연질필름(두께 0.05~0.2mm): PE, EVA, PVC
② 경질필름(두께 0.1~0.2mm): PET
③ 경질판(두께 0.2mm 이상): FRP판, FRA판, MMA판, PC판

17. 온실의 피복 자재로 유리를 이용할 때의 장점으로 틀린 것은?

① 내구성　　　　　　　② 불연성
③ 보온성　　　　　　　④ 내충격성

정답 ④

※ 유리의 단점
① 충격에 약하고 시설비가 많이 든다.
② 연질필름에 비해 기밀도가 떨어져 시설내에 틈이 많이 생긴다.

18. 시설내 광환경의 특징이라고 볼 수 없는 것은?

① 광량이 감소한다.　　　② 광질이 변한다.
③ 일장이 달라진다.　　　④ 광분포가 불균일하다.

정답 ③

일장의 변화는 발생하지 않는다.

19. 국화의 절화재배시 장일처리를 할 때 광처리 방법에 속하지 않는 것은?

① 보광　　　　　　　② 광중단
③ 차광　　　　　　　④ 교호조명

정답 ③

차광은 개화기를 앞당기는 단일처리에 필요한 방법이다.

20. 광이 식물생육에 미치는 영향 중 가장 거리가 먼 것은?

① 녹식물춘화성　　　　　② 광합성

③ 광주기성 ④ 기관형성

정답 ①

녹식물춘화성은 식물체가 어느 정도 커진 후에 저온에 감응하는 것으로 온도와 관계가 깊다.

21. 식물의 낮잠현상이 일어나는 환경요인은?
① 가스 환경 ② 온도 환경
③ 수분 환경 ④ 광 환경

정답 ①

낮잠현상(midday slump): 탄산가스 농도가 감소되어 한낮에 시설내의 농도가 대기 중 농도의 절반에 가까운 150ppm 이하가 되면 광합성작용이 저하되는 현상

22. 온실의 투과량 증대 방안이 아닌 것은?
① 커튼이나 터널 등의 2중피복
② 강도가 높고 용적이 작은 골재의 선택
③ 시설의 설치방향 조절
④ 내음성 작물 개발 등 경종적 방법 개선

정답 ①

광투과율이 높은 피복재라도 보온성을 높이기 위해 커튼이나 터널 등을 2중피복하면 광투과율이 40% 이상 감소한다.

23. 다음 중 시설 설치 방향의 설명으로 틀리는 것은?
① 단동일 경우 광선의 입사량을 증대시키기 위해 동서로 설치한다.
② 단동일 경우 반촉성재배시는 입사광량을 감소시키기 위해 남북으로 설치한다.
③ 계절풍이 강하게 부는 지역은 바람의 방향과 평행하게 설치한다.
④ 연동일 경우 사각에 의한 연속차광을 줄이기 위해 동서로 설치한다.

정답 ④

연동의 경우에는 동서 설치가 남북 설치보다 그림자가 심하게 나타나서 광분포의 불균일성이 크다.

24. 태양고도가 낮을 때 동서동의 시설북측벽에 반사판을 설치하면 다음의 어떤 효과가 나타나는가?
① 광량을 증대시킬 수 있다.

② 광분포를 균일하게 할 수 있다.
③ 광질을 크게 개선할 수 있다.
④ 해충의 비래를 막을 수 있다.

정답 ①

반사광을 실내로 유도하여 광량을 증대시킬 수 있다. 태양의 고도가 35° 일 때 투과광 74%, 반사광 38%로 총 112%가 되므로 바깥보다 12%의 광량이 많다.

25. 시설에서 하루 중 CO_2의 농도가 가장 높은 때는?

① 해뜨기 직전 ② 한낮
③ 해지기 직전 ④ 한밤중

정답 ①

야간에는 식물체의 호흡과 토양미생물의 분해활동에 의하여 배출되는 탄산가스로 인해 높은 탄산가스 농도를 유지하며, 아침에 해가 뜨고 광합성이 시작되면서부터 서서히 낮아진다.

26. 밀폐된 시설에서 효과적으로 사용되는 시비법은?

① 액비시비 ② 탄산가스시비
③ 엽면시비 ④ 전원시비

정답 ②

탄산가스시비 : 시설내에서 인위적으로 공기환경을 조절하면서 탄산가스를 공급하여 작물의 생육을 촉진시키는 것.

27. 밀폐된 시설에서 채소의 광합성을 저해하며 생육에 부진한 영향을 미치게 하는 요인은 무엇인가?

① 비료의 과용 ② 수분이 과다
③ 일산화탄소 부족 ④ 이산화탄소 부족

정답 ④

밀폐된 시설내에서 식물을 재배하면 광합성에 의한 탄산가스의 일방적인 소모로 주변의 탄산가스가 감소하고, 보통 오전 11~12시경에는 노지에 비해 탄산가스농도가 낮다.

28. 시설내의 환경에서 가장 중요하게 취급되는 인자는?

① 온도 환경 ② 광 환경

③ 수분 환경   ④ CO_2 환경

정답 ①

온도는 그 조절이 용이하지 않고 식물, 계절, 생육단계, 기상조건에 따라 관리가 이루어져야 하기 때문에 시설내에서 가장 중요한 환경인자이다.

29. 시설내 온도환경이 특성이라고 볼 수 없는 것은?

① 기온의 일변화가 노지에 비하여 크다.
② 하루 중의 온도교차가 노지에 비하여 크다.
③ 시설내의 온도분포는 위치별로 차이가 거의 없다.
④ 시설내의 지온은 외부의 지온보다 높은 것이 특징이다.

정답 ③

시설내의 온도교차는 전체적으로 위치에 따라 약 1~2℃ 정도의 차이를 보인다.

30. 시설의 온도는 항온보다는 낮에는 높고 밤에는 가급적 낮게 유지하는 변온관리가 바람직하다. 그 이유는?

① 광합성을 촉진하고 야간의 호흡작용을 억제하기 때문에
② 한 겨울이 난방비를 절약할 수 있기 때문에
③ 작물체를 자극시켜 휴면을 타파시킬 수 있기 때문에
④ 광합성을 늦게까지 지속시키기 위하여

정답 ①

시설의 변온관리는 항온관리에 비해 유류 절감효과, 작물생육과 수량이 증가되는 효과, 품질 향상 효과가 있다.

31. 시설의 온도관리에서 일몰직후 실내온도를 다소 높게 유지시켜주는 이유는?

① 광합성물질의 전류를 촉진하기 위하여
② 야간온도의 급격한 하강을 방지하기 위하여
③ 야간온도에 대한 적응성을 높여주기 위하여
④ 광합성을 늦게까지 지속시키기 위하여

정답 ①

광합성물질의 전류가 끝난 다음에는 호흡을 억제시키기 위해 온도를 좀 더 낮은 수준으로 유지한다.

32. 시설내의 보온효율을 높이는 방법으로 옳지 않은 것은?

① 단열재를 매설한다.
② 플라스틱 멀칭을 한다.
③ 시설의 바닥면적을 줄이고 표면적을 크게 한다.
④ 토양수분을 적절히 유지한다.

정답 ③

시설의 바닥면적이 크고 표면적이 작아야 보온에 유리하다.

33. 동화산물의 전류에 가장 큰 영향을 미치는 환경요인은?

① 광
② 온도
③ 습도
④ 탄산가스

정답 ②

온도가 높으면 잎에서 과실과 뿌리로의 동화산물 전류가 빠르지만, 온도가 낮으면 전류 속도가 느리고 전류량도 적다.

34. 온실의 냉방방법에 속하는 것은?

① 랙앤드피니언법
② 패드앤드팬법
③ 보온피복법
④ 반사필름이용법

정답 ②

온실의 냉방에는 기화냉각법이 사용되며, 많이 사용되는 기화냉각법에는 패드앤드팬법(pad and fan method)과 세무냉방법(fog and fan method)이 있다.

35. 멜론의 시설재배시 생육기에 따라 관수량을 조절해야 한다. 다음 생육기 중 관수량을 줄여야 할 시기는 언제인가?

① 정식 후 활착기
② 과실비대기
③ 개화 전까지
④ 수확 1주일 전부터 수확기까지

정답 ④

멜론은 수확 1주일 전부터 관수량을 줄여 pF값을 높게 유지해야 네트 형성이 촉진되고 과실의 당도가 증가한다.

36. 지표관수 방법 중 다공튜브 관수의 장점에 속하는 것은?
① 고압력에도 사용이 가능하다.
② 지표, 지상, 지표의 멀칭아래 등 다양하게 설치 가능하다.
③ 고가식으로 설치하면 물방울이 굵어 토양입자가 튄다.
④ 내구성이 강하며 수질에 관계없이 사용이 가능하다.

정답 ②

다공튜브 관수방식은 값이 싸고 설치가 간단하다.

37. 포트 밑의 배수공을 통해 물이 스며 올라가는 방법은?
① 지중관수　　　　　　　　　② 미스트관수
③ 점적관수　　　　　　　　　④ 저면관수

정답 ④

온실이나 벤치에서 재배하는 작물에 보편적으로 사용되는 관수방법이다.

38. 다음 중 시설내의 공기습도가 낮아지면 발생하는 현상으로 알맞은 것은?
① 광합성량이 감소한다.
② 곰팡이 병해가 많이 발생한다.
③ 토양수분 함량이 높아진다.
④ 식물체의 증산량이 증가한다.

정답 ④

시설내의 공기습도가 낮아지면 증산량이 증가하여 수분흡수가 촉진되고, 공기습도가 높으면 증산량 및 광합성이 감소하고 병해가 심하게 발생한다.

39. 상대습도의 설명에 해당되는 것은?
① 온도가 내려가면 상대습도는 올라간다.
② 온도가 올라가면 상대습도도 올라간다.
③ 건습구 온도차가 크면 상대습도가 커진다.
④ 건구온도가 습구온도와 같으면 상대습도가 내려간다.

정답 ①

상대습도: 일정 부피의 공기 속에 실제로 포함되어 있는 수증기양과 포함할 수 있는 최대 수증기양과의 비율

40. 실물재배 토양에서 토양 전 공극량의 몇 %가 기상공극일 때 식물 생육에 가장 양호한가?

① 0~10%   ② 10~20%
③ 20~30%   ④ 30~40%

정답 ③

원예식물이 자라는 데 알맞은 토양의 3상 구성은 고상 50%(무기물 45% +유기물 5%), 기상 25%, 액상 25%이다.

41. 시설원예식물이 가장 유용하게 이용하는 토양수분은 어느 것인가?

① 모관수와 흡착수   ② 모관수와 포장용수량
③ 중력수와 흡착수   ④ 중력수와 모관수

정답 ④

일반 노지식물은 모관수, 시설원예식물은 중력수와 모관수를 유용하게 이용한다.

42. 다음 중 시설내 토양수분의 특이성과 관계 없는 것은?

① 자연 강우의 공급이 없다.
② 증발산량이 많아 건조하기 쉽다.
③ 포장용수량이 작아 관수량이 적어진다.
④ 단열층이 지하수의 상층이동을 억제한다.

정답 ③

포장용수량은 토성 및 식물에 따라 다르다.

43. 염류농도를 낮추는 방법이 아닌 것은?

① 관수 또는 담수로 제염한다.
② 휴한기를 이용하여 단기간 내염성 식물을 재배한다
③ 마른 볏짚이나 마른 옥수수대 같은 미 분해성 유기물을 사용한다.
④ 시설재배지에 연작을 한다.

정답 ④

연작은 염류의 축적을 가중시킨다.

44. 토양용액의 전기전도도가 높다는 것은 다음 중 무엇을 의미하는가?

① 토양반응이 산성이다.
② 토양의 염류농도가 높다.
③ 토양의 용수량이 크다.
④ 토양미생물의 활성이 높다.

정답 ②

토양의 염류농도는 토양침출액의 전기전도도(EC)로 측정하며, 토양에 유기질이 많이 함유되어 있으면 높은 EC에서도 식물이 잘 견딘다.

45. 시설내 환기의 효과로 볼 수 없는 것은?
① 온도조절
② 습도조절
③ 산소조절
④ 유해가스의 배출

정답 ③

①, ②, ④ 외 탄산가스의 공급, 시설내 공기유동 등의 효과가 있다.

46. 다음 중 시설내의 가스장해에 대한 대책으로 가장 알맞은 방법은?
① 토양을 건조시킨다.
② 시비량을 증가시킨다.
③ 환기한다.
④ 요소비료를 토양 표면에 많이 시비한다.

정답 ③

유해가스는 대개 공기보다 무거우므로 강제환기 한다.
※ 시설내의 가스장해 대책
① 토양이 건조하거나 과습하면 아질산가스가 많이 발생하기 때문에 토양을 중성으로 하고 적습을 유지한다.
② 요소비료를 줄이고 완숙된 유기물을 사용한다.
③ 유해가스에 저항성이 있는 식물을 선택한다.

47. 시설재배시 주간에 환기를 충분히 해 주지 않았을 때 일어날 수 있는 현상이 아닌 것은?
① 습도가 높아진다.
② 온도가 높아진다.
③ CO_2의 농도가 높아진다.
④ 유해 가스의 농도가 높아진다.

정답 ③

시설재배시에는 탄산가스 농도가 내려가는 경우가 많아 광합성량의 저하로 생육이 불량해진다. 환기하면 탄산가스 농도를 대기수준과 유사한 정도까지 높일 수 있다.

48. 다음의 시설내 유해가스 중에서 주로 토양으로부터 방출되는 가스는?

① 암모니아가스　　　　　　　　② 아황산가스
③ 일산화탄소　　　　　　　　　④ 아세틸렌가스

정답 ①

① 토양 중의 유기물이 분해되면서 발생하는 것: 암모니아가스, 질산가스
② 난방기의 화석연료 연소과정에서 발생하는 것: 일산화탄소, 아황산가스, 에틸렌

49. 자연환기를 위한 환기창의 면적은 전체 하우스 표면적의 어느 정도가 적당한가?

① 10%　　　　　　　　　　　　② 15%
③ 20%　　　　　　　　　　　　④ 25%

정답 ②

약 15% 정도가 적당하다.
※ 자연환기방식의 특징
① 환기창의 면적이나 위치를 잘 선정하면 비교적 많은 환기량을 얻을 수 있다.
② 온실내의 온도분포가 비교적 균일하다.
③ 외부 기상조건(풍향, 풍속)의 영향을 받는다.

50. 다음 중 강제환기방식의 설명으로 잘못된 것은?

① 환기량은 환풍기의 풍량 및 대수, 흡입구와 배출구의 면적이나 위치에 따라 변한다.
② 환기효과가 낮고 균일하지 않다.
③ 환풍기의 그림자로 인해 실내 광량의 감소가 있다.
④ 환풍기에 의한 환기는 전기료 및 소음, 그리고 정전시 문제가 있다.

정답 ②

②는 자연환기방식의 단점이다.

51. 다음 중 시설내 생리장해 발생의 원인으로 가장 거리가 먼 것은?

① 일조시간의 단축　　　　　　② 시설의 피복
③ 유해가스의 배출　　　　　　④ 토양수분의 과다

그 외에 토양의 염류집적, 농약의 오남용 등 여러 원인이 있다.

정답 ②

52. 채소의 시설 재배에서 고온장해에 해당되는 것은?
① 오이의 난쟁이묘 현상
② 상추의 꽃눈분화와 추대 촉진
③ 토마토의 난형과 발생
④ 딸기의 닭볏모양 열매 착과

정답 ②

①, ③, ④는 저온에 의한 장해이다.

53. 딸기의 시설재배에서 꿀벌을 방사하는 이유는?
① 딸기꿀을 채취하기 위해서
② 수분과 수정을 돕기 위하여
③ 꿀벌의 월동을 돕기 위하여
④ 화아분화를 유도하기 위하여

정답 ②

개화기에는 꿀벌을 방사하여 수분을 매개하는 것이 일반적인데, 꿀벌은 고온하에서는 방사하지 않고, 높게 날기 때문에 기형과의 발달이 많아질 우려가 있다.

54. 시설내의 작물이 병·해충에 대하여 연약하게 되는 이유가 아닌 것은?
① 주간에 온도가 높다.
② 시설내의 광도가 낮다.
③ 환기불량으로 산소가 부족하다.
④ 습도가 대단히 높다.

정답 ③

* 시설내 병·해충 발생
① 야간의 저온, 주간의 고온은 병원균의 발아와 생장을 촉진시킨다.
② 대부분의 식물병은 다습한 조건에서 발병이 심하다.
③ 광도가 낮으면 병해에 대한 저항성이 약해진다.

55. 하우스내 재배식물에 병이 많이 발생하는 가장 큰 이유는 어느 것인가?

① 높은 온도 　　　　　　　　② 높은 습도
③ 강한 광선 　　　　　　　　④ 낮은 온도

정답 ②

다습한 환경조건에서는 노균병, 역병 등 여러 병해가 발생한다.

56. 다음 중 시설재배시 다습한 환경에서 발생하는 병해가 아닌 것은?

① 흰가루병 　　　　　　　　② 잎곰팡이병
③ 균핵병 　　　　　　　　　④ 노균병

정답 ①

흰가루병의 병원균은 비교적 고온을 좋아하며, 다습한 조건보다는 약간 건조한 조건에서 잘 발병한다.

57. 양액재배의 효과가 아닌 것은?

① 관수 노력 절감
② 비배 관리의 자동화
③ 이어짓기의 해를 받는다.
④ 청정 재배 효과

정답 ③

양액재배는 연작장해를 회피할 수 있어 같은 장소에서 같은 식물을 재배할 수 있다.

58. 양액재배의 특징 중 장점이 아닌 것은?

① 비배 관리의 자동화가 가능하다.
② 많은 설비 투자가 필요하다.
③ 비료의 비용을 절감할 수 있다.
④ 황폐지에서도 이용이 가능하다.

정답 ②

※ 양액재배의 단점
① 초기시설에 대한 투자금액이 크다.
② 과학적 지식을 필요로 한다.
③ 도입 가능한 식물의 종류가 한정되어 있다.

59. 양액재배의 특성으로 가장 옳은 것은?

① 연작 장해를 받으며 같은 식물을 반복해서 재배할 수 없다.

② 각종 채소의 청정 재배가 가능하다.
③ 생육이 느려서 생산량은 감소한다.
④ 배양액의 완충 능력이 높으므로 양분 농도나 pH 변화의 영향을 받기 어렵다.

정답 ②

양액재배는 토양이 없는 상태에서 오염되지 않은 물을 사용하므로 병균이나 중금속의 오염을 피할 수 있다.

60. 양액관리의 자동화가 필요한 이유 중 옳지 않은 것은?

① 토양재배에 비하여 비료의 완충작용이 크기 때문에 자동화가 용이하고 비용이 적게 든다.
② 양액관리에 인력이 많이 소요되어 자동화하지 않으면 경제성이 떨어진다.
③ 식물 및 생육단계별로 정확한 양액의 공급과 조절이 필요하여 기계화해야 한다.
④ 생육상황이나 기상에 따라 양액관리가 달라지기 때문에 자동화하지 않으면 면밀한 관리가 어렵다.

정답 ①

양액재배는 식물체의 지하부가 완충능력이 적은 물속에 있으므로 토양재배에 비해 양액농도나 pH, 온도, 산소량 등에 쉽게 영향을 받는다.

61. 휘록암 등을 섬유화하여 적절한 밀도로 성형화시킨 것으로서 통기성, 보수성, 확산성이 뛰어난 양액재배용 배지에 해당되는 것은?

① 질석　　　　　　　　　　　② 훈탄
③ 경석　　　　　　　　　　　④ 암면

정답 ④

락울(rockwool)배지라고도 하며 휘록암, 석회암 및 코크스 등을 섞어서 고온에서 용해시킨 후 섬유화한 것이다.

62. 다음 중 NFT(nutrient film technique)에 대한 설명으로 잘못된 것은?

① 공형배지경의 일종이다.
② 삼각형의 필름 베드를 사용한다.
③ 1/100 이상의 경사도가 있어야 한다.
④ 조금씩 양액을 흘려 보낸다.

정답 ①

NFT는 세계적으로 가장 널리 보급되어 있는 순환식 수경방식이다.

63. 다음 중 NFT 시설의 결점은?

① 시설비가 많이 든다.
② 산소가 부족되기 쉽다.
③ 설치가 어렵다.
④ 고온기에 양액 온도가 너무 높다.

정답 ④

※ NFT의 장점
① 시설비가 저렴하고 설치가 간단하다.
② 중량이 작아 관리가 편하다.
③ 산소부족의 염려가 없다.

64. 양액이 갖추어야 할 조건으로 옳지 않은 것은?

① 뿌리에서 흡수하기 쉬운 형태로 물에 용해된 이온상태일 것
② 식물에 유해한 이온을 함유하지 않을 것
③ 용액의 pH 범위가 5.5~6.5일 것
④ 재배기간 동안 농도, 무기원소간의 비율 등이 변화할 것

정답 ④

재배기간 동안 농도, 무기원소간의 비율, pH 등이 변화하지 않아야 한다.

65. 식물공장의 설명으로 볼 수 없는 것은?

① 장소의 제한을 받지 않는다.
② 노동력과 생산비를 크게 줄일 수 있다.
③ 고품질의 농산물 생산이 가능하다.
④ 계절에 관계없이 계획생산이 가능하다.

정답 ②

식물공장은 초기 투자비 및 유지비가 많이 든다.

66. 식물공장의 단점이 아닌 것은?

① 양액재배 방식에 의한 연작장해가 있다.
② 초기 투자비 및 유지비가 많이 든다.
③ 수경재배 방식이므로 병 발생시 식물전체에 오염될 가능성이 있다.
④ 양액의 완충능력이 적기 때문에 양액관리가 까다롭다.

정답 ①

연작장해를 회피하기 위해 양액재배를 한다.

67. 공장식 생산시스템을 가진 완전제어형 식물공장의 특성을 잘못 표현한 것은?
① 계획생산과 주년생산 가능
② 실내환경의 완전제어 가능
③ 작업의 공정자동화 가능
④ 자연광의 효율적 이용 가능

정답 ④

완전제어형 식물공장은 광을 투과시키지 않는 단열재료를 사용하여 건설하며, 전적으로 인공조명에 의하여 작물을 재배한다.

부록 2
기출문제

MEMO

부록 제 12회 기출문제

1. 종자의 발아를 촉진하는 방법에 관한 설명으로 옳은 것은?

   ① 종자의 휴면 타파를 위해 아브시스산을 처리한다.
   ② 호르몬 및 효소의 활성화를 위해 수분을 충분히 공급해 준다.
   ③ 발아를 위한 물질대사의 유지를 위해 파종 후 지속적으로 저온을 유지한다.
   ④ 종피가 단단하여 산소 공급이 억제되면 발아가 지연되므로 파종 후 강산을 처리한다.

   정답 ②

2. 일반적으로 종자번식에 비해 영양번식이 가지는 장점은?

   ① 대량 채종이 가능하다.
   ② 품종 개량을 목적으로 한다.
   ③ 취급이 간편하고 수송이 용이하다.
   ④ 유전적으로 동일한 개체를 얻는다.

   정답 ④

3. 원예에 관한 설명으로 옳지 않은 것은?

   ① 기능성 건강식품의 인기에 따라 각광을 받고 있다.
   ② 원예의 가치에는 식품적, 경제적 가치는 있으나 관상적 가치는 포함되지 않는다.
   ③ 채소, 과수, 화훼작물을 집약적으로 재배하고 생산하는 활동이다.
   ④ 어원적으로는 울타리를 둘러치고 재배하는 것을 의미한다.

   정답 ②

4. 자연광 이용형 식물공장에 비해 인공광 이용형(완전제어형) 식물공장이 가지는 특징이 아닌 것은?

① 작물의 생장속도가 빨라 대량 생산이 가능하다.
② 재배관리에 에너지가 적게 들어 저비용 생산이 가능하다.
③ 생육과 생산량을 예측할 수 있어 계획 생산이 가능하다.
④ 장소와 계절에 관계없이 균일한 작물 생산이 가능하다.

정답 ②

5. 비닐하우스 내 토양의 염류집적에 관한 개선방안이 아닌 것은?

① 연작 재배
② 객토 및 유기물 시용
③ 담수 처리
④ 제염작물 재배

정답 ①

6. 토마토의 착과를 촉진하기 위해 처리하는 착과제 종류가 아닌 것은?

① 토마토톤(4-CPA)
② 지베렐린(GA)
③ 아브시스산(ABA)
④ 토마토란(cloxyfonac)

정답 ③

7. 채소의 광합성에 관한 설명으로 옳지 않은 것은?

① 적색광과 청색광에서 광합성 이용 효율이 높다.
② 광포화점까지는 충분한 햇빛이 있으면 광합성이 촉진된다.
③ 이산화탄소 시비가 증가할수록 광합성은 계속 증가한다.
④ 수박과 토마토에 비해 상추의 광포화점이 낮다.

정답 ③

8. 원예작물의 식물학적 분류에서 토마토와 같은 과(科, family)에 속하는 것은?

① 양파
② 가지
③ 상추
④ 오이

정답 ②

9. 무배유 종자에 속하는 것은?

① 수박
② 토마토
③ 마늘
④ 시금치

정답 ①

10. 양파의 주요 기능성물질은?

① 캡사이신(capsaicin)
② 라이코펜(lycopene)
③ 아미그달린(amygdalin)
④ 케르세틴(quercetin)

정답 ④

11. 화훼작물 재배 시 사용되는 생장조절물질과 그 이용 목적이 잘못 연결된 것은?

① 지베렐린(GA) - 생육 촉진
② 벤질아데닌(BA) - 분지 촉진
③ IBA(indolebutric acid) - 발근 촉진
④ 파클로부트라졸(paclobutrazol) - 줄기신장 촉진

정답 ④

12. 해충의 친환경적 방제에서 천적으로 이용되지 않는 것은?

① 칠레이리응애 ② 온실가루이좀벌
③ 애꽃노린재   ④ 굴파리

정답 ④

13. 화훼작물별 구근 기관(organ)으로 옳지 않은 것은?

① 칼라 - 근경
② 튜울립 - 인경
③ 다알리아 - 괴근
④ 프리지아 - 구경

정답 ①

14. 화훼작물 재배용 배지 중 무기질 재료가 아닌 것은?

① 암면
② 펄라이트
③ 피트모스

④ 버미큘라이트

정답 ③

15. 채소작물에서 나타나는 일장반응에 관한 설명으로 옳지 않은 것은?

① 양파는 장일조건에서 인경 비대가 촉진된다.
② 오이는 장일조건에서 암꽃의 수가 증가한다.
③ 결구형 배추는 단일조건에서 결구가 촉진된다.
④ 일계성 딸기는 단일조건에서 화아분화가 촉진된다.

정답 ②

16. ( ) 안에 들어갈 내용을 순서대로 나열한 것은?

> 분화용 수국(hydrangea)은 토양의 pH에 따라 화색이 변하는데, pH가 낮은 산성 토양일수록 화색이 ( )을 띠고, pH가 높은 알칼리성 토양일수록 화색이 ( )을 띤다.

① 황색, 청색
② 청색, 황색
③ 청색, 분홍색
④ 분홍색, 청색

정답 ③

17. 다음 설명에 해당하는 해충은?

> ◦ 몸의 길이가 1~2mm 내외로 작으며 2쌍의 날개가 있고 날개의 둘레에는 긴 털이 규칙적으로 나 있다.
> ◦ 원예작물의 어린 잎, 눈, 꽃봉오리, 꽃잎 속 등에 들어가 즙액을 빨아 먹거나 겉껍질을 갉아먹어 피해를 입은 잎이나 꽃은 기형이 된다.

① 뿌리혹선충　　　　　　　　② 깍지벌레
③ 총채벌레　　　　　　　　　④ 담배거세미나방

정답 ③

18. 향굴지성 반응으로 절화의 선단부가 휘는 현상을 막기 위해 세워서 저장하거나 수송해야 하는 절화는?

① 거베라　　　　　　　　　② 아이리스
③ 카네이션　　　　　　　　④ 금어초

정답 ④

19. 4℃의 저장고에 저장하면 저온장해가 발생하는 절화는?

① 장미　　　　　　　　　　② 카네이션
③ 안스리움　　　　　　　　④ 리시안사스

정답 ③

20. 다음 과실 중에서 각과류로 분류되는 것은?

① 호두　　　　　　　　　　② 배
③ 대추　　　　　　　　　　④ 복숭아

정답 ①

21. 다음 ( ) 안에 공통으로 들어갈 말은?

> ○ 위과 : ( )와/과 함께 꽃받기의 일부가 과육으로 발달한 열매로 사과, 배, 비파, 무화과 등이 있다.
> ○ 진과 : ( )이/가 발육하여 자란 열매로 감귤류, 포도, 복숭아, 자두 등이 있다.

① 수술
② 꽃잎
③ 씨방
④ 주두

정답 ③

22. 포도의 개화 후 수정이 불량하여 포도송이에 포도알이 드문드문 달리는 현상은?

① 휴면병
② 꽃떨이 현상
③ 과육흑변 현상
④ 열과

정답 ②

23. 과수원 토양의 초생법에 관한 설명으로 옳지 않은 것은?

① 토양의 침식을 초래한다.
② 토양의 입단화를 증가시킨다.
③ 지온의 과도한 상승을 억제한다.
④ 풀을 유기질 퇴비로 이용할 수 있다.

정답 ①

24. 과수의 꽃눈 분화를 촉진하기 위한 방법이 아닌 것은?

① 질소 시비량을 줄인다.
② 하기전정을 실시한다.
③ 해마다 결실량을 최대한 늘린다.
④ 가지를 수평으로 유인한다.

정답 ③

25. 사과 재배에서 칼슘 결핍 시 발생하는 병은?

① 빗자루병
② 고두병
③ 흰녹병
④ 근두암종병

정답 ②

부록 제 13회 기출문제

1. 원예작물별 주요 기능성물질의 연결이 옳지 않은 것은?

① 감귤 - 아미그달린(amygdalin) ② 고추 - 캡사이신(capsaicin)
③ 포도 - 레스베라트롤(resveratrol) ④ 토마토 - 리코펜(lycopene)

정답 ①

2. 원예작물의 바이러스병에 관한 설명으로 옳지 않은 것은?

① 바이러스에 감염된 작물은 신속하게 제거한다.
② 바이러스 무병묘를 이용하여 회피할 수 있다.
③ 많은 바이러스가 진딧물과 같은 곤충에 의해 전염된다.
④ 대표적인 바이러스병으로 토마토의 궤양병이 있다.

정답 ④

3. 채소작물의 식물학적 분류에서 같은 과(科)끼리 묶이지 않은 것은?

① 브로콜리, 갓 ② 양배추, 상추
③ 감자, 가지 ④ 마늘, 아스파라거스

정답 ②

4. 결핍시 딸기의 잎끝마름과 토마토의 배꼽썩음병의 원인이 되는 무기양분은?

① 질소(N) ② 인(P)

③ 칼륨(K)   ④ 칼슘(Ca)

정답 ④

5. 채소작물 중 과실의 주요색소가 안토시아닌(anthocyanin)인 것은?

① 토마토   ② 가지
③ 오이   ④ 호박

정답 ②

6. 채소작물별 배토(培土)의 효과로 옳지 않은 것은?

① 파의 연백(軟白)을 억제한다.
② 감자의 괴경노출을 방지한다.
③ 당근의 어깨부위엽록소 발생을 억제한다.
④ 토란의 자구(子球) 비대를 촉진한다.

정답 ①

7. 채소작물 육묘의 목적에 관한 설명으로 옳지 않은 것은?

① 조기수확이 가능하고 수확기간을 연장하여 수량을 늘릴 수 있다.
② 묘상의 집약관리로 어릴 때의 환경관리, 병해충관리가 쉽다.
③ 대체로 발아율은 감소되나 본밭에서의 토지이용률은 높여준다.
④ 묘의 생식생장 유도, 접목 등으로 본밭에서의 적응력을 향상시킬 수 있다.

정답 ③

8. 채소작물의 암수분화에 관한 설명이다. ( )안에 들어갈 내용으로 옳은 것은?

> 단성화의 암수분화는 유전적 요인으로 결정되지만 환경의 영향도 크다. 오이는 ( ) 조건과 ( )조건에서 암꽃의 수가 많아진다.

① 저온, 단일
② 저온, 장일
③ 고온, 단일
④ 고온, 장일

정답 ①

9. 호광성 종자의 발아에 관한 설명으로 옳지 않은 것은?

① 발아는 450nm 이하의 광파장에서 잘된다.
② 발아는 파종 후 복토를 얇게 할수록 잘된다.
③ 광은 수분을 흡수한 종자에만 작용한다.
④ 발아는 색소단백질인 피토크롬(phytochrome)이 관여한다.

정답 ①

10. 채소작물에 고온으로 인해 나타는 현상이 아닌 것은?

① 상추는 발아가 억제된다.
② 단백질의 변성으로 효소활성이 증가된다.
③ 동화물질의 소모가 크게 증가한다.
④ 대사작용의 교란으로 독성물질이 체내에 축적된다.

정답 ④

11. 화훼작물의 식물학적 분류에서 과(科)가 다른 것은?

① 튤립 ② 히아신스
③ 백합 ④ 수선화

정답 ④

12. 고형 배지 없이 베드 내 배양액에 뿌리를 계속 잠기게 하여 재배하는 방법은?

① 분무경(aeroponics) ② 담액수경(deep flow technique)
③ 암면재배(rockwool culture) ④ 저면담배수식(ebb and flow)

정답 ②

13. 화훼작물에서 종자 또는 줄기의 생장점이 일정기간의 저온을 겪음으로서 화아가 형성되는 현상은?

① 경화 ② 춘화
③ 휴면 ④ 동화

정답 ②

14. 화훼작물의 선단부 절간이 신장하지 못하고 짧게 되는 로제트(rosette)현상을 타파하기 위해 사용하는 생장조절물질은?

① 옥신 ② 시토키닌
③ 지베렐린 ④ 아브시스산

정답 ③

15. 가을에 국화의 개화시기를 늦추기 위한 재배방법은?

① 전조재배 ② 암막재배
③ 네트재배 ④ 촉성재배

정답 ①

16. 장미에서 분화된 꽃눈이 꽃으로 발육하지 못하고 퇴화하는 블라인드(blind) 현상의 주요 원인이 아닌 것은?

① 일조량의 부족 ② 낮은 야간온도
③ 엽수의 부족 ④ 질소시비량의 과다

정답 ④

17. 원예작물에서 발생하는 병 중에서 곰팡이(진균)에 의한 것이 아닌 것은?

① 잘록병 ② 역병
③ 탄저병 ④ 무름병

정답 ④

18. 화훼작물의 초장 조절을 위한 시설 내 주야간 관리방법인 DIF가 의미하는 것은?

① 주야간 습도차 ② 야간 온도차
③ 주야간 광량차 ④ 주야간 이산화탄소 농도차

정답 ②

19. 과수작물에서 씨방하위과(子房下位果)로 위과(僞果)이며 단과(單果)인 것은?

① 배 ② 복숭아
③ 감귤 ④ 무화과

정답 ①

20. 과수작물의 영양번식법 중에서 무병묘(virus-free stock)생산에 적합한 방법은?

① 취목 ② 접목
③ 조직배양 ④ 삽목

정답 ③

21. 다음은 사과 과실 모양과 온도와의 관계를 설명한 것이다. ( )에 들어갈 내용을 순서대로 나열한 것은?

> 생육 초기에는 ( )생장이, 그 후에는 ( )생장이 왕성하므로 해발고도가 높은 지역이나 추운지방에서는 과실이 대체로 원형이거나 ( )으로 된다.

① 종축, 횡축, 편원형 ② 종축, 횡축, 장원형
③ 횡축, 종축, 편원형 ④ 횡축, 종축, 장원형

정답 ②

22. 포도 재배 시 봉지 씌우기의 주요 목적이 아닌 것은?

① 과실 품질을 향상시킨다.
② 병해충으로부터 과실을 보호한다.
③ 비타민 함량을 높인다.

④ 농약이 과실에서 직접 묻지 않도록 한다.

정답 ③

23. 배 재배 시 열매솎기(적과)의 목적이 아닌 것은?

① 과실의 당도 증진
② 해거리 방지
③ 무핵 과실 생산
④ 유목의 수관 확대

정답 ③

24. 과수작물에서 병원균에 의해 나타나는 병은?

① 적진병(internal bark necrosis)
② 고무병(internal breakdown)
③ 고두병(bitter pit)
④ 화상병(fire blight)

정답 ④

25. 사과나무에서 접목 시 대목 목질부에 홈이 파이는 증상이 나타나는 고접병의 원인이 되는 것은?

① 진균
② 세균
③ 바이러스
④ 파이토플라즈마

정답 ③

제 14회 기출문제

1. 채소작물과 주요 기능성물질의 연결이 옳지 않은 것은?

① 양파 - 케르세틴(quercetin) ② 상추 - 락투신(lactucin)
③ 딸기 - 엘라그산(ellagic acid) ④ 생강 - 알리인(alliin)

정답 및 해설 ④

채소의 주요 기능성 물질

채소	주요 기능성 물질	효능
고추	캡사이신	암세포 증식 억제
토마토	라이코펜	항산화 작용, 노화 방지
	루틴	혈압 강하
수박	시트룰린	이뇨작용 촉진
오이	엘라테렌	숙취 해소
마늘	알리인	살균작용, 항암작용
양파	케르세틴	고혈압 예방, 항암작용
	디설파이드	혈압응고 억제
상추	락투신	진통효과
딸기	메틸살리실레이트	신경통 치료, 루마티즈 치료
	엘러진 산	항암작용
생강	시니그린	해독작용

2. 채소작물 중 조미채소는?

① 마늘, 배추 ② 마늘, 양파
③ 배추, 호박 ④ 호박, 양파

정답 및 해설 ② 조미채소는 음식의 맛을 내는 채소로서 마늘, 양파 등이 있다.

3. 다음 채소작물 중 장명(長命)종자를 모두 고른 것은?

| ㄱ. 파 | ㄴ. 양파 | ㄷ. 오이 | ㄹ. 가지 |

① ㄱ, ㄴ ② ㄷ, ㄹ
③ ㄱ, ㄴ, ㄷ ④ ㄴ, ㄷ, ㄹ

정답 및 해설 ② 장명종자에는 클로버, 알파파, 토마토, 오이, 가지, 수박 등이 있다.

4. 작업의 편리성을 높이기 위해 양액재배 베드를 허리 높이로 설치하여 NFT 방식 또는 점적관수 방식으로 딸기를 재배하는 방법은?

① 고설 재배 ② 야칭 재배
③ 매트 재배 ④ 홈통 재배

정답 및 해설 ①

딸기에 있어서도 NFT 방식의 고설형(땅에 시설물을 설치해 어른 허리 높이 정도에서 딸기를 재배하는 방법)이 이용된다.

NFT[nutrient film technique]는 플라스틱필름으로 만든 베드내에 배양액을 흘러 보내는 간단한 형태의 시스템이다.

5. 채소작물 재배 시 병해충의 경종적(耕種的) 방제법에 속하는 것은?

① 윤작 ② 천적 방사
③ 농약 살포 ④ 페로몬 트랩

정답 및 해설 ①

경종적(耕種的) 방제법 재배환경을 조절하거나 특정 재배기술을 도입하여 병충해의 발생을 억제하는 방법이다.

경작토지의 개선, 품종개량, 재배양식의 변경, 중간 기주식물의 제거, 생육기 조절, 시비법 개선, 윤작 등이 있다.

6. 채소류의 추대와 개화에 관한 설명으로 옳지 않은 것은?

① 상추는 저온단일 조건에서 추대가 촉진된다.
② 배추는 고온장일 조건에서 추대가 촉진된다.
③ 오이는 저온단일 조건에서 암꽃의 수가 증가한다.
④ 당근은 녹식물 상태에서 저온에 감응하여 꽃눈이 분화된다.

정답 및 해설 ① 상추는 고온장일 조건에서 추대가 촉진된다.

7. 채소작물의 과실 착과와 발육에 관한 설명으로 옳은 것은?

① 토마토는 위과이며 자방이 비대하여 과실이 된다.
② 딸기는 진과이며 화탁이 발달하여 과실이 된다.
③ 멜론은 시설재배 시 인공 수분이나 착과제 처리를 하는 것이 좋다.
④ 오이는 단위결과성이 약하여 인공수분이나 착과제 처리가 필요하다.

정답 및 해설 ③
멜론은 시설재배시 개화 당일에 수꽃을 암꽃에 발라주는 인공수분을 하거나, 착과제 처리를 하는 것이 좋다.

8. 식물체 내에서 수분의 역할에 관한 설명으로 옳지 않은 것은?

① 광합성의 원료가 된다.
② 세포 팽압 조절에 관여한다.
③ 식물에 필요한 영양원소를 이동시킨다.
④ 증산작용을 통해 잎의 온도를 상승시킨다.

정답 및 해설 ④ 증산작용을 통해 잎의 온도를 낮춘다.

9. 다음 화훼작물 중 화목류에 해당하는 것을 모두 고른 것은?

| ㄱ. 산수유 | ㄴ. 작약 | ㄷ. 철쭉 | ㄹ. 무궁화 |

① ㄱ, ㄴ
② ㄷ, ㄹ
③ ㄱ, ㄷ, ㄹ
④ ㄴ, ㄷ, ㄹ

정답 및 해설 ③ 작약은 숙근초화이다.

10. 1경1화 형태로 출하하기 때문에 개화 전에 측뢰, 측지를 따 주어야 상품성이 높은 절화용 화훼작물은?

① 능소화
② 시클라멘
③ 스탠다드 국화
④ 글라디올러스

정답 및 해설 ③

국화, 카네이션, 장미 등은 자연상태에서는 상위절부터 꽃이 핀다. 스탠다드형은 봉오리가 적을 때 측뢰를 따버리고 꽃은 하나만 피우는 일경일화의 방법이다.

11. 화훼작물과 주된 영양번식 방법의 연결이 옳지 않은 것은?

① 국화 – 삽목
② 백합 – 취목
③ 베고니아 – 엽삽
④ 무궁화 – 경삽

정답 및 해설 ② 백합은 인편번식을 한다.

12. 일조량의 부족, 낮은 야간온도 및 엽수부족으로 인하여 장미 꽃눈이 꽃으로 발육하지 못하는 현상은?

① 수침 현상
② 블라인드 현상
③ 일소현상
④ 로제트 현상

정답 및 해설 ②

브라인드는 개화지에 비해 꽃눈분화가 늦어 꽃잎분화 단계에서 발육이 정지된 것을 말한다.

13. 절화류 취급방법에 관한 설명으로 옳지 않은 것은?

① 수국은 수명을 유지하고 수분흡수를 높이기 위해 워터튜브에 꽂아 유통되고 있다.
② 국화는 저장 시 암흑상태가 지속되면 잎이 황변되어 상품성이 떨어진다.
③ 안스리움은 저장 시 4℃ 이하의 저온에 두어야 수명이 길어진다.
④ 줄기 끝을 비스듬히 잘라 물과의 접촉면을 넓혀 물의 흡수를 증가시킨다.

정답 및 해설 ③ 안수리움은 12~13℃에서 저장한다. 고온성 작물이므로 저온에 약하다.

14. 절화 유통 과정에서 눕혀 수송하면 화서 선단부가 중력 반대방향으로 휘어지는 현상을 보이는 화훼작물은?

① 장미, 백합　　　　　　　　② 칼라, 튤립
③ 거베라, 스토크　　　　　　 ④ 글라디올러스, 금어초

정답 및 해설 ④ 글라디올러스, 금어초는 항굴지성이 있다.

15. ( ) 안에 들어갈 말을 순서대로 옳게 나열한 것은?

( )은(는) 파종부터 아주심기 할 때까지의 작업을 말한다. 이 중 ( )은(는) 발아 후 아주심기까지 잠정적으로 1~2회 옮겨 심는 작업을 말한다.

① 육묘, 가식　　　　　　　　② 가식, 육묘
③ 육묘, 정식　　　　　　　　④ 재배, 정식

정답 및 해설 ①

육묘는 파종부터 아주심기 할 때까지의 작업을 말한다. 이 중 가식은 발아 후 아주심기까지 잠정적으로 1~2회 옮겨 심는 작업을 말한다.

16. 다음 중 야파(夜破, night break) 처리를 하면 개화시기가 늦춰지는 화훼작물을 모두 고른 것은?

| ㄱ. 국화　　ㄴ. 스킨답서스　　ㄷ. 장미　　ㄹ. 포인세티아 |

① ㄱ, ㄴ
② ㄱ, ㄹ
③ ㄴ, ㄷ
④ ㄷ, ㄹ

정답 및 해설 ②
국화, 포인세티아는 단일식물이므로 야파(夜破, night break) 처리를 하면 개화시기가 늦춰진다.

17. 절화보존용액 구성성분 중 에틸렌 생성 및 작용을 억제시키는 목적으로 사용되는 물질이 아닌 것은?

① 황산알루미늄
② STS
③ AOA
④ AVG

정답 및 해설 ① 치오황산은(STS), 1-MCP, AOA, AVG 등은 에틸렌의 합성이나 작용을 억제한다.

18. 과수의 번식에 관한 설명으로 옳지 않은 것은?

① 분주, 조직배양은 영양번식에 해당한다.
② 취목은 실생번식에 비해 많은 개체를 얻을 수 있다.
③ 접목은 대목과 접수를 조직적으로 유합·접착시키는 번식법이다.
④ 발아가 어려운 종자의 파종전 처리방법에는 침지법, 약제처리법이 있다.

정답 및 해설 ② 실생번식이 영양번식보다 많은 개체를 얻을 수 있다.

19. 핵과류(核果類, stone fruit)에 해당하는 과실은?

① 배
② 사과
③ 호두
④ 복숭아

정답 및 해설 ④

핵과류는 암술의 씨방(자방)이 발육하여 자란 열매로서 식용부위는 진과(眞果)이다. 진과는 심부에 1개의 씨를 가지고 있는 것이 특징이다. 복숭아, 앵두, 자두, 살구, 대추, 매실 등은 진과(眞果)이며 핵과류에 해당한다.

20. 과수의 병해충에 관한 설명으로 옳은 것은?

① 사과 근두암종병은 진균에 의한 병이다.
② 바이러스는 테트라사이클린으로 치료가 가능하다.
③ 대추나무 빗자루병은 파이토플라즈마에 의한 병이다.
④ 과수류를 가해하는 응애에는 점박이응애, 긴털이리응애가 있다.

정답 및 해설 ③

① 사과 근두암종병은 세균에 의한 병이다.
② 바이러스는 테트라사이클린으로 치료가 불가능하다.
④ 긴털이리응애는 과수류를 가해하는 응애를 포식하는 천적이다.

21. 과원의 토양관리 방법 중 초생법에 관한 설명으로 옳은 것은?

① 토양침식이 촉진된다.
② 토양의 입단화가 억제된다.
③ 지온의 변화가 심해 유기물의 분해가 촉진된다.
④ 과수와 풀 사이에 양·수분 쟁탈이 일어날 수 있다.

정답 및 해설 ④

① 토양침식이 억제된다. ② 토양의 입단화가 촉진된다. ③ 지온의 변화를 줄여준다.

22. 과원의 시비관리에 관한 설명으로 옳지 않은 것은?

① 칼슘은 산성 토양을 중화시키는 토양개량제로 이용되고 있다.
② 질소는 과다시비하면 식물체가 도장하고 꽃눈형성이 불량하게 된다.
③ 망간은 과다시비하면 착색이 늦어지고 과육에 내부갈변이 나타난다.
④ 마그네슘은 엽록소의 필수 구성 성분으로 부족 시 엽맥 사이의 황화현상을 일으킨다.

정답 및 해설 ③

망간(Mn)은 동화물질의 합성·분해, 호흡작용, 광합성 등에 관여한다. 결핍되면 엽맥에서 먼 부분이 황색으로 변한다. 그러나 망간이 과다하면 줄기, 잎에 갈색의 반점이 생기고 뿌리가 갈색으로 변한다. 사과의 적진병은 망간과다가 원인이 되기도 한다.

23. 다음 중 재배에 적합한 토양 산도가 가장 낮은 과수는?

① 감
② 포도
③ 참 다래
④ 블루베리

정답 및 해설 ④ 블루베리는 산성토양을 좋아하는 산성식품이다.

24. 복숭아 재배 시 봉지씌우기의 목적이 아닌 것은?

① 무기질 함량을 높인다.
② 병해충으로부터 과실을 보호한다.
③ 열과를 방지한다.
④ 농약이 과실에 직접 묻지 않도록 한다.

정답 및 해설 ① 봉지씌우기의 목적은 ②, ③, ④ 등이다.

25. 다음 중 자발휴면 타파에 필요한 저온요구도가 가장 낮은 과수는?

① 사과 ② 살구
③ 무화과 ④ 동양배

정답 및 해설 ③

사과와 배의 저온요구도는 1,200 ~ 1,500시간, 살구는 700 ~ 1,000시간이며, 무화과는 난지성 과수로 저온요구도가 극히 낮다.

부록 - 제 15회 기출문제

1. 원예작물이 속한 과(科, family)로 옳지 않은 것은?

① 아욱과 : 무궁화
② 국화과 : 상추
③ 장미과 : 블루베리
④ 가지과 : 파프리카

정답 및 해설 ③

블루베리 : 진달래과

2. 원예작물과 주요 기능성 물질의 연결이 옳지 않은 것은?

① 토마토 — 엘라테린(elaterin)
② 수박 — 시트룰린(citrulline)
③ 우엉 — 이눌린(inulin)
④ 포도 — 레스베라트롤(resveratrol)

정답 및 해설 ①

채 소	주요 물질	효 능
고추	캡사이신	암세포 증식 억제
토마토	리코펜	항산화 작용, 노화방지
수박	시트룰린	이뇨작용 촉진
오이	엘라테린	숙취해소
양배추	비타민U	항궤양성
마늘, 파류	알리인	살균작용, 항암작용
양파	케르세틴	고혈압 예방 항암작용
양파	니설파이드	혈액응고 억제, 혈전증 예방
상추	락투시린	진통효과
우엉	이눌린	당뇨병 치료
치커리	인티빈	노화 혈액 순환 촉진
치커리	클로로제닌산	항암작용, 간장질환치료
파슬리	아피올	해열 이뇨작용 촉진
딸기	엘러진산	항암작용
비트	베타인	토사, 구충 이뇨 작용
생강	시니크린	해독작용

3. 양지식물을 반음지에서 재배할 때 나타나는 현상으로 옳지 않은 것은?

① 잎이 넓어지고 두께가 얇아진다.
② 뿌리가 길게 신장하고, 뿌리털이 많아진다.
③ 줄기가 가늘어지고 마디 사이는 길어진다.
④ 꽃의 크기가 작아지고, 꽃수가 감소한다.

정답 및 해설 ②

* 낮은 광도에서 식물의 생장
- 광합성 억제
- 줄기는 가늘어지고 마디 사이는 길어진다.
- 잎이 넓어지나 엽육이 얇아진다.
- 책상조직의 부피가 작아지고 엽록소 감소
- 결구가 늦어진다.
- 근계발달이 불량해 진다.
- 인경비대와 꽃눈의 발달, 착색, 착과, 과실비대가 불량해 진다.

4. DIF에 관한 설명으로 옳지 않은 것은?

① 주야간 온도 차이를 의미하며 낮 온도에서 밤 온도를 뺀 값이다.
② DIF의 적용 범위는 식물체의 생육 적정온도 내에서 이루어져야 한다.
③ 분화용 포인세티아, 국화, 나팔나리의 초장조절에 이용된다.
④ 정(+)의 DIF는 식물의 GA 생합성을 감소시켜 절간신장을 억제한다.

정답 및 해설 ④

정(+)의 DIF는 식물의 초장이 커진다.

5. 구근 화훼류를 모두 고른 것은?

| ㄱ. 거베라 | ㄴ. 튤립 | ㄷ. 칼랑코에 |
| ㄹ. 다알리아 | ㅁ. 프리지아 | ㅂ. 안스리움 |

① ㄱ, ㄴ, ㅁ　　　　　　　　　② ㄱ, ㄷ, ㅂ
③ ㄴ, ㄹ, ㅁ　　　　　　　　　④ ㄷ, ㄹ, ㅂ

정답 및 해설 ③

* 구근류: 튤립, 백합, 아이리스, 글라디올러스, 프리지어, 다알리아 등

6. 포인세티아 재배에서 자연 일장이 짧은 시기에 전조처리를 하는 목적은?

① 휴면 타파　　　　　　　　　② 휴면 유도
③ 개화 촉진　　　　　　　　　④ 개화 억제

정답 및 해설 ④

포인세티아는 단일식물로 단일조건에서 개화가 촉진되므로 전조처리로 개화를 억제한다.

7. 종자번식과 비교할 때 영양번식의 장점이 아닌 것은?

① 모본의 유전적인 형질이 그대로 유지된다.
② 화목류의 경우 개화까지의 기간을 단축할 수 있다.
③ 번식재료의 원거리 수송과 장기저장이 용이하다.
④ 불임성이나 단위결과성 화훼류를 번식할 수 있다.

정답 및 해설 ③

③은 종자번식의 장점으로 영양번식의 단점에 해당한다.

* 영양번식의 장점
① 모체와 유전적으로 동일한 개체를 얻을 수 있다.
② 보통재배로 채종이 어려워 종자번식이 어려울 때 이용된다(고구마, 마늘 등).
③ 우량한 유전형질을 쉽게 영속적으로 유지시킬 수 있다(과수, 감자 등).
④ 종자번식에 비해 생육이 왕성하여 짧은 기간에 수확이 가능하며 수량도 증가한다.(감자, 모시풀, 꽃, 과수 등).

⑤ 암수의 어느 한쪽 그루만을 재배할 때 이용된다(호프는 영양번식을 통하여 수량이 많은 암그루만을 재배할 수 있다).
⑥ 접목은 수세의 조절, 풍토 적응성 증대, 병충해 저항성 증대, 결과 촉진, 품질 향상, 수세 회복 등을 기대할 수 있다.

8. 식난과식물의 생태 분류에서 온대성 난에 속하지 않은 것은?

① 춘란 ② 한란
③ 호접란 ④ 풍란

정답 및 해설 ③

* 동양란: 한국, 일본, 중국에서 자생하는 난으로 춘란, 한란, 보세란, 소심란, 석곡, 풍란 등
* 서양란: 동남아시아나 중남미 열대지방에서 자생하는 난류로 열대 자생란을 서양인이 먼저 원예화한 것에서 유래한 것으로 심비디움, 카틀레야, 펠레놉시스(호접란), 덴드로비움 등이 있다.

9. 다감자의 괴경이 햇빛에 노출될 경우 발생하는 독성 물질은?

① 캡사이신(capsaicin) ② 솔라닌(solanine)
③ 아미그랄린(amygdalin) ④ 시니그린(sinigrin)

정답 및 해설 ②

* 솔라닌: 감자의 괴경이 광에 노출되어 녹변하였을 때, 싹이 날 때 생성되는 독성물질
* 캡사이신: 고추의 매운맛을 내는 물질
* 아미그달린: 살구, 매실의 씨에 함유된 독성물질
* 시니그린: 갓, 고추냉이의 매운맛 성분

10. 화훼작물에서 세균에 의해 발생하는 병과 그 원인균으로 옳은 것은?

① 풋마름병 — Pseudomonas ② 흰가루병 — Sphaerotheca
③ 줄기녹병 — Puccinia ④ 잘록병 — Pythium

정답 및 해설 ①
흰가루병, 줄기녹병, 잘록병은 곰팡이에 의해 발병한다.

11. 관엽식물을 실내에서 키울 때 효과로 옳지 않은 것은?

① 유해물질 흡수에 의한 공기정화
② 음이온 발생
③ 유해전자파 감소
④ 실내습도 감소

정답 및 해설 ④ 관엽식물의 실내재배는 실내습도를 높여준다.

12. 양액재배의 장점으로 옳지 않은 것은?

① 토양재배가 어려운 곳에서 가능하다.
② 재배관리의 생력화와 자동화가 용이하다.
③ 양액의 완충능력이 토양에 비하여 크다.
④ 생육이 빠르고 균일하여 수량이 증대된다.

정답 및 해설 ③ 양액은 완충능이 토양에 비해 작은 것이 단점이다.

13. 절화보존제의 주요 구성성분으로 옳지 않은 것은?

① HQS
② 에테폰
③ AgNO
④ sucrose

정답 및 해설 ②
에테폰은 식물체내에서 에틸렌을 발생시키는 수용액 조절물질의 하나로 에틸렌의 발생은 절화의 수명을 짧게 한다.

원예작물학

14. 낙엽과수의 자발휴면 개시기의 체내 변화에 관한 설명으로 옳지 않은 것은?

① 호흡이 증가한다.
② 생장억제물질이 증가한다.
③ 체내 수분함량이 감소한다.
④ 효소의 활성이 감소한다.

정답 및 해설 ①

* 휴면: 식물이 일시적으로 생장을 멈추는 생리현상으로 호흡을 극도로 제한하고 생장이 거의 중단된다. 식물의 불량환경 극복 수단으로 생육에 부적합한 환경에서 자신을 보호한다.

15. 철사나 나무가지 등으로 틀을 만들고 식물을 심어 여러 가지 동물 모양으로 만든 화훼 장식은?

① 토피어리(topiary)
② 포푸리(potpourri)
③ 테라리움(terrarium)
④ 디쉬가든(dish garden)

정답 및 해설 ①

② 포푸리(potpourri): 건조시킨 꽃잎에 향료를 섞은 향낭
③ 테라리움(terrarium): 습도를 지닌 투명한 용기 속에 식물을 재배하는 것
④ 디쉬가든(dish garden): 접시나 쟁반 같은 넓고 얕은 용기에 식물을 심어 작은 정원이나 분경을 꾸미는 원예 활동

16. 채소 재배에서 직파와 비교할 때 육묘의 목적으로 옳지 않은 것은?

① 수확량을 높일 수 있다.
② 본밭의 토지 이용률을 증가시킬 수 있다.
③ 생육이 균일하고 종자 소요량이 증가한다.
④ 조기 수확이 가능하다.

정답 및 해설 ③

* 육묘의 필요성

① 직파가 불리한 경우
② 증수: 직파에 비해 육묘 이식은 생육조절로 증수한다.
③ 조기수확
④ 토지의 이용도 증대
⑤ 재해방지
⑥ 용수의 절약
⑦ 노력의 절감
⑧ 추대방지
⑨ 종자 절약

17. 마늘의 휴면 경과 후 인경 비대를 촉진하는 환경 조건은?

① 저온, 단일
② 저온, 장일
③ 고온, 단일
④ 고온, 장일

정답 및 해설 ④

* 단일조건: 감자괴경 형성, 오임 암꽃 착생 촉진
* 장일조건: 마늘과 양파의 인경비대 촉진, 오이 수꽃 착생 촉진
* 마늘의 인경비대는 고온, 장일조건에서 촉진된다.

18. 과수에서 다음 설명에 공통으로 해당되는 병원체는?

> ○ 핵산과 단백질로 이루어져 있다.
> ○ 사과나무 고접병의 원인이다.
> ○ 과실을 작게 하거나 반점을 만든다.

① 박테리아
② 바이러스
③ 바이로이드
④ 파이토플라즈마

정답 및 해설 ②

① 박테리아: 세포 하나로 이뤄져 구조가 간단한 생물로, 스스로 에너지와 단백질을 만들며 생존한다.
② 바이러스: 핵단백질(핵산과 단백질)로 구성되 비세포성 병원체
③ 바이로이드: 단백질 껍질이 없이 핵산으로만 구성되어 있으며 식물에만 존재한다.
④ 파이토플라즈마: 세균과 바이러스의 중간 영역에 위치하는 미생물로 생물계에서 가장 작고 단순한 생물군이다.

19. 1년생 가지에 착과되는 과수를 모두 고른 것은?

| ㄱ. 포도 ㄴ. 감귤 ㄷ. 복숭아 ㄹ. 사과 |

① ㄱ, ㄴ   ② ㄱ, ㄹ
③ ㄴ, ㄷ   ④ ㄷ, ㄹ

정답 및 해설 ①

* 결과습성
① 1년생 가지에 결실하는 과수: 포도, 감, 감귤, 무화과
② 2년생 가지에 결실하는 과수: 복숭아, 자두, 매실
③ 3년생 가지에 결실하는 과수: 사과, 배

20. 뿌리의 양분 흡수기능이 상실되거나 식물체 생육이 불량하여 빠르게 영양공급을 해야 할 때 잎에 실시하는 보조 시비방법은?

① 조구시비   ② 엽면시비
③ 윤구시비   ④ 방사구시비

정답 및 해설 ②

* 엽면시비의 이점
① 토양에서 흡수하기 어려운 미량원소의 공급이 용이하다.
② 토양시비로는 효과가 늦은 지효성 비료의 시비에 적당하다.
③ 뿌리의 기능이 나빠져 흡수가 어려운 경우에 좋다.

④ 토양시비 보다 속효성이므로 영양공급을 조절할 수 있다.
⑤ 정확한 시비시기에 사용할 수 있다.
⑥ 농약과 혼용이 가능하다.

21. 감나무의 생리적 낙과의 방지 대책이 아닌 것은?

① 수분수를 혼식한다.
② 적과로 과다 결실을 방지한다.
③ 영양분을 충분히 공급하여 영양생장을 지속시킨다.
④ 단위결실을 유도하는 식물생장조절제를 개화 직전 꽃에 살포한다.

정답 및 해설 ③

* 낙과를 방지하는 방법
1) 수분수의 혼식 또는 인공수분이나 곤충의 방사 등을 통해서 수분매조를 유도한다.
2) 관개, 멀칭 등을 통해서 건조 및 과습을 방지한다.
3) 정지, 전정 등을 통해서 수광태세를 향상시킨다.
4) NAA, 2,4-D 등의 생장조절제를 살포한다.

22. 여러 개의 원줄기가 자라 지상부를 구성하는 관목성 과수에 해당하는 것은?

① 대추   ② 사과
③ 블루베리   ④ 포도

정답 및 해설 ③

* 대추, 사과: 교목성 낙엽과수
* 포도: 덩굴성 과수

23. 과수의 환상박피(環狀剝皮) 효과로 옳지 않은 것은?

① 꽃눈분화 촉진 ② 과실발육 촉진
③ 과실성숙 촉진 ④ 뿌리생장 촉진

정답 및 해설 ④

* 환상박피
① 나무줄기에서 사부를 제거하고 목부를 남겨두는 처리로 목부를 통하여 뿌리에서 흡수한 수분과 무기양분을 정상적으로 지상부로 이동하지만 지상부에서 생성된 광합성 양분의 이동은 환상박피부에서 중단된다.
② 환상박피 부위가 새로이 생성된 유합조직에 의하여 아물면 새로운 형성층에서 사부조직과 목부조직이 생성되고 지상부 광합성 양분은 뿌리 쪽으로 다시 이동되고 뿌리에서 흡수된 수분과 양분은 지상부로 이동된다.
③ 취목, 발근 촉진 방법과 관수의 개화촉진 방법 또는 불필요한 나무의 제거방법으로서 활용한다.

24. 과수와 실생 대목의 연결로 옳지 않은 것은?

① 배 — 야광나무 ② 감 — 고욤나무
③ 복숭아 — 산복사나무 ④ 사과 — 아그배나무

정답 및 해설 ① 배나무의 대목으로는 돌배나무가 주로 이용된다.

25. 과수와 가지 종류에 관한 설명으로 옳지 않은 것은?

① 원가지: 원줄기에 발생한 큰 가지
② 열매가지: 과실에 붙어 있는 가지
③ 새가지: 그해에 자란 잎이 붙어 있는 가지
④ 곁가지: 새가지의 곁눈이 그해에 자라서 된 가지

정답 및 해설 ④
곁가지 : 원가지에서 곁으로 돋은 작은 가지

제 16회 기출문제

1. 우리나라에서 가장 넓은 재배면적을 차지하는 채소류는?

① 조미채소류 ② 엽채류
③ 양채류 ④ 근채류

정답 및 해석 ①

조미채소류는 조미용으로 이용하는 마늘, 양파, 고추 등이 해당되며 우리나라에서 가장 재배면적이 넓다.

2. 채소의 식품적 가치에 관한 일반적인 특징으로 옳지 않은 것은?

① 대부분 산성 식품이다.
② 약리적·기능성 식품이다.
③ 각종 무기질이 풍부하다.
④ 각종 비타민이 풍부하다.

정답 및 해석 ①

원예작물의 중요성

1. 비타민의 공급원이다. 대부분의 비타민은 인체 내에서 합성되지 않으므로 외부로부터 공급을 받아야 하는데 채소와 과실은 여러 비타민 중에서도 A와 C의 중요한 공급원이다.
2. 무기질의 공급원이다. 필수 무기질은 인체 내의 여러 가지 대사 작용을 원활하게 해서 신체발육과 건강을 유지시켜 주는데 채소와 과실에는 30여종의 무기질을 포함하고 있어 중요한 공급원이 되고 있다.
3. 섬유소의 공급원이다. 채소는 섬유소를 많이 함유하고 있어 소화를 돕고 변비를 예방해준다.
4. 알칼리성 식품이다. 대부분의 원예작물은 체액의 산성화를 방지하는 Na, K, Mg, Ca, Fe 등을 많이 함유하고 있어서 채소와 과일을 알칼리성 식품이라 한다.
5. 보건적 가치가 크다.
6. 기호적 기능이 있다.
7. 약리적 효능이 있다.

3. 북주기[배토(培土)]를 하여 연백(軟白)재배하는 작물을 모두 고른 것은?

ㄱ. 시금치   ㄴ. 대 파   ㄷ. 아스파라거스   ㄹ. 오 이

① ㄱ, ㄴ
② ㄱ, ㄹ
③ ㄴ, ㄷ
④ ㄷ, ㄹ

정답 및 해설 ③

배토의 효과

1. 옥수수, 수수, 맥류 등의 경우는 바람에 쓰러지는 것(도복) 경감된다.
2. 담배, 두류 등에서는 신근이 발생되어 생육을 조장한다.
3. 감자 괴경의 발육을 조장하고 괴경이 광에 노출되어 녹화되는 것을 방지할 수 있다.
4. 당근 수부의 착색을 방지한다.
5. 파, 셀러리 등의 연백화를 목적으로 한다.
6. 벼와 밭벼 등에서는 마지막 김매기를 하는 유효분얼종지기의 배토는 무효분얼의 발생이 억제되어 증수효과가 있다.
7. 토란은 분구억제와 비대생장을 촉진한다.
8. 배토는 과습기 배수의 효과와 잡초도 방제된다.

4. 비대근의 바람들이 현상은?

① 표피가 세로로 갈라지는 현상
② 조직이 갈변하고 표피가 거칠어지는 현상
③ 뿌리가 여러 개로 갈라지는 현상
④ 조직 내 공극이 커져 속이 비는 현상

정답 및 해설 ④

바람들이

1. 바람들이는 일종의 노화현상으로 뿌리의 생육비대가 왕성하게 이루어지려고 할 때, 잎에서 생산된 동화양분이 적어 뿌리의 중심부까지 충분하게 양분의 공급할 수 없게 되어 기아상태에 이르게 되고 세포의 조직이 노화하여 세포의 내용물에 변화가 생긴 것이다. 처음에는 기포가 나타나고 세포가 비게 되며 그것이 차차 집단화하여 공동이 생기는 것이다.
2. 발생: 생육중기 이후 야간에 고온건조한 상태에 두었을 때 또는 점질토보다 가벼운 흙에서 바람

들이가 잘 나타난다. 또한 다질소재배·장일처리·일조부족·추대개시 등이 원인이 되어 이 현상이 나타나기도 한다. 그리고 봄·가을에는 바람들이의 발생원인이 서로 다르다. 가을에는 뿌리가 비대된 후에 바람들이가 나타나고 봄에는 뿌리가 비대되기 전에도 나타난다. 이것으로 보아 뿌리의 크기는 바람들이와 직접 관계가 없는 것을 알 수 있다.

5. 채소작물의 식물학적 분류에서 같은 과(科)로 나열되지 않은 것은?

① 우엉, 상추, 쑥갓
② 가지, 감자, 고추
③ 무, 양배추, 브로콜리
④ 당근, 근대, 셀러리

정답 및 해설 ④

국화과: 우엉, 쑥갓, 상추, 참취, 데이지, 금잔화, 과꽃, 국화, 해바라기, 달리아

가지과: 고추, 토마토, 가지, 감자, 피튜니아

배추과(십자화과): 배추, 순무, 양배추, 브로콜리, 무, 고추냉이, 색양배추

명아주과: 근대, 시금치

미나리과(산형화과): 샐러리, 고수, 당근, 미나리, 파슬리

6. 해충에 의한 피해를 감소시키기 위한 생물적 방제법은?

① 천적곤충 이용
② 토양 가열
③ 유황 훈증
④ 작부체계 개선

정답 및 해설 ①

② 토양 가열: 물리적 방제법
③ 유황 훈증: 화학적 방재법
④ 작부체계 개선: 경종적 방제법

7. 작물별 단일조건에서 촉진되지 않는 것은?

① 마늘의 인경 비대
② 오이의 암꽃 착생
③ 가을배추의 엽구 형성
④ 감자의 괴경 형성

정답 및 해설 ①

장일조건에서 마늘과 양파의 인경 비대의 촉진과 오이의 수꽃 착생이 촉진된다.

8. 광합성 과정에서 명반응에 관한 설명으로 옳은 것은?

① 스트로마에서 일어난다.
② 캘빈회로라고 부른다.
③ 틸라코이드에서 일어난다.
④ CO2와 ATP를 이용하여 당을 생성한다.

정답 및 해설 ③

광합성 작용

1. 명반응(제1과정)
① 광조건에서 암반응에 필요한 에너지공여체(ATP)와 수소공여체(NADPH)를 형성하면서 산소를 방출하는 과정이다.
② 엽록체와 틸라코이드에서 일어난다.
③ 엽록소의 광에너지 흡수, 물의 광분해, 전자전달과 광인산화 반응이 주도한다.

2. 암반응(제2과정)
① 엽록체의 기질(스트로마)에서 일어난다.
② 명반응의 결과 얻어진 ATP와 NADPH를 이용하여 이산화탄소를 환원시켜 포도당을 만드는 과정
③ 이산화탄소의 환원 물질에 따라 C_3식물, C_4식물, CAM식물로 구분한다.

9. 화훼 분류에서 구근류로 나열된 것은?

① 백합, 거베라, 장미

② 국화, 거베라, 장미
③ 국화, 글라디올러스, 칸나
④ 백합, 글라디올러스, 칸나

정답 및 해설 ④

구근류: 튤립, 백합, 아이리스, 글라디올러스, 프리지어, 칸나 등

10. 여름철에 암막(단일)재배를 하여 개화를 촉진할 수 있는 화훼작물은?

① 추국(秋菊) ② 페튜니아
③ 금잔화 ④ 아이리스

정답 및 해설 ①

일장을 이용한 꽃의 개화기 조절

1. 일장처리에 의해 개화기를 변동시켜 원하는 시기에 개화시킬 수 있다.
2. 단일성 국화의 경우 단일처리로 촉성재배, 장일처리로 억제재배 하여 연중 개화시킬 수 있는데 이것을 주년재배라 한다.
3. 인위개화, 개화기의 조절, 세대단축이 가능하다.

11. DIF에 관한 설명으로 옳은 것은?

① 낮 온도에서 밤 온도를 뺀 값으로 주야간 온도 차이를 의미한다.
② 짧은 초장 유도를 위해 정(+)의 DIF 처리를 한다.
③ 국화, 장미 등은 DIF에 대한 반응이 적다.
④ 튤립, 수선화 등은 DIF에 대한 반응이 크다.

정답 및 해설 ①

DIF(주야간 기온차; difference between day and night temperatures)

1. 주간과 야간의 기온차
2. 자연조건하에서 항상 양의 값을 가지나 식물공장 등에서는 조절할 수 있다.
3. 이를 이용해 왜화제 등을 사용하지 않고 환경제어만으로 화훼류와 채소 묘의 초장을 조절할 수

있다.

12. 화훼작물별 주된 번식방법으로 옳지 않은 것은?

① 시클라멘 – 괴경 번식
② 아마릴리스 – 주아(珠芽) 번식
③ 달리아 – 괴근 번식
④ 수선화 – 인경 번식

정답 및 해설 ②

② 아마릴리스 – 인경 번식

13. 식물의 춘화에 관한 설명으로 옳지 않은 것은?

① 저온에 의해 개화가 촉진되는 현상이다.
② 구근류에 냉장 처리를 하면 개화시기를 앞당길 수 있다.
③ 종자춘화형에는 스위트피, 스타티스 등이 있다.
④ 식물이 저온에 감응하는 부위는 잎이다.

정답 및 해설 ④

저온 감응부위는 생장점이다.

14. 화훼류의 줄기 신장 촉진방법이 아닌 것은?

① 지베렐린을 처리한다.
② Paclobutrazol을 처리한다.
③ 질소 시비량을 늘린다.
④ 재배환경을 개선하여 수광량을 늘린다.

정답 및 해설 ②

Paclobutrazol(파크로부트라졸): 생장억제물질로 절간생장을 억제로 도장 방지에 이용된다.

15. 다음 설명에 모두 해당하는 해충은?

○ 난, 선인장, 관엽류, 장미 등에 피해를 준다.
○ 노린재목에 속하는 Pseudococcus comstocki 등이 있다.
○ 식물의 수액을 흡즙하며 당이 함유된 왁스층을 분비한다.

① 깍지벌레
② 도둑나방
③ 콩풍뎅이
④ 총채벌레

정답 및 해설 ①

Pseudococcus comstocki: 가루깍지벌레

16. 에틸렌의 생성이나 작용을 억제하여 절화수명을 연장하는 물질이 아닌 것은?

① STS
② AVG
③ Sucrose
④ AOA

정답 및 해설 ③

Sucrose: 자당

17. 화훼류의 블라인드 현상에 관한 설명으로 옳지 않은 것은?

① 일조량이 부족하면 발생한다.
② 일반적으로 야간온도가 높은 경우 발생한다.
③ 장미에서 주로 발생한다.
④ 꽃눈이 꽃으로 발육하지 못하는 현상이다.

정답 및 해설 ②

블라인드현상: 화훼가 분화할 때, 체내 생리 조건과 환경 조건 가운데에서 어느 것이 부적당하여 분화가 중단되고 영양 생장으로 역전되는 현상으로 광부족과 저온으로 발생한다.

18. 자동적 단위결과 작물로 나열된 것은?

① 체리, 키위　　　　　　　② 바나나, 배
③ 감, 무화과　　　　　　　④ 복숭아, 블루베리

정답 및 해설 ③

단위결과 작물: 파인애플, 바나나, 오이, 호박, 포도, 오렌지, 그레이프프루트, 감, 무화과 등

19. 개화기가 빨라 늦서리의 피해를 받을 우려가 큰 과수는?

① 복숭아나무　　　　　　　② 대추나무
③ 감나무　　　　　　　　　④ 포도나무

정답 및 해설 ①

복숭아는 개화기가 빨라 초봄 늦서리 피해가 자주 발생한다.

20. 과수의 가지(枝)에 관한 설명으로 옳지 않은 것은?

① 곁가지: 열매가지 또는 열매어미가지가 붙어 있어 결실 부위의 중심을 이루는 가지
② 덧가지: 새 가지의 곁눈이 그 해에 자라서 된 가지
③ 흡지: 지하부에서 발생한 가지
④ 자람가지: 과실이 직접 달리거나 달릴 가지

정답 및 해설 ④

자람가지(영양지): 과수의 건강한 생육을 돕기 위한 가지. 잎과 가지가 발생하는 가지로, 열매를 맺진 않는다.

열매가지(결과지): 과실이 직접 달리거나 달릴 가지

21. 과수작물 중 장미과에 속하는 것을 모두 고른 것은?

| ㄱ. 비파 | ㄴ. 올리브 | ㄷ. 블루베리 |
| ㄹ. 매실 | ㅁ. 산딸기 | ㅂ. 포도 |

① ㄱ, ㄴ, ㄷ
② ㄱ, ㄹ, ㅁ
③ ㄴ, ㄷ, ㅂ
④ ㄹ, ㅁ, ㅂ

정답 및 해설 ②

장미과 식물: 딸기, 모과, 사과, 자두, 복숭아, 배, 비파나무, 복분자딸기, 산딸기, 산사나무, 매화, 벚나무, 피라칸사, 장미, 찔레꽃, 해당화

22. 종자 발아를 촉진하기 위한 파종 전 처리방법이 아닌 것은?

① 온탕침지법
② 환상박피법
③ 약제처리법
④ 핵층파쇄법

정답 및 해설 ②

* 환상박피: 나무줄기에서 사부(수피부)만을 제거하고 목부를 남겨두는 처리하는 것으로 목부를 통하여 뿌리에서 흡수한 수분과 무기양분을 정상적으로 지상부로 이동하지만 지상부에서 생성된 광합성 양분의 이동은 환상박피부에서 중단된다. 취목, 발근 촉진 방법과 관수의 개화촉진 방법 또는 불필요한 나무의 제거방법으로서 활용한다.
* 핵층파쇄법: 핵과류의 파종 시 종자의 핵층을 파괴하여 파종하는 방법

23. 국내에서 육성된 과수 품종은?

① 신고
② 거봉
③ 홍로
④ 부유

정답 및 해설 ③

* 신고, 거봉, 부유: 일본
* 홍로: 우리 나라 원예연구소에서 1980년에 스퍼어리 블레이즈에 스퍼 골든 딜리셔스를 교배하여 개발한 사과 품종

24. 과수의 휴면과 함께 수체 내에 증가하는 호르몬은?

① 지베렐린 ② 옥 신
③ 아브시스산 ④ 시토키닌

정답 및 해설 ③

아브시스산의 작용

① 잎의 노화 및 낙엽 촉진한다.
② 휴면을 유도한다.
③ 종자의 휴면을 연장하여 발아를 억제한다.
④ 단일식물을 장일조건에서 화성을 유도하는 효과가 있다.
⑤ ABA 증가로 기공이 닫혀 위조저항성이 증진된다.
⑥ 목본식물의 경우 내한성이 증진된다.

25. 늦서리 피해 경감대책에 관한 설명으로 옳지 않은 것은?

① 스프링클러를 이용하여 수상살수를 실시한다.
② 과수원 선정 시 분지와 상로(霜路)가 되는 경사지를 피한다.
③ 빙핵세균을 살포한다.
④ 왕겨·톱밥·등유 등을 태워 과수원의 기온 저하를 막아 준다.

정답 및 해설 ③

빙핵세균(ice nucleation active bacterium, 氷核細菌): 결빙을 촉진하는 작용을 하는 빙핵으로서의 성질을 가진 세균.

제 17회 기출문제

1. 무토양 재배에 관한 설명으로 옳지 않은 것은?

① 작물선택이 제한적이다.
② 주년재배의 제약이 크다.
③ 연작재배가 가능하다.
④ 초기 투자 자본이 크다.

정답 및 해설 ②

2. 조직배양을 통한 무병주 생산이 상업화되지 않은 작물을 모두 고른 것은?

| ㄱ. 마늘 | ㄴ. 딸기 | ㄷ. 고추 | ㄹ. 무 |

① ㄱ, ㄴ   ② ㄱ, ㄷ
③ ㄴ, ㄹ   ④ ㄷ, ㄹ

정답 및 해설 ④

시설재배의 필요성
1) 원예작물은 계절에 관계없이 일 년 내내 요구되므로 주년적 공급체계는 시설재배와 밀접한 관련이 있다.
2) 시설원예는 노지원예와 달리 제철이 아닌 때의 생산이므로 비싼 값으로 출하되어 노지원예에 비하여 수익성이 높다.

3. 다음 ( )에 들어갈 내용은?

동절기 토마토 시설재배에서 착과촉진을 위해 (ㄱ)계열의 4-CPA를 처리한다. 그러나 연속사용 시 (ㄴ)가 발생할 수 있어 (ㄴ)의 발생이 우려될 경우 (ㄷ)을/를 사용하면 효과적이다.

① ㄱ : 시토키닌, ㄴ : 공동과, ㄷ : ABA
② ㄱ : 옥신, ㄴ : 기형과, ㄷ : ABA
③ ㄱ : 옥신, ㄴ : 공동과, ㄷ : 지베렐린
④ ㄱ : 시토키닌, ㄴ : 기형과, ㄷ : 지베렐린

정답 및 해설 ③

* 4-CPA: 옥신류로 토마토톤의 원제로 단위결과를 유도할 수 있으나 공동과 발생의 우려가 있다.

4. 다음 ( )에 들어갈 내용은?

백다다기 오이를 재배하는 하우스농가에서 암꽃의 수를 증가시키고자, 재배환경을 (ㄱ) 및 (ㄴ)조건으로 관리하여 수확량이 많아졌다.

① ㄱ: 고온, ㄴ: 단일
② ㄱ: 저온, ㄴ: 장일
③ ㄱ: 저온, ㄴ: 단일
④ ㄱ: 고온, ㄴ: 장일

정답 및 해설 ③

박과채소의 암꽃 증가 조건: 저온, 단일, 에틸렌 처리

5. 다음 ( )에 들어갈 내용은?

A: 토마토를 먹었더니 플라보노이드계통의 기능성 물질인 (ㄱ)이 들어 있어서 혈압이 내려간 듯해.
B: 그래? 나는 상추에 진통효과가 있는 (ㄴ)이 있다고 해서 먹었더니 많이 졸려.

① ㄱ: 루틴(rutin), ㄴ: 락투신(lactucin)
② ㄱ: 라이코펜(lycopene), ㄴ: 락투신(lactucin)
③ ㄱ: 루틴(rutin), ㄴ: 시니그린(sinigrin)
④ ㄱ: 라이코펜(lycopene), ㄴ: 시니그린(sinigrin)

정답 및 해설 ②

주요 채소와 과실의 기능성 물질과 효능

채 소	주요 물질	효 능
고추	캡사이신	암세포 증식 억제
토마토	리코핀	항산화 작용, 노화방지
수박	시트룰린	이뇨작용 촉진
오이	엘라테린	숙취해소
양배추	비타민U	항궤양성
마늘, 파류	알리인	살균작용, 항암작용
양파	케르세틴	고혈압 예방 항암작용
양파	디설파이드	혈액응고 억제, 혈전증 예방
상추	락투시린	진통효과
우엉	이눌린	당뇨병 치료
치커리	인티빈	노화 혈액 순환 촉진
치커리	클로로제닌산	항암작용, 간장질환치료
파슬리	아피올	해열 이뇨작용 촉진
딸기	엘러진산	항암작용
비트	베타인	토사, 구충 이뇨 작용
생강	시니크린	해독작용

6. 하우스피복재로서 물방울이 맺히지 않도록 제작된 것은?

① 무적필름
② 산광필름
③ 내후성강화필름
④ 반사필름

정답 및 해설 ①

무적필름: 물방울이 맺히지 않는 필름으로 시설의 외면 피복 자재 가운데 하나이다.

7. 채소재배에서 실용화된 천적이 아닌 것은?

① 무당벌레
② 칠레이리응애
③ 마일스응애
④ 점박이응애

정답 및 해설 ④

점박이응애는 작물에 가해하는 해충이다.

8. 다음 (   )에 들어갈 내용은?

> A 농산물품질관리사가 수박 종자를 저장고에 장기저장을 하기 위한 저장환경을 조사한 결과, 저장에 적합하지 않음을 알고 저장고를 (ㄱ), (ㄴ), 저산소 조건이 되도록 설정하였다.

① ㄱ : 저온, ㄴ : 저습
② ㄱ : 고온, ㄴ : 저습
③ ㄱ : 저온, ㄴ : 고습
④ ㄱ : 고온, ㄴ : 고습

정답 및 해설 ①

종자의 저장조건: 저습, 저온, 저산소, 종자 자체의 수분함량이 낮아야 한다.

9. 에틸렌의 생리작용이 아닌 것은?

① 꽃의 노화 촉진
② 줄기신장 촉진
③ 꽃잎말림 촉진
④ 잎의 황화 촉진

정답 및 해설 ②

에틸렌의 영향

① 저장이나 수송하는 과일의 후숙과 연화를 촉진시킨다.
② 저장이나 수송 중의 과일을 탈색시키거나 연화를 촉진시킨다.
③ 신선한 채소의 푸른색을 잃게 하거나 노화를 촉진시킨다.
④ 수확한 채소의 연화를 촉진시킨다.
⑤ 상추에서 갈색반점이 나타난다.
⑥ 낙엽
⑦ 과일이나 구근에서 생리적인 장해
⑧ 절화의 노화촉진
⑨ 분재식물의 잎이나 꽃잎의 조기낙엽
⑩ 당근과 고구마의 쓴 맛 형성
⑪ 엽록소 함유 엽채류에서 황화현상과 잎의 탈리현상으로 인한 상품성 저하를 가져온다.
⑫ 대부분의 식물 조직은 조기에 경도가 낮아져 품질 저하를 가져온다.
⑬ 아스파라거스와 같은 줄기채소의 경우 조직의 경화현상을 보인다.

10. 원예학적 분류를 통해 화훼류를 진열·판매하고 있는 A마트에서 정원에 심은 튤립을 소비자가 구매하고자 할 경우 가야 할 화훼류의 구획은?

① 구근류
② 일년초
③ 다육식물
④ 관엽식물

정답 및 해설 ①

원예학적 분류: 화훼식물의 생육습성에 따른 분류

㉠ 초화류
ⓐ 한해살이풀
ⓑ 채송화, 봉선화, 나팔꽃, 해바라기, 맨드라미

㉡ 숙근초화류
ⓐ 여러해살이 식물로 겨울에 땅위 부분이 죽어도 이듬해 봄에 다시 움트는 식물
ⓑ 국화, 카네이션, 작약, 구절초, 군자란

㉢ 구근초화류
ⓐ 땅속에 구형의 저장기관을 갖는 식물
ⓑ 백합, 다알리아, 칸나, 튤립, 수선화

㉣ 관엽나무: 사철나무, 주목, 야자류, 호랑가시나무, 고무나무

㉤ 화목류: 무궁화, 목련, 개나리, 장미, 동백나무

11. 화훼작물과 주된 영양번식 방법의 연결이 옳지 않은 것은?

① 국화 – 분구
② 수국 – 삽목
③ 접란 – 분주
④ 개나리 – 취목

정답 및 해설 ①

분구(分球, 알뿌리나누기): 지하부 줄기, 뿌리 등이 비대해진 구근을 번식에 이용하는 방법으로 구근은 완전한 개체로 발달할 수 있는 번식기관으로 보통 종자와 비슷한 기능을 가진다.

12. A농산물품질관리사가 국화농가를 방문했더니 로제트로 피해를 입고 있어, 이에 대한 조언으로 옳지 않은 것은?

① 가을에 15℃ 이하의 저온을 받으면 일어난다.
② 근군의 생육이 불량하여 일어난다.
③ 정식 전에 삽수를 냉장하여 예방한다.
④ 동지아에 지베렐린 처리를 하여 예방한다.

정답 및 해설 ②

로제트현상

① 국화재배시 여름 고온을 경과한 후 가을의 저온을 접하면 절간이 신장하지 못하고 짧게 되는 현상을 말한다.
② 로제트화는 여름철 고온 후 저온이 경과될 때 많이 발생한다.
③ 로제트 현상을 타파하려면 저온(5도)에서 15일에서 4주 이상 처리(저온처리), 지베렐린(GA) 100ppm처리, 삽수 또는 발근묘의 냉장처리하는 방법이 있다.

13. 가로등이 밤에 켜져 있어 주변 화훼작물의 개화가 늦어졌다. 이에 해당하지 않는 작물은?

① 국화　　　　　　　　　　② 장미
③ 칼랑코에　　　　　　　　④ 포인세티아

정답 및 해설 ②

장미는 자기유도형식물로 최저온도 18℃ 유지 시 연중개화한다.

14. 절화류에서 블라인드 현상의 원인이 아닌 것은?

① 엽수 부족　　　　　　　② 높은 C/N율
③ 일조량 부족　　　　　　④ 낮은 야간온도

정답 및 해설 ②

블라인드 현상: 화훼가 분화할 때, 체내 생리 조건과 환경 조건 가운데에서 어느 것이 부적당하여 분화가 중단되고 영양 생장으로 역전되는 현상

15. 장미 재배 시 벤치를 높이고 줄기를 휘거나 꺾어 재배하는 방법은?

① 매트재배　　　　　　　② 암면재배
③ 아칭재배　　　　　　　④ 사경재배

정답 및 해설 ③

아칭재배: 장미의 시부에서 나오는 줄기를 채화 모지로 쓰지 않고 벤치 위에 놓여진 배지에서 통로 측 밑으로 경사지기 신초를 꺾어 휘어지게 하여 여기에서 광합성을 시켜 영양 생산을 하게하고 뿌리 윗부분에서 새로 나오는 튼튼한 신초를 자라게 하여 기부 채화하는 방법

16. 다음 (　)에 들어갈 과실은?

(ㄱ) : 씨방 하위로 씨방과 더불어 꽃받기가 유합하여 과실로 발달한 위과
(ㄴ) : 씨방 상위로 씨방이 과실로 발달한 진과

① ㄱ: 사과, ㄴ: 배　　　　② ㄱ: 사과, ㄴ: 복숭아
③ ㄱ: 복숭아, ㄴ: 포도　　④ ㄱ: 배, ㄴ: 포도

정답 및 해설 ④

꽃의 발육 부분에 따른 분류
㉠ 진과
　ⓐ 씨방이 발육하여 과육이 된다.
　ⓑ 포도, 복숭아, 단감, 감귤
㉡ 위과
　ⓐ 씨방과 그 외의 화탁이 발육하여 과육이 된다.
　ⓑ 사과, 배, 딸기, 오이, 무화과

17. 국내 육성 과수 품종이 아닌 것은?

① 황금배　　　　　　　② 홍로
③ 거봉　　　　　　　　④ 유명

| 원예작물학 |

정답 및 해설 ③

① 황금배: 1967년 신고에 시십세기를 교배하여 만든 배 품종
② 홍로: 1980년 원예연구소에서 스퍼어리 블레이즈에 스퍼 골든 딜리셔스를 교배하여 만든 사과 품종
③ 거봉: 일본 시즈오카현에서 1937년 개발한 포도 품종
④ 유명: 1966년 국립원예특작과학원에서 대화조생에 포목조생을 교배하여 선발, 육성한 복숭아 품종

18. 과수의 일소 현상에 관한 설명으로 옳지 않은 것은?

① 강한 햇빛에 의한 데임 현상이다.
② 토양 수분이 부족하면 발생이 많다.
③ 남서향의 과원에서 발생이 많다.
④ 모래토양보다 점질토양 과원에서 발생이 많다.

정답 및 해설 ④

일소

① 건조하기 쉬운 모래땅, 토심이 얕은 건조한 경사지, 지하수위가 높아 뿌리가 깊게 뻗지 못하는 곳에서 주로 발생한다.
② 배상형이 개심자연형 보다 발생이 심하다.
③ 원가지의 분지 각도가 넓을수록 발생이 심하여 수세가 약한 나무나 노목, 직경 5cm 이상인 굵은 가지에서 발생이 많다.
④ 과실에 봉지를 씌웠다가 착색 촉진을 위해 벗겼을 때 강한 햇빛에 의한 일소가 발생하기 쉽다.
⑤ 동향이나 남향의 과수원보다 서향의 과수원에서 더 심하게 발생한다.

19. 다음이 설명하는 것은?

○ 꽃눈보다 잎눈의 요구도가 높다.
○ 자연상태에서 낙엽과수 눈의 자발휴면 타파에 필요하다.

① 질소 요구도　　　　　　　　　　　② 이산화탄소 요구도

338 | 부 록

③ 고온 요구도 ④ 저온 요구도

정답 및 해설 ④

저온요구도: 낙엽 과수는 자연 상태에서 내재 휴면을 타파하기 위해 겨울철에 일정한 저온을 거쳐야 하는데, 내재휴면 타파에 필요한 저온의 시간 수를 말한다.

20. 자웅이주(암수 딴그루)인 과수는?

① 밤 ② 호두
③ 참다래 ④ 블루베리

정답 및 해설 ③

* 자웅 동주
ⓐ 암수 동일 개체에 있는 것
ⓑ 배, 무, 양배추, 양파, 수박, 오이, 밤

* 자웅 이주
ⓐ 암수 서로 다른 개체에 있는 것
ⓑ 은행, 참다래, 시금치, 아스파라거스

21. 상업적 재배를 위해 수분수가 필요 없는 과수 품종은?

① 신고배 ② 후지사과
③ 캠벨얼리포도 ④ 미백도복숭아

정답 및 해설 ③

포도 : 자가수분하는 품목이다. 자가수분하는 꽃들은 대개 꽃잎이 벌어지기 전에 수분이 이루어지도록 화기가 타가수분을 막는 구조로 되어 있다.

22. 다음이 설명하는 생리장해는?

| 원예작물학 |

> ○ 과심부와 유관속 주변의 과육에 꿀과 같은 액체가 함유된 수침상의 조직이 생긴다.
> ○ 사과나 배 과실에서 나타나는데 질소 시비량이 많을수록 많이 발생한다.
>
> ① 고두병 ② 축과병
> ③ 밀증상 ④ 바람들이

정답 및 해설 ③

밀증상

(1) 사과의 유관속 주변에 투명해지는 수침현상을 말하며 솔비톨이라는 당류가 과육의 특정부위에 비정상적으로 축적되어 나타나는 현상이다.
(2) 심한 경우 에타놀이나 아세트알데히드가 축적되어 조직 내 혐기상태를 형성하여 과육 갈변이나 내부조직의 붕괴를 일으킨다.
(3) 밀증상이 있는 사과는 가급적 저장하지 않는 것이 좋으며 저온저장 하더라도 단기간 저장하고 출하하는 것이 좋다.
(4) 수확이 늦은 과실일수록 발생률이 높으며 연화될수록 정도가 심화되어 상품성이 저하되므로 적기에 수확하는 것이 중요하다.

23. 곰팡이에 의한 병이 아닌 것은?

① 감귤 역병 ② 사과 화상병
③ 포도 노균병 ④ 복숭아 탄저병

정답 및 해설 ②

화상병: 사과, 배 등 과수나무에 발생하는 세균성 병해. 에르위니아 아밀로보라라는 세균에 의해 감염된다.

24. 다음 효과를 볼 수 있는 비료는?

> ○ 산성토양의 중화
> ○ 토양의 입단화
> ○ 유용 미생물 활성화

① 요소 ② 황산암모늄
③ 염화칼륨 ④ 소석회

정답 및 해설 ④

소석회: 생석회가 물과 반응하여 생신 수산화물로 수산화칼슘을 말한다. 칼슘은 산성토양의 교정, 토양의 입단화 및 유용미생물 활성을 위해 토양에 이용된다.

25. 과수의 병충해 종합 관리체계는?

① IFP ② INM
③ IPM ④ IAA

정답 및 해설 ③

병충해종합관리(IPM; integrated pest management)

① 경제적, 환경적, 사회적 가치를 고려하여 종합적이고 지속가능한 병충해 관리 전략

② integrated(종합적): 병충해 문제 해결을 위해 생물학적, 물리적, 화학적, 작물학적, 유전학적 조절방법을 종합적으로 사용하는 것을 의미한다.

③ pest(병충해): 수익성 및 상품성 있는 산물의 생산에 위협이 되는 모든 종류의 잡초, 질병, 곤충을 의미한다.

④ management(관리): 경제적 손실을 유발하는 병충해를 사전적으로 방지하는 과정을 의미한다.

⑤ IPM은 병충해의 전멸이 목표가 아닌 일정 수준의 병충해 존재와 피해에서도 수익성 있고 상품성 있는 생산이 가능하도록 하는데 그 목적이 있다.

부록 제 18회 기출문제

1. 원예작물의 주요 기능성 물질의 연결이 옳은 것은?

① 상추 – 엘라그산(ellagic acid)
② 마늘 – 알리인(alliin)
③ 토마토 – 시니그린(sinigrin)
④ 포도 – 아미그달린(amygdalin)

정답 및 해설 ②

원예작물의 주요기능성 물질

원예작물	주요기능성(천연독성)물질
오이(배당체: 쓴맛)	쿠쿠비타신(cucurbitacin), 알칼로이드
상추(배당체: 쓴맛)	락투시린(lactucirin)
근대, 토란	수산염
배추, 양배추배당체	시니그린[sinigrin-글루코시놀레이트(glucosinolate)]
감자	솔라닌(solanine)
고구마	이포메아마론(ipomeamarone)
곰팡이 진독균	미코톡신(mycotosxin)
변질종자의 붉은 곰팡이 진독균	아플라톡신
수수	청산(HCN)
제초제(그라목손)	파라콰트
청매실	아미그달린(amygdalin)
마늘	알리인(alliin)
유채	엘라그산(ellagic acid)

2. 밭에서 재배하는 원예작물이 과습조건에 놓였을 때 뿌리조직에서 일어나는 현상으로 옳지 않은 것은?

① 무기호흡이 증가한다.
② 에탄올 축적으로 생육장해를 받는다.
③ 세포벽의 목질화가 촉진된다.
④ 철과 망간의 흡수가 억제된다.

정답 및 해설 ④

원예작물의 토양 과습조건에서의 습해

① 토양산소의 부족으로 무기호흡이 증가한다.
② 혐기성 미생물에 의해 환원성 유해물질 메탄, 질소, 이산화탄소, 황화수소 생성이 많아져 축적으로 토양산소를 부족하게 하여 호흡장해로 인한 생육장해를 받는다.
③ 세포벽의 목질화가 촉진되어 환원성 유해물질의 침입을 막아 내습성 증대시킨다.
④ 지온이 낮아져 토양미생물의 활동이 억제되고, 특히 무기성분의 인산 흡수가 억제된다.
⑤ 황화수소에 의한 근부현상 유발로 양분흡수 장해 및 지상부 생육정지 및 고사피해가 크다.
⑥ 습해발생 시 토양전염병 발생 및 전파가 많아진다.

3. 마늘의 무병주 생산에 적합한 조직배양법은?

① 줄기배양
② 화분배양
③ 엽병배양
④ 생장점배양

정답 및 해설 ④

조직배양법 중 생장점배양

조직배양법 중 생장점배양은 경정조직배양이라고도 하며 기내에서 배양하면 정단분열조직(생장점)의 세포분열(증식)속도가 바이러스병원체의 분열(증식)속도보다 빨라 100% 바이러스 무병주 종묘를 대량생산하여 번식에 이용할 수 있는 장점이 있다.

4. 결핍 시 잎에서 황화 현상을 일으키는 원소가 아닌 것은?

① 질소
② 인
③ 철
④ 마그네슘

정답 및 해설 ②

황화 현상

황화현상이란 녹색을 나타낸 작물체가 여러 가지 원인에 의하여 황색으로 변하는 현상을 말하며 특히 무기원소의 결핍에 의하여 엽록소 구성 및 생성에 영향을 주어 일어나기도 한다. 엽록소의 구성 다량원소 탄소, 수소, 산소, 질소, 마그네슘 및 미량원소로 엽록소 구성원소는 아니지만 엽록소 형성에 관여하는 철 등 무기원소 결핍으로 보고 있다.

5. 원예작물에 피해를 주는 흡즙성 곤충이 아닌 것은?

① 진딧물
② 온실가루이
③ 점박이응애
④ 콩풍뎅이

정답 및 해설 ④

원예작물의 흡즙성 해충

잎이나 줄기에서 즙액을 빨아먹어 1차적 피해로 말라죽게 하거나 2차적으로 병해 및 생육장해를 일으키는 진딧물류, 응애류, 노린재류, 깍지벌레류, 온실가루이 등이 있다.

6. 원예작물의 증산속도를 높이는 환경조건은?

① 미세 풍속의 증가
② 낮은 광량
③ 높은 상대습도
④ 낮은 지상부 온도

정답 및 해설 ①

증산작용에 영향을 미치는 요인

증산작용에 영향을 미치는 요인들로서는 광(일사량), 습도, 온도, 공기의 유속을 들 수 있다. 높은 일사량 및 건조하고 온도가 높을수록 그리고 공기의 움직임이 많을수록 촉진되며 표피에 상처를 입었거나 절단된 경우에는 그 부위를 통해서 수분손실이 많아진다.

7. 딸기의 고설재배에 관한 설명으로 옳지 않은 것은?

① 토경재배에 비해 관리작업의 편리성이 높다.
② 토경재배에 비해 설치비가 저렴하다.
③ 점적 또는 NFT 방식의 관수법을 적용한다.
④ 재배 베드를 허리높이까지 높여 재배하는 방식을 사용한다.

정답 및 해설 ②

딸기의 고설재배

딸기의 고설재배는 토경재배보다 재배 베드를 허리높이까지 높여 재배하는 방식을 사용하므로 토경재배에 비해 관리작업의 편리성이 높고, 점적 또는 NFT 방식의 관수법을 적용하는 등 토경재배에 비해 설치비용이 많이 든다.

8. 배추과에 속하지 않는 원예작물은?

① 케일
② 배추
③ 무
④ 비트

정답 및 해설 ④

원예작물의 식물학적 분류

원예작물의 식물학적 분류는 자연분류법으로 식물자체 꽃, 종자, 과실, 잎 등의 특징을 기초로 식물의 유전적 조성의 유사한 정도를 분석하여 과, 종, 변종으로 분류하는 방법이다.

배추과(십자화과) 작물의 특징은 특히, 화기구조가 열십자(+)모양을 갖추고 있는 식물체로 배추, 무, 양배추, 갓, 청경채, 유채, 브로콜리, 콜리플라워, 케일 등이 있다. 비트는 명아주과에 속하는 원예작물이다.

9. 일년초 화훼류는?

① 칼랑코에, 매발톱꽃
② 제라늄, 맨드라미
③ 맨드라미, 봉선화
④ 포인세티아, 칼랑코에

정답 및 해설 ③

원예작물의 생존연한에 따른 분류

구분		화훼류 종류
1년초 (한해살이 화초)	춘파 1년초 (봄파종)	코스모스, 해바라기, 맨드라미, 천일홍, 분꽃, 나팔꽃, 매리골드, 한련화, 채송화, 루드베키아, 샐비어, 백일홍, 봉선화, 일일초 등
	추파1년초 (가을파종)	과꽃, 주머니꽃, 금잔화, 패랭이꽃, 데이지, 안개꽃, 물망초, 양귀비, 프리뮬러, 스위트피, 비베나, 팬지, 스토크, 패랭이꽃, 금어초 등
2년초 (두해살이 화초)		석죽, 종꽃, 접시꽃 등
숙근초 (여러해살이 화초)	노지숙근초	구절초, 옥잠화, 비비추, 원추리, 국화, 꽃창포, 작약, 매발톱꽃, 금낭화, 접시꽃, 루드베키아, 유카, 용담, 복수초, 꽃잔디, 부용, 숙근아이리스, 등

	반노지숙근초	국화, 카네이션 등
	온실숙근초	군자란, 제라늄, 극락조화, 아스파라거스, 베고니아, 칼랑코에, 거베라, 안스리움, 숙근안개초, 꽃베고니아, 스타티스, 아나나스 등
구근류 (알뿌리 화초)	춘식	칸나(근경), 다알리아(괴근), 글라디올러스(구경), 수련(근경), 아마릴리스(인경), 칼라디움(괴경) 등
	추식	구근아이리스(근경), 튤립(인경), 나리(인경), 수선화(인경), 작약(괴근), 프리지어(구경), 라넌큘러스(괴근), 크로커스(구경), 무스카리 등
	온실	아마릴리스, 칼라, 시클라멘(괴경), 라넌큘러스, 프레지아, 히아신스(인경), 아네모네(괴경), 글록시니아(괴경), 구근베고니아(괴경) 등
관엽 식물	초본	베고니아, 칼라디움, 필로덴드론, 몬스테라, 디펜바카아, 군자란, 스킨답서스, 싱고니움, 산세베리아, 식충식물군 등
	목본	고무나무류(벤자민고무나무, 인도고무나무 등), 야자류(아레카야자, 켄디아야자, 관음죽 등), 천남성과(스킨답스, 디펜바키아, 아글라오네마 등)
		기타류(쉐플레라, 파키라, 헤데라, 팔손이나무, 포인세티아, 소철, 드라세나, 크로톤 등)
다육 식물	선인장	비모란선인장, 게발선인장, 기둥선인장, 새우선인장, 공작선인장, 흑선인장, 부채선인장 등
	다육 식물	칼랑코에, 알로에, 꽃기린, 산세베리아, 유카, 가스테리아, 용설란, 에케베리아 등
난과 식물	동양란	춘란, 한란, 보세란, 소심란, 석곡, 새우난초, 풍란, 타래난초 등
	서양란	신비디움, 카틀레야, 펠레놉시스, 덴드로비움, 덴팔레, 반다 등
	지생란	동양란류(새우난, 춘란 등), 심비디움, 타래난초, 제비난초 등
	착생란	서양란류(덴드로비움, 반다 등), 동양란류(풍란, 석곡, 나도풍란 등), 기타(팔레놉시스, 카틀레야 등)

10. A농산물품질관리사의 출하 시기 조절에 관한 조언으로 옳은 것을 모두 고른 것은?

ㄱ. 거베라는 4/5 정도 대부분 개화된 상태일 때 수확한다.
ㄴ. 스탠다드형 장미는 봉오리가 1/5 정도 개화 시 수확한다.
ㄷ. 안개꽃은 전체 소화 중 1/10 정도 개화 시 수확한다.

① ㄱ ② ㄱ, ㄴ
③ ㄴ, ㄷ ④ ㄱ, ㄴ, ㄷ

정답 및 해설 ②

화훼원예 출하(수확)시기

> ㄱ. 거베라는 4/5 정도 대부분 개화된 상태일 때 수확한다.
> ㄴ. 스탠다드형 장미는 봉오리가 1/5 정도 개화 시 수확한다.
> ㄷ. 안개꽃은 전체 소화 중 70~80% 정도 개화 시 수확한다.

11. 화훼류를 시설 내에서 장기간 재배한 토양에 관한 설명으로 옳지 않은 것은?

① 공극량이 적어진다.
② 특정성분의 양분이 결핍된다.
③ 염류집적 발생이 어렵다.
④ 병원성 미생물의 밀도가 높아진다.

정답 및 해설 ③

시설 내의 토양환경 특이성

화훼류를 시설 내에서 장기간 재배한 토양은

① 토양의 물리성이 나빠지므로 공극량이 적어진다.
② 같은 작물을 연작하게 되므로 특정성분의 양분이 결핍이 되기 쉬워 관리가 필요하다.
③ 토양표면 수분증발에 의해 건조해지고 모세관현상에 의해 염류집적 발생이 일어나므로 염류집적의 억제가 필요하다.
④ 연작으로 인한 병원성 미생물의 밀도가 높아 기지현상의 피해를 유발할 수 있다.

12. 절화류 보존제는?

① 에틸렌
② AVG
③ ACC
④ 에테폰

정답 및 해설 ②

절화류 보존제 아미노에톡시비닐글리신(Aminoethoxyvinlglycine : AVG)

아미노에톡시비닐글리신(Aminoethoxyvinlglycine : AVG)은 항에틸렌계열로 에틸렌 생성억제제로 사과의 후기낙과 방지에 이용되고 수확 후 선도유지와 저장성 향상에 사용되는 생장조정제이다. 또한, 1-메틸사이크론프로핀(1-methylcyclopropene : 1-MCP)은 에틸렌작용억제제로 과실의 수확 후 선도유지와 저장성 향상에 사용되는 생장조정제이다.

13. 줄기신장을 억제하여 콤팩트한 고품질 분화 생산을 위한 생장조절제는?

① B-9
② NAA
③ IAA
④ GA

정답 및 해설 ①

생장조절제

① B-9 : 식물의 줄기신장을 억제하여 국화는 변착색을 방지하고, 포인센티아는 잎의 색깔을 진하고 두껍게 하여 상부 잎을 크고 볼륨감을 높여 품질향상에 효과가 매우 크다.
② NAA : 인공합성옥신류로 개화촉진, 낙화방지, 적화 및 적과제 등의 생장조절제로 이용된다.
③ IAA : 대표적 천연옥신류로 식물의 생장점에서 생성되어 빛의 반대 및 줄기의 아랫방향으로 이동하여 줄기와 뿌리의 굴광현상, 신장촉진, 잎의 엽면생장, 과일의 부피생장 등 생장 촉진의 대표적 물질이다.
④ GA : 지베렐린은 옥신과 함께 주로 신장생장을 유도하며 줄기의 신장, 과실의 생장, 발아 촉진, 개화촉진 등을 한다.

14. 원예작물의 저온 춘화에 관한 설명으로 옳지 않은 것은?

① 저온에 의해 개화가 촉진되는 현상을 말한다.
② 녹색 식물체 춘화형은 일정기간 동안 생육한 후부터 저온에 감응한다.
③ 춘화에 필요한 온도는 -15 ~ -10℃ 사이이다.
④ 생육중인 식물의 저온에 감응하는 부위는 생장점이다.

정답 및 해설 ③

저온춘화 : 춘화에 필요한 온도는 일반적으로 0℃ ~ 10℃ 사이가 가장 유효하다.

15. 양액재배에서 고형배지 없이 양액을 일정 수위에 맞춰 흘려보내는 재배법은?

① 매트재배
② 박막수경
③ 분무경
④ 저면관수

정답 및 해설 ②

박막수경

담액수경이 갖고 있는 근권에의 산소공급 문제를 해결하고자 개발된 박막수경은 재배상 표면에 양액을 조금씩 흘러 내리도록하고 그 위에 뿌리의 일부만이 닿게 하여 재배하는 환류식 방법으로 NFT(nutrient film technique)수경이라 한다.

16. 다음 농산물품질관리사(A~C)의 조언으로 옳은 것만을 모두 고른 것은?

A: '디펜바키아'는 음지식물이니 광이 많지 않은 곳에 재배하는 것이 좋아요.
B: 그렇군요, 그럼 '고무나무'도 음지식물이니 동일 조건에서 관리되어야겠군요.
C: 양지식물인 '드라세나'는 광이 많이 들어오는 곳이 적정 재배지가 되겠네요.

① B
② A, B
③ A, C
④ A, B, C

정답 및 해설 ②

'드라세나'
반양지, 반그늘 식물로 햇볕에 구애받지 않고 빛이 부족한 곳, 반그늘에서도 잘 자라기 때문에 실내 식물로서도 안성맞춤이다. 다만, 빛이 많이 부족하면 목대가 굴절이 생기고 웃자랄 수 있다.

17. 과수의 꽃눈분화 촉진을 위한 재배방법으로 옳지 않은 것은?

① 질소시비량을 늘린다.
② 환상박피를 실시한다.
③ 가지를 수평으로 유인한다.
④ 열매솎기로 착과량을 줄인다.

정답 및 해설 ①

과수의 꽃눈분화 촉진
① 작물체내의 탄수화물과 질소의 비율 즉, C/N율을 높이면 꽃눈분화가 촉진되므로 생육의 일정시기에 수분공급과 질소시비량을 줄여준다.
② 줄기의 일부분을 둥글게 환상박피를 실시하여 유관속의 일부인 체관을 제거하면 동화물질의 전류가 억제되어 환상박피 윗부분에 있는 눈에 탄수화물이 축적되고 조장 되어 C/N율이 높아지므로 꽃눈분화가 촉진된다.
③ 가지치기를 실시하여 필요 없거나 밀생한 가지 등을 제거하고 가지를 수평으로 유인하면 수광량

이 높아져 광합성량이 증대 되고 눈에 탄수화물이 축적되고 조장 되어 C/N율이 높아지므로 꽃눈 분화가 촉진된다.

④ 조기에 열매솎기를 실시하여 착과량을 줄이면 과도한 영양손실을 방지할 수 있고, 또한 다음해에 충실한 꽃눈이 분화되어 해거리(격년결과)를 방지할 수 있다.

18. 수확기 후지 사과의 착색 증진에 효과적인 방법만을 모두 고른 것은?

> ㄱ. 과실 주변의 잎을 따준다.
> ㄴ. 수관 하부에 반사필름을 깔아 준다.
> ㄷ. 주야간 온도차를 줄인다.
> ㄹ. 지베렐린을 처리해 준다.

① ㄱ, ㄴ
② ㄱ, ㄹ
③ ㄴ, ㄷ
④ ㄷ, ㄹ

정답 및 해설 ①

후지 사과의 착색 증진 방법

사과의 착색촉진을 위하여 과실의 주변에 잎을 따주고, 수관하부에 반사필름을 깔아주는 등 적정관리 작업을 실시하면 수광량이 많아지고, 주야간 온도차가 큰 변온조건과, 단일조건에서 에틸렌생성 및 함량이 증가하고, 따라서 사과착색촉진 물질인 카로티노이드계 안토시안 생성 및 함량의 증가에 의해서 이루어진다.

> ㄱ. 과실 주변의 잎을 따준다.
> ㄴ. 수관 하부에 반사필름을 깔아 준다.
> ㄷ. 주야간 온도차를 늘인다.
> ㄹ. 에틸렌을 처리해 준다.

19. ( ) 에 들어갈 내용으로 옳은 것은?

> 사과나무에서 접목 시 주간의 목질부에 홈이 생기는 증상이 나타나는 (ㄱ)의 원인은 (ㄴ)이다.

① ㄱ: 고무병, ㄴ: 바이러스
② ㄱ: 고무병, ㄴ: 박테리아
③ ㄱ: 고접병, ㄴ: 바이러스
④ ㄱ: 고접병, ㄴ: 박테리아

정답 및 해설 ③

사과나무 고접병

사과나무에서 접수(楼穗)가 바이러스에 감염되어 있으면 발병하며, 고접(高接) 후 그해 가을부터 병징이 나타나기 시작한다. 1~2년 내에 나무가 쇠약해지면서 갈변현상 및 목질천공(木質穿孔)현상 즉, 주간의 목질부에 홈이 생기는 증상이 나타난다.

> 사과나무에서 접목 시 주간의 목질부에 홈이 생기는 증상이 나타나는 (ㄱ 고접병)의 원인은 (ㄴ 바이러스)이다.

20. ( )에 들어갈 내용으로 옳은 것은?

> 배는 씨방 하위로 씨방과 더불어 (ㄱ)이/가 유합하여 과실로 발달하는데 이러한 과실을 (ㄴ)라고 한다.

① ㄱ: 꽃받침, ㄴ: 진과
② ㄱ: 꽃받기, ㄴ: 진과
③ ㄱ: 꽃받기, ㄴ: 위과
④ ㄱ: 꽃받침, ㄴ: 위과

정답 및 해설 ③

위과(헛열매)

ㄱ: 꽃받기 ㄴ: 위과

※ 자방(씨방)조직은 성숙하여 주변조직과 함께 과실(열매)로 발달한다. 일반적으로 자방(씨방)벽은 과피(果皮; pericarp)로 발달하여 그 안에 있는 종자를 보호한다. 과피는 외과피, 중과피, 내과피로 구분된다. 진과(참열매)는 자방(씨방)조직만으로 된 열매이고, 위과(헛열매)는 자방(씨방)과 주변의 부속조직이 과실비대에 참여한다. 위과(헛열매)의 예로서 사과는 화통이 비대한 것이고, 딸기는 화탁(꽃받기)이 발달한 것이다. 진과(참열매)의 종류는 복숭아, 자두, 포도, 감, 고추, 토마토 등이 있고, 위과(헛열매) 종류는 사과, 배, 오이, 호박, 참외, 딸기 등이 있다.

21. 과수에서 삽목 시 삽수에 처리하면 발근 촉진 효과가 있는 생장조절물질은?

① IBA
② GA
③ ABA
④ AOA

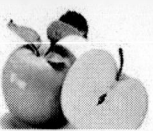

정답 및 해설 ①

IBA(아이비에이분제 ; indole-butyric acid)

과수류 및 화훼류(국화, 카네이션, 하와이무궁화) 등 삽목(꺾꽂이)할 때 삽수에 처리하여 발근 촉진 효과가 있는 생장조절물질이다.

22. 월동하는 동안 저온요구도가 700시간인 지역에서 배와 참다래를 재배할 경우 봄에 꽃눈의 맹아 상태는? (단, 저온요구도는 저온요구를 충족시키는 데 필요한 7℃ 이하의 시간을 기준으로 함)

① 배 – 양호, 참다래 – 양호
② 배 – 양호, 참다래 – 불량
③ 배 – 불량, 참다래 – 양호
④ 배 – 불량, 참다래 – 불량

정답 및 해설 ③

온대과수류의 눈의 휴면타파(휴면각성) 위한 저온요구도

배나무의 눈의 휴면타파를 위해서는 7.2℃ 이하의 저온에서 1,300~1,500시간이 요구된다. 참다래는 휴면기에 7℃ 이하의 저온에서 300~600시간이 요구된다.

[휴면타파에 요구되는 저온처리시간(7℃ 이하의 적산시간)]

작물	저온요구시간	봄에 꽃눈의 맹아상태 (기준 저온요구도가 700시간 지역)
배	1,300 ~ 1,500 시간	불량
참다래	300~600시간	양호

※ 온대과수류의 눈도 저온을 경과 해야만 휴면이 타파된다. 이들이 겨울에 적당히 추운지역에서만 재배가 가능하고, 아열대 및 열대 지방에서는 우리나라과수 품종이 재배가 어려운 이유이다. 배나무의 눈의 휴면타파를 위해서는 7.2℃이하의 저온에서 1,300~1,500시간이 요구된다. 참다래는 휴면기에 7℃이하의 저온이 300~600시간이 요구된다.

온대과수는 비교적 사계절의 변화가 있는 지역으로 연평균기온이 8~12℃ 이고 하반기 비가 적은 지역에서 재배하는 과수로 북부온대과수로서 사과, 양앵두, 서양배가 해당되고 11~16℃의 중부온대과수는 감, 밤, 동양배, 포도, 호두, 대추, 핵과류(복숭아, 자두, 살구, 매실 등) 등이 분포하며 15~17℃의 남부온대에는 상록과수 감귤, 유자, 비파가 분포한다.

참다래 재배적지는 연평균기온이 15℃정도 되는 곳으로서 서리피해가 적고 특히 첫서리가 빨리 내리는 지역에서는 재배하기 어렵다.

23. 사과 고두병과 코르크스폿(cork spot)의 원인은?

① 칼륨 과다　　　　② 망간 과다
③ 칼슘 부족　　　　④ 마그네슘 부족

정답 및 해설 ③

칼슘부족에 의한 장해

칼슘부족의 대표적 장해로는 토마토의 배꼽썩음병(blossom-end rot), 사과의 고두병(bitter pit), 양배추의 흑심병(blackheart), 배의 콜크스폿(cork spot) 등이 있다.

[과실과 채소에서 칼슘과 관련된 장해]

작물	장해
사과	• 사과의 고두병(bitter pit), lenticel blotch, 사과의 콜크스폿(cork spot) • 과점붕괴(lenticel breakdown), 균열(cracking) • 저온성 붕괴(low temperature breakdown), 내부 조직 붕괴(internal breakdown), 노화성 붕괴(senescent breakdown), jonathan spot, 밀병(water core)
토마토	• 토마토의 배꼽썩음병(blossom-end rot), blastseed, 균열(cracking)
양배추	• 양배추의 흑심병(blackheart), internal tipburn
배	• 배의 콜크스폿(cork spot)
아보카도	• end spot
콩	• 엽병황화병(hypocotyl necrosis)
배추	• internal tipburn
당근	• cavity spot, 균열(cracking)
셀러리	• 균열(cracking)
상추	• 잎끝마름병(tipburn)
고추	• 토마토의 배꼽썩음병(blossom-end rot)
수박	• 토마토의 배꼽썩음병(blossom-end rot)

24. 식물학적 분류에서 같은 과(科)의 원예작물로 짝지어지지 않은 것은?

① 상추 – 국화　　　　② 고추 – 감자
③ 자두 – 딸기　　　　④ 마늘 – 생강

정답 및 해설 ④

식물학적 분류 : 백합과(마늘) – 생강과(생강)

① 국화과 : 상추 – 국화, 우엉, 쑥갓, 참취, 데이지, 금잔화, 과꽃, 구절초, 코스모스, 달리아, 거베라, 해바라기, 백일홍 등

② 가지과 : 고추 - 감자, 토마토, 가지, 피튜니어 등

③ 장미과 : 자두 - 딸기, 모과, 사과, 복숭아, 배, 복분자딸기, 산딸기, 산사나무, 매화(매실), 벚나무, 피라칸다, 장미, 찔레꽃, 해당화 등

④ 백합과 : 마늘 - 양파, 파, 아스파라거스, 알로에, 원추리, 옥잠화, 히아신스, 맥문동, 튤립 등

⑤ 생강과 : 생강 - 양하

25. 유충이 과실을 파고들어가 피해를 주는 해충은?

① 복숭심식나방 ② 깍지벌레
③ 굴응애 ④ 뿌리혹선충

정답 및 해설 ①

복숭아심식나방

① 복숭아심식나방 : 사과, 배, 복숭아, 대추, 자두, 모과 등의 과실 내부에 애벌레가 뚫고 들어가 가해하여 피해를 준다.

② 깍지벌레 : 주로 가지에 붙어 식물의 즙액을 빨아 먹으며, 무리지어 생활하여 식물은 점점 쇠약해지고 심하면 고사한다. 2차적으로 그을음병이나 고약병 등을 유발하기도 한다.

③ 굴응애 : 성충과 약충이 잎 양면에서 수액을 빨아 먹어 엽록소가 파괴되면서 황화 현상이 나타난다.

④ 뿌리혹선충 : 연작재배지에서 많이 나타나며 주로 지하부 뿌리를 가해하며 혹을 형성하는 것이 특징이다. 또한, 뿌리에 상처를 내어 토양전염성 병원균의 침입을 도와 2차적인 피해를 주기도 한다.

부록 - 제 19회 기출문제

1. 원예작물별 주요 기능성 물질의 연결이 옳지 않은 것은?

① 상추 - 시니그린(sinigrin)   ② 고추 - 캡사이신(capsaicin)
③ 마늘 - 알리인(alliin)   ④ 포도 - 레스베라트롤(resveratrol)

정답 및 해설 ①

상추 : 락투시린

시니그린 (sinigrin) : 갓이나 고추냉이에 함유되어 있는 매운맛 성분.

레스베라트롤(resveratrol) : 식물에서 발견되는 항산화물질인 폴리페놀(polyphenol) 계열에 속하는 물질로 포도, 오디, 땅콩 등에 들어있으며, 특히 적포도주에 다량 함유되어 있다.

2. 국내 육성 품종을 모두 고른 것은?

ㄱ. 백마(국화)	ㄴ. 샤인머스캣(포도)
ㄷ. 부유(단감)	ㄹ. 매향(딸기)

① ㄱ, ㄴ   ② ㄱ, ㄹ
③ ㄴ, ㄷ   ④ ㄷ, ㄹ

정답 및 해설 ②

샤인머스캣 : 일본에서 만든 청포도 종

부유 : 일본 기후현이 원산지

매향 : 1997년 논산딸기시험장에서 도치노미네 품종과 아키히메 품종을 교배하여 얻은 품종.
백마(국화) : 2004년 농촌진흥청에서 개발

3. 과(科, family)명과 원예작물의 연결이 옳은 것은?

① 가지과 - 고추, 감자   ② 국화과 - 당근, 미나리

③ 생강과 – 양파, 마늘   ④ 장미과 – 석류, 무화과

정답 및 해설 ①

당근, 미나리 : 미나리과

양파, 마늘 : 백합과

석류 : 석류나무과

무화과 : 뽕나무과

가지과 : 감자·토마토·고추·담배

4. 채소 수경재배에 관한 설명으로 옳지 않은 것은?

① 청정재배가 가능하다.
② 재배관리의 자동화와 생력화가 쉽다.
③ 연작장해가 발생하기 쉽다.
④ 생육이 빠르고 균일하다.

정답 및 해설 ③

수경재배 : 식물을 물에서 키우는 방법이다. 일반적으로는 땅에 뿌리를 내리는 식물을 물에서 키우는 것을 수경재배라고 칭하며, 양액재배라고 부르기도 한다. 연작장해가 없다.

5. 채소의 육묘재배에 관한 설명으로 옳지 않은 것은?

① 조기 수확이 가능하다.
② 본밭의 토지이용률을 증가시킬 수 있다.
③ 직파에 비해 발아율이 향상된다.
④ 유묘기의 병해충 관리가 어렵다.

정답 및 해설 ④

육묘재배 : 종자를 직파하지 않고 육묘해서 본 포에 정식하는 재배형태

6. 양파의 인경비대를 촉진하는 재배환경 조건은?

① 저온, 다습
② 저온, 건조
③ 고온, 장일
④ 고온, 단일

정답 및 해설 ③

여름의 고온과 장일에서 엽초 밑부분이 비대해진다.

7. 토양의 염류집적에 관한 대책으로 옳지 않은 것은?

① 유기물을 시용한다.
② 객토를 한다.
③ 시설로 강우를 차단한다.
④ 흡비작물을 재배한다.

정답 및 해설 ③

염류집적(鹽類集積)은 강우가 적고 증발량이 많은 건조·반건조 지대에서는 토양 상층에서 하층으로의 세탈작용이 적고, 증발에 의한 염류의 상승량이 많아 표층에 염류가 집적하는 현상이다. 적절한 수분이 토양을 통해 흐르도록 할 경우 염류집적을 막을 수 있다.

8. 우리나라에서 이용되는 해충별 천적의 연결이 옳은 것은?

① 총채벌레 - 굴파리좀벌
② 온실가루이 - 칠레이리응애
③ 점박이응애 - 애꽃노린재류
④ 진딧물 - 콜레마니진디벌

정답 및 해설 ④

① 총채벌레 - 마일즈응애, 애꽃노린재
② 온실가루이 - 온실가루이좀벌
③ 점박이응애 - 칠레이리응애
● 굴파리의 천적 : 굴파리좀벌

9. 장미 블라인드의 원인을 모두 고른 것은?

| 원예작물학 |

> ㄱ. 일조량 부족　　　　　　ㄴ. 일조량 과다
> ㄷ. 낮은 야간온도　　　　　ㄹ. 높은 야간온도

① ㄱ, ㄷ
② ㄱ, ㄹ
③ ㄴ, ㄷ
④ ㄴ, ㄹ

정답 및 해설 ①

블라인드 : 꽃눈 분화는 모든 가지에서 일어나지만, 발육이 불량하면 분화된 꽃눈이 꽃으로 발육하지 못하고 퇴화해버린다. 이 같은 현상을 블라인드(Blind)라 부른다. 환경적 요인으로는 빛 에너지의 부족과 저온조건이 블라인드의 발생에 깊이 관여한다.

10. 해충의 피해에 관한 설명으로 옳지 않은 것은?

① 총채벌레는 즙액을 빨아 먹는다.
② 진딧물은 바이러스를 옮긴다.
③ 온실가루이는 배설물로 그을음병을 유발한다.
④ 가루깍지벌레는 뿌리를 가해한다.

정답 및 해설 ④

가루깍지벌레는 거친 껍질 밑에서 알덩어리로 월동하며 4월 하순경 발생하기 시작하여 7월 상순, 8월 하순에 걸쳐 연 3회 발생한다. 포도의 잎, 가지 과실을 흡즙해 큰 피해를 주며 일반 깍지벌레와는 달리 깍지가 없고 자유롭게 이동한다.

피해양상은 배설물에 의해 그을음병이 심하게 나타나며 포도송이 속에 발생하게 되면 분비물에 의해 상품가치가 현저히 떨어지는 등 피해가 커 적기에 방제해야 한다.

11. 화훼작물의 양액재배 시 양액조성을 위해 고려해야 할 사항이 아닌 것은?

① 전기전도도(EC)　　　　　② 이산화탄소 농도
③ 산도(pH)　　　　　　　　④ 용존산소 농도

정답 및 해설 ②

양액재배시 양액조성 고려사항은 EC, pH, 용존산소 농도 외에 각종 무기물질이 있지만, 이산화탄소농도는 기체로서 고려사항이 아니다.

12. 화훼작물의 저온 춘화에 관한 설명으로 옳지 않은 것은?

① 저온에 의해 화아분화와 개화가 촉진되는 현상이다.
② 종자 춘화형은 일정기간 동안 생육한 후부터 저온에 감응한다.
③ 녹색 식물체 춘화형에는 꽃양배추, 구근류 등이 있다.
④ 탈춘화는 춘화처리의 자극이 고온으로 인해 소멸되는 현상을 말한다.

정답 및 해설 ②

저온춘화 : 식물체가 일정 기간 동안 저온을 거쳐야만 꽃눈이 분화되거나 개화가 일어나는 현상.
　　　　　종자춘화형: 최아 종자의 시기에 저온에 감응해 개화하는 식물(추파맥류, 완두, 잠두, 무, 배추)
녹식물춘화형: 어느 정도 자란 유묘의 시기에 저온에 감응해 개화(양배추, 양파, 파, 당근 등)
탈춘화(이춘화) : 식물이 춘화 처리를 받고 난 후 고온(高溫) 처리를 겪으면 춘화 현상이 소멸하는 현상.

13. 분화류의 신장을 억제하여 콤팩트한 모양으로 상품성을 향상시킬 수 있는 생장조절제는?

① 2,4-D
② IBA
③ IAA
④ B-9

정답 및 해설 ④

2,4-D : 제초제 기능을 하는 합성옥신
B-9 : 신장억제 및 왜화작용
IAA, IBA : 세포의 신장촉진제인 천연옥신

14. 다음이 설명하는 재배법은?

> ○ 주요 재배품목은 딸기이다.
> ○ 점적 또는 NFT 방식의 관수법을 적용한다.
> ○ 재배 베드를 허리높이까지 높여 토경재배에 비해 작업의 편리성이 높다.
>
> ① 매트재배 ② 네트재배
> ③ 아칭재배 ④ 고설재배

정답 및 해설 ④

고설재배 : 재배시설을 높이 하여 수확이 편리하도록 한 재배방식

15. 부(-)의 DIF에서 초장 생장의 억제효과가 가장 큰 원예작물은?

① 튤립 ② 국화
③ 수선화 ④ 히야신스

정답 및 해설 ②

DIF(Difference) : 주야간 온도차
　　　　　　　　 짧은 초장유도-〉부(-)의 DIF처리 필요
DIF차에 둔감: 히야신스

16. 조직배양을 통한 무병주 생산이 산업화된 원예작물을 모두 고른 것은?

> ㄱ. 감자   ㄴ. 참외   ㄷ. 딸기   ㄹ. 상추

① ㄱ, ㄴ ② ㄱ, ㄷ
③ ㄴ, ㄷ ④ ㄷ, ㄹ

정답 및 해설 ②

무병주 생산 : 병에 걸리지 않은 건전한 식물체. 생장점 배양으로 얻을 수 있는 영양 번식체로서, 조직 특히 도관 내에 있던 바이러스 따위의 병원체가 제거된 것이다. 감자, 고구마, 씨마늘, 딸기 등에 이용된다.

17. 다음이 설명하는 병은?

○ 주로 5~7월경에 발생한다.
○ 사과나 배에 많은 피해를 준다.
○ 피해 조직이 검게 변하고 서서히 말라 죽는다.
○ 세균(E rwinia amylovora)에 의해 발생한다.

① 궤양병
② 흑성병
③ 화상병
④ 축과병

정답 및 해설 ③

화상병 : 세균에 의해 사과나 배나무의 잎·줄기·꽃·열매 등이 마치 불에 타 화상을 입은 듯한 증세를 보이다가 고사하는 병을 말한다.

18. 그 해 자란 새가지에 과실이 달리는 과수는?

① 사과
② 배
③ 포도
④ 복숭아

정답 및 해설 ③

감, 포도는 2년생 가지에서 발생하는 1년생 가지에서 결실 한다. 1년생 가지에서 결실하는 것은 맞지만, 그 앞에 2년생 가지에서 발생하는 1년생 가지라는 사실.

복숭아, 자두, 매실, 살구, 앵두 : 2년생 가지

모과, 사과, 배 : 3년생 가지

19. 과수별 실생대목의 연결이 옳지 않은 것은?

① 사과 - 야광나무
② 배 - 아그배나무
③ 감 - 고욤나무
④ 감귤 - 탱자나무

정답 및 해설 ②

배 : 일본배 또는 돌배

20. 꽃받기가 발달하여 과육이 되고 씨방은 과심이 되는 과실은?

① 사과 ② 복숭아
③ 포도 ④ 단감

정답 및 해설 ①

위과(僞果)·부과(副果)·가과(假果)라고도 한다.

꽃받기 발육 : 양딸기, 석류 등

꽃자루 발육 : 파인애플, 무화과 등

꽃받기와 꽃받침이 함께 발육한 것 : 배, 사과 등

21. 과수에서 꽃눈분화나 과실발육을 촉진시킬 목적으로 실시하는 작업이 아닌 것은?

① 하기전정 ② 환상박피
③ 순지르기 ④ 강전정

정답 및 해설 ④

강전정 : 줄기를 많이 잘라내어 새눈이나 새가지의 발생을 촉진시키는 전정법.

환상박피 : 과수 등에서 원줄기의 수피(樹皮)를 인피(靭皮) 부위에 달하는 깊이까지 나비 6mm 정도로 고리 모양으로 벗겨내는 일.

22. 과수원 토양의 입단화 촉진 효과가 있는 재배방법이 아닌 것은?

① 석회 시비 ② 유기물 시비
③ 반사필름 피복 ④ 녹비작물 재배

정답 및 해설 ③

토양 입단화 : 여러개의 토양입자들이 모여서 큰 덩어리로 이루는 작용을 말하며 입단화에는 적토, 유기물, 칼슘, 철 등이 입자들을 강하게 연결시키고 있음.

반사필름 피복은 과수결실과 관련된 것으로 입단화와는 관련이 없고, 더더욱 입단화를 방해한다.

23. 과수 재배 시 늦서리 피해 경감 대책에 관한 설명으로 옳지 않은 것은?

① 상로(霜路)가 되는 경사면 재배를 피한다.
② 산으로 둘러싸인 분지에서 재배한다.
③ 스프링클러를 이용하여 수상 살수를 실시한다.
④ 송풍법으로 과수원 공기를 순환시켜 준다.

정답 및 해설 ②

산으로 둘러싸인 분지는 늦서리 피해에 약하다.

24. 엽록소의 구성성분으로 부족할 경우 잎의 황백화 원인이 되는 필수원소는?

① 철
② 칼슘
③ 붕소
④ 마그네슘

정답 및 해설 ④

마그네슘은 엽록소의 구성원소이며 결핍시 황백화현상이 일어나고 줄기나 뿌리의 생장점 발육이 저해된다.

25. 경사지 과수원과 비교하였을 때 평탄지 과수원의 장점이 아닌 것은?

① 배수가 양호하다.
② 토양 침식이 적다.
③ 기계작업이 편리하다.
④ 토지 이용률이 높다.

정답 및 해설 ①

경사지의 과수원은 높이의 고저차를 따라 배수가 자연스럽게 이루어지지만 평탄지 과수원은 배수길을 만들어 주어야 한다.

제 20회 기출문제

1. 식물학적 분류로 같은 과(科, family)가 아닌 것은?

① 시금치　　② 피트　　③ 당근　　④ 근대

정답 및 해설 ③

2. 원예작물과 주요 기능성 물질의 연결이 옳지 않은 것은?

| ㄱ. 포도 - 레스베라트롤 | ㄴ. 토마토 - 락투신 |
| ㄷ. 양배추 - 엘라그산 | ㄹ. 양파 - 퀘르세틴 |

① ㄱ, ㄷ　　② ㄱ, ㄹ　　③ ㄴ, ㄷ　　④ ㄴ, ㄹ

정답 및 해설 ③

3. 채소작물에서 화아형성 이후의 추대(bolting)를 촉진시키는 요인은?

① 저온 - 단일 - 약광　　② 저온 - 장일 - 강광
③ 고온 - 단일 - 약광　　④ 고온 - 장일 - 강광

정답 및 해설 ④

4. 장명종자가 아닌 것은

① 양파　　② 오이　　③ 호박　　④ 가지

정답 및 해설 ①

5. 호광성 종자의 발아촉진 관련 물질은?

① 플로리진   ② 피토크롬   ③ 옥신   ④ 쿠마린

정답 및 해설 ②

6. 농산물품질관리사가 딸기 재배 농가에게 우량묘 확보 방법으로 조언할 수 있는 것은?

① 종자번식   ② 포복경 번식   ③ 분구   ④ 접목

정답 및 해설 ②

7. 딸기의 '기형과' 발생 억제를 위한 재배농가의 관리방법은?

① 복토   ② 도복방식   ③ 순자르기   ④ 꿀벌 방사

정답 및 해설 ④

8. 광환경 개선을 통해 광합성 효율을 높이는 절화장미 재배법은?

① 아칭재배   ② 홈통재배   ③ 네트재배   ④ 지주재배

정답 및 해설 ①

9. 영양번식에 관한 설명으로 옳은 것은 모두 고른 것은?

> ㄱ. 금잔화는 취목으로 번식한다.　　ㄴ. 산세베리아는 삽목으로 번식한다.
> ㄷ. 백합은 자구나 주아로 번식한다.　　ㄹ. 작약은 접목으로 번식한다.

① ㄱ, ㄷ　　　② ㄱ, ㄹ　　　③ ㄴ, ㄷ　　　④ ㄴ, ㄹ

정답 및 해설 ③

10. 식물공장에 관한 설명으로 옳지 않은 것은?

① 재배 품목의 선택폭이 넓다.　　② 연작장해 발생이 적다.
③ 생력화가 가능하다.　　④ 생산시기를 조절할 수 있다.

정답 및 해설 ①

11. 화훼류의 잎, 줄기 등의 즙액을 빨아 먹는 해충이 아닌 것은?

① 파밤나방　　② 진딧물　　③ 응애　　④ 깍지벌레

정답 및 해설 ①

12. 절화류 취급방법에 관한 설명으로 옳지 않은 것은?

① 금어초는 세워서 수송하여 화서 선단부가 휘어지는 현상을 예방한다.
② 안스리움은 2℃ 이하의 저온저장을 통해 수명을 연장시킨다.
③ 카네이션은 줄기 끝을 비스듬히 잘라 물의 흡수를 증가시킨다.
④ 장미는 저온 습식수송으로 꽃목굽음을 방지할 수 있다.

정답 및 해설 ②

13. 가을에 전조처리(night break)를 할 경우 나타나는 현상으로 옳은 것을 모두 고른 것은?

> ㄱ. 포인세티아는 개화가 억제된다.　　ㄴ. 칼랑코에는 개화가 촉진된다.
> ㄷ. 국화는 개화가 촉진된다.　　　　　ㄹ. 게발선인장은 개화가 억재된다.

① ㄱ, ㄷ　　　② ㄱ, ㄹ　　　③ ㄴ, ㄷ　　　④ ㄴ, ㄹ

정답 및 해설 ②

14. 화훼류에 관한 설명으로 옳지 않은 것은?

① 장미의 블라인드 현상은 일조량이 부족하면 발생한다.
② 국화의 로제트는 가을에 15℃ 이하의 저온에서 발생한다.
③ 백합의 초장은 주야간 온도차인 DIF의 연향을 받는다.
④ 프리지아의 잎은 암흑 상태로 저장하여야 황화가 억제된다.

정답 및 해설 ④

15. 화분 밑면의 배구공을 통해 물이 스며들어 화분 위로 올라가게 하는 관수방법은?

① 점적관수　　② 저면관수　　③ 미스트관수　　④ 다공튜브관수

정답 및 해설 ②

16. 일장에 관계없이 적정온도에서 생장하면 개화하는 특성을 가진 작물은?

① 장미　　② 메리골드　　③ 맨드라민　　④ 포인세티아

정답 및 해설 ①

17. 화훼 분류에서 구근류가 아닌 것을 모두 고른 것은?

> ㄱ. 몬스테라　　ㄴ. 디펜바키아　　ㄷ. 글라디올러스
> ㄹ. 히아신스　　ㅁ. 쉐플레라　　　ㅂ. 시클라멘

① ㄱ, ㄴ, ㅁ　　② ㄱ, ㄷ, ㅂ　　③ ㄴ, ㄹ, ㅁ　　④ ㄷ, ㄹ, ㅂ

정답 및 해설 ①

18. 세균에 의한 과수의 병은?

① 탄저병　　② 부란병　　③ 화상병　　④ 갈색무늬병

정답 및 해설 ③

19. 1년생 가지에 착과되는 과수가 아닌 것은?

① 포도　　② 감　　③ 사과　　④ 참다래

정답 및 해설 ③

20. 채소작물 재배 시 해충별 천적의 연결이 옳지 않은 것은?

① 총채벌레류 – 애꽃노린재　　② 진딧물류 – 콜레마니진디벌
③ 잎응애류 – 칠레이리응애　　④ 가루이류 – 어리줄풀잠자리

정답 및 해설 ④

21. 과수의 분류에서 씨방상위과이면서 교목성인 과수는?

① 사과　　　② 포도　　　③ 감귤　　　④ 블루베리

정답 및 해설 ③

22. 과수재배 시 C/N율을 높이기 위한 방법을 모두 고른 것은?

```
ㄱ. 뿌리전정              ㄴ. 열매솎기
ㄷ. 가지의 수평 유인      ㄹ. 환상박피
```

① ㄱ　　② ㄱ, ㄴ　　③ ㄴ, ㄷ, ㄹ　　④ ㄱ, ㄴ, ㄷ, ㄹ

정답 및 해설 ④

23. 국내 육성 품종이 아닌 것은 몇 개인가?

```
거봉  황금배  부유  홍로  감홍  샤인머스켓  청수  신고
```

① 2개　　② 3개　　③ 4개　　④ 5개

정답 및 해설 ③

24. 과원의 시비 관리에 관한 설명으로 옳은 것은?

① 질소가 과다하면 잎이 작아지고 담황색으로 된다.
② 인산은 산성 토양에서 철, 알루미늄과 결합하여 불용성이 되므로 결핍 증상이 나타난다.
③ 칼륨은 산성 토양을 중화시키는 토양개량제로 이용된다.
④ 붕소는 엽록소의 필수 구성 성분으로 결핍되면 엽맥 사이에 황화 현상이 나타난다.

정답 및 해설 ②

25. 과수의 번식에 관한 설명으로 옳은 것은?

① 분주는 교목성 과수에서 흔히 사용하는 번식법이다.
② 삽목에 의해 쉽게 번식되는 대표적인 과수는 포도이다.
③ 분주는 바이러스 무병묘 생산을 위한 일반적인 방법이다.
④ 삽목은 대목과 접수를 접합시키는 번식법이다.

정답 및 해설 ②

부록 — 제 21회 기출문제

1. 백합과에 속한 것을 모두 고른 것은

| ㄱ. 대파 | ㄴ. 우엉 | ㄷ. 마늘 | ㄹ. 상추 | ㅁ. 튤립 | ㅂ. 쑥갓 |

① ㄱ, ㄷ, ㅁ ② ㄱ, ㅁ, ㅂ ③ ㄴ, ㄷ, ㄹ ④ ㄴ, ㄹ, ㅂ

정답 및 해설 ①

백합과 : 마늘, 튤립, 대파
국화과 : 우엉, 쑥갓, 상추

2. 원예산물별 매운맛을 내는 성분으로 옳지 않은 것은?

① 마늘 – 알리신 ② 생강 – 진저롤 ③ 겨자 – 시니그린 ④ 부추 – 나린진

정답 및 해설 ④

나린진 : 쓴맛

3. 국내에서 육성된 품종을 모두 고른 것

| ㄱ. 홍로(사과) | ㄴ. 거봉(포도) | ㄷ. 킹스베리(딸기) |
| ㄹ. 부유(단감) | ㅁ. 백마(국화) | |

① ㄱ, ㄴ, ㄹ ② ㄱ, ㄷ, ㅁ ③ ㄴ, ㄷ, ㅁ ④ ㄷ, ㄹ, ㅁ

정답 및 해설 ②

거봉, 부유 : 일본산
홍로 : 국내에서 육성된 최초의 사과 품종으로 1988년에 최종 선발

| 원예작물학 |

킹스베리 : 논산시험장에서 2016년 육성한 딸기

백마 : 농촌진흥청에서 2004년 개발한 스텐다드형 국화

4. 염류집적이 높은 토양에 관한 설명으로 옳지 않은 것은?

① 유기물을 시용하여 개선한다.
② 인산질 비료의 효율성이 떨어진다.
③ 병원성 미생물의 밀도가 높아진다.
④ 입단화로 토양의 용탈이 가속화된다.

정답 및 해설 ④

④ 염류집적이 높아지면 토양의 입단이 파괴되어 토양의 용탈을 가속화시킨다.

염류집적

① 지표수, 지하수 및 모재 중에 함유된 염분이 강한 증발 작용 하에서 토양 모세관수의 수직과 수평 이동을 통하여 점차적으로 지표에 집적되는 과정.

② 건조 및 반 건조 기후 지대에서 많이 일어나며 시설 하우스와 같이 폐쇄된 환경 또는 과잉 시비된 토양에서 일어나기도 함.

병원성 미생물 : 질병을 일으키는 세균

토양의 입단화

① 토양의 단일 입자를 일차 입자라고 하고 이것이 다차적으로 집합되어 있는 것을 말한다. 틈

② 유기물과 석회가 많은 표층토에서 많이 보인다.

③ 대·소공극이 많아서 통기·투수가 양호하고 양수분(養水分)의 저장력이 높아서 작물생육에 알맞다.

5. 원예작물의 생육과 수분에 관한 설명으로 옳지 않은 것은?

① 토양이 과습하면 무기호흡이 증가한다.
② 수분은 공변세포의 팽압조절에 관여한다.
③ 토양수분이 부족하면 과수의 일소 발생이 낮다.
④ 감자의 역병은 다습한 토양에서 많이 발생한다.

정답 및 해설 ③

③ 토양수분이 부족하면 과수의 수분공급이 감소하여 일소(햇볕데임) 발생이 높아진다.
① 토양이 과습하면 토양 내 산소공급이 제한되므로 무기호흡이 증가한다.
② 공변세포 : 식물체 내 이산화탄소 등의 기체 출입과 증산작용을 조절하는 세포. 상황에 따라 기공의 개폐를 조절할 필요가 있는데, 그 역할을 수행하는 것이 바로 공변세포이다.
④ 감자역병(Phytophthora infestans)은 서늘한 온도(10~24도)와 다습한(상대습도 90% 이상) 조건에서 발생한다.

6. 식물학적 분류에서 과(科)와 해당 원예작물로 옳게 나열된 것은?

① 가지과 - 토마토, 고추
② 장미과 - 블루베리, 포도
③ 국화과 - 무궁화, 감자
④ 아욱과 - 상추, 브로콜리

정답 및 해설 ①

명아주과	근대, 시금치, 비트	가지과	고추, 토마토, 감자
십자화과	양배추, 배추, 무, 갓, 브로콜리	박과	수박, 오이, 참외
콩과	콩, 녹두, 팥	국화과	결구상추, 상추, 우엉
아욱과	아욱, 오크라, 무궁화	도라지과	도라지
산형화과	샐러리, 당근	장미과	사과, 나무딸기
메꽃과	고구마	진달래과	블루베리, 철쭉
백합과	마늘, 튤립, 대파	겨자과	유채

7. 원예작물의 바이러스 병해에 관한 설명으로 옳은 것은?

① 농업용 항생제인 테트라사이클린으로 방제한다.
② 복숭아나무 잎오갈병은 바이러스 병해이다.
③ 생장점 조직배양으로 바이러스 무병묘를 생산한다.
④ 바이러스 병원체는 표피를 직접 뚫고 침입한다.

정답 및 해설 ③

③ **생장점 조직배양** : 보통 식물의 줄기나 뿌리의 끝에 존재하는 생장점은 왕성한 세포분열을 통

해 새로운 조직을 만드는 부분이다. 조직배양이란 무균 상태에서 식물의 생장점을 채취하여 배지로 옮겨 완전한 식물체로 성장시키는 무병묘 생산기술이다.

① 테트라사이클린 : 세균의 단백질 합성을 억제하여 항균작용을 하는 약물
② 오갈병 : 바이러스의 침입을 받아 잎이나 줄기가 불규칙하게 오그라들어 기형이 되고 생육이 현저히 감소되어 키가 작아지는 식물병(마이코 플라즈마)으로, 벼, 보리, 무 등에 주로 발생한다. 바이러스와 세균의 중간 영역에 위치하는 미생물
④ 바이러스 : 동물, 식물, 세균 등 살아 있는 세포에 기생하고, 세포 안(숙주)에서만 증식이 가능한 미생물

8. 화훼작물별 주된 번식방법이 옳지 않은 것은?

① 국화 – 삽목   ② 베고니아 – 엽삽   ③ 작약 – 분주   ④ 개나리 – 분구

정답 및 해설 ④

삽목 : 가지, 뿌리, 잎 등의 일부를 잘라내어 땅에 꽂아 뿌리를 내리게 하여 새로운 식물개체를 만들어 가는 번식방법. 줄기꽂이(고구마, 개나리, 버드나무 등), 잎꽂이(베고니아, 아프리카제비꽃 등)

분주 : 뿌리가 여러 개 모여 덩어리로 뭉쳐 있는 것을 작은 포기로 나누어 번식시키는 방법

나무딸기, 앵두나무, 대추나무, 거베라, 국화, 작약, 붓꽃 등의 번식 방법

분구 : 식물 번식법의 하나로 튤립·바람꽃·칸나 등의 많은 구근초나 백합·마늘 등의 비늘줄기가 생기는 작물의 구근을 분할하여 번식시킨다.

9. 주야간 온도차(DIF)에 관한 설명으로 옳지 않은 것은?

① 주간온도에서 야간온도를 뺀 값이 DIF이다.
② 정(+)의 DIF에서 초장이 증가한다.
③ 부(-)의 DIF에서 지베렐린 생성이 촉진된다.
④ 콤팩트한 분화생산에 이용된다.

정답 및 해설 ③

주야간 온도차(DIF) = 주간 평균온도 – 야간 평균온도

(+) DIF: 주간 평균온도가 높은 경우

1) 절간 생장 속도 빠르고

2) 바이오매스 축적 속도 증가

(-) DIF: 야간 평균온도가 높은 경우

1) 생장 억제

2) 측지 발생 감소

3) 초장 짧아지고

4) 더욱 왜소화된(콤팩트한) 형태의 생장

10. 일장에 관계없이 적정 온도에서 개화하는 작물은?

① 장미, 제라늄
② 페츄니아, 게발선인장
③ 맨드라민, 금어초
④ 포인세티아, 카네이션

정답 및 해설 ①

장일성 식물	긴 일장에서 개화반응을 나타내는 식물
	시금치, 카네이션, 페츄니아 등
단일성 식물	짧은 일장에서 개화반응을 나타내는 식물
	딸기, 들깨, 코스모스, 국화, 다알리아, 만생종벼, 감자, 고구마 등
중성식물	일장과 관계없이 식물체가 적정 크기에 도달하면 개화하는 것
	가지과 채소, 토마토, 옥수수, 오이, 호박, 장미, 해바라기, 제라늄 등

11. 절화농가에 대한 농산물품질관리사(A ~ C)의 조언으로 옳은 것을 모두 고른 것은?

A : 장미의 꽃목굽음은 저온 습식 수송을 통해 방지할 수 있습니다.
B : 호접란은 10 ~ 12℃에서 유통하면 저온 장해가 발생할 수 있습니다.
C : 글라디올러스는 눕혀서 유통하면 선단부가 휘어져 상품성이 떨어집니다.

① A, B   ② A, C   ③ B, C   ④ A, B, C

정답 및 해설 ②

호접란은 열대식물로 최적온도는 21~25°C이지만 유통시 15°C 이하로 내려가지 않도록 하여야 한다.

절화류 취급방법

1) 금어초, 글라디올러스 : 세워서 수송 〉〉 선단부 휘어짐 방지
2) 안스리움 : 2도 이하 저온저장 〉〉 저온장해발생
3) 카네이션 : 줄기 끝 비스듬히 잘라 〉〉 물 흡수 증가
4) 장미 : 저온 습식 수송 〉〉 꽃목굽음 방지

꽃목굽음 : 수분 흡수력이 감소되면서 식물체 내의 수분 결핍으로 줄기의 약한 부분이 휘어지는 현상

항굴지성 : 식물이 중력과 반대되는 방향으로 구부러지는 현상(글라디올러스)

12. 온실가루이 방제용 천적이 아닌 것은?

① 황온좀벌   ② 담배가루이좀벌   ③ 지중해이리응애   ④ 칠레이리응애

정답 및 해설 ④

④ 칠레이리응애 : 응애의 천적

온실가루이 천적

무당벌레, 온실가루이좀벌, 황온좀벌, 담배가루이좀벌, 지중해이리응애, 꽃등에유충
담배장님노린재, 난방애꽃노린재

13. 분화식물의 왜화방법으로 옳지 않은 것은?

① 튤립에 안시미돌(Ancymidol)을 관주한다.
② 포인세리아에 벤질아데닌(BA)을 관주한다.
③ 칼랑코에에 B-9(Daminozide)을 엽면살포한다.
④ 국화에 CCC(Chlormenequat chloride)를 엽면살포한다.

정답 및 해설 ②

생장억제제(왜화제) : B995(B-9), 안시미돌, 포스폰, CCC, AMO1618등

벤질아데닌(BA)

1) 생장조절제

2) 장미 절화 후 눈의 휴면방지

3) 적과제

4) 딸기의 생장과 화아유도

14. 장미의 블라인드 현상에 관한 내용이다. ( )에 들어갈 옳은 내용은?

> ○ (ㄱ) C/N율일 때 발생한다.
> ○ 암술, 수술 형성기에 야간온도가 (ㄴ) 때 발생한다.

① ㄱ: 낮은, ㄴ: 낮을
② ㄱ: 높은, ㄴ: 낮을
③ ㄱ: 높은, ㄴ: 높을
④ ㄱ: 낮은, ㄴ: 높을

정답 및 해설 ①

블라인드 현상(꽃봉이 형성되지 않는 현상)

잎은 작아지고 줄기는 가늘게 굳어지며, 꽃도 작고, 꽃눈이 형성되지 않는 현상

장미 블라인드현상의 직접 원인

1. 수분 부족
2. 칼슘 부족
3. 일조량 부족
4. 근권부 산소 부족

15. 종자번식에 비해 영양번식의 장점으로 옳지 않은 것은?

① 모본의 유전 형질이 유지된다.
② 불임성이나 단위결과성 화훼류를 번식할 수 있다.
③ 번식 재료의 취급, 수송, 저장이 용이하다.

MEMO

참고문헌
- 「원예사전」 (표현구 외) 농경과원예농원
- 「원예학범론」 (최병열 외) 향문사
- 「농업기초기술」 한국농업능력개발원
- 「재배학 범론」 (김기준 외) 향문사
- 「GAP 인증심사원 교육교재」 농촌진흥청
- 「유기농업기능사」 부민문화사
- 「수출농산물수확후관리기술과 상품화방안」 (김종기) 유통공사
- 「원예학」 (박효근) 한국방송통신대학교출판부
- 「원예학개론」 (김종기 외) 농민신문사
- 「농산물품질관리사」 (양용준 외) 부민문화사
- 「농산물품질관리사」 (조규태 외) 시대고시기획
- 「농산물수확후관리기술」 (김종기 외) 농수산물유통공사

원예작물학

초판 인쇄 / 2012년 1월 5일
13판 발행 / 2025년 2월 15일
편저 / 사마자격증수험서연구원

저자와의 협의에 의해 인지 첩부를 생략합니다.

발행인 / 이지오
발행처 / 사마출판
주소 / 서울시 중구 퇴계로45길 19, 402호
등록 / 제301-2011-049호
전화 / 02)3789-0909
팩스 / 02)3789-0989

ISBN / 979-11-92118-25-3   13520
정가 23,000원

- 이 책의 모든 출판권은 사마출판에 있습니다.
- 본서의 독특한 내용과 해설의 모방을 금합니다.
- 잘못된 책은 판매처에서 바꿔 드립니다.